湖北湿地生态保护研究丛书

洪湖湿地生态环境
演变及综合评价研究

王学雷　等◎编著

图书在版编目(CIP)数据

洪湖湿地生态环境演变及综合评价研究／王学雷等，编著. —武汉：湖北科学技术出版社，2020.12
（湖北湿地生态保护研究丛书／刘兴土主编）
ISBN 978-7-5706-1199-7

Ⅰ.①洪…　Ⅱ.①王…　Ⅲ.①洪湖-沼泽化地-生态环境-环境演化-研究　②洪湖-沼泽化地-生态环境-环境生态评价-研究　Ⅳ.①942.630.78

中国版本图书馆CIP数据核字(2021)第000626号

策　　划：高诚毅　宋志阳　邓子林
责任编辑：郑　灿　徐　竹　　封面设计：喻　杨

出版发行：湖北科学技术出版社　　电话：027-87679468
地　　址：武汉市雄楚大街268号　　邮编：430070
（湖北出版文化城B座13-14层）
网　　址：http://www.hbstp.com.cn

印　　刷：武汉市卓源印务有限公司　　邮编：430026

787×1092　1/16　　12印张　260千字
2020年12月第1版　　2020年12月第1次印刷

定价：120.00元

《洪湖湿地生态环境演变及综合评价研究》编著者

王学雷　杨　超　张　婷　莫明浩　厉恩华

李　涛　张　青　宁龙梅　蔡晓斌　王　智

王巧铭　班　璇　姜刘志　宋辛辛　吕晓蓉

王晓艳　刘　昔　李　辉　刘　韬

序　　言

“洪湖水，浪打浪，洪湖岸边是家乡……”一曲经典老歌成为洪湖亮丽的名片。洪湖湿地位于湖北省东南部、长江中游北岸，江汉平原四湖流域下游，地跨洪湖市和监利市。洪湖水面面积 308 km^2，是湖北省第一大湖泊，长江中下游大型湖泊之一。洪湖是一个以调蓄为主，兼具灌溉、渔业、航运和生物多样性保护等多种功能的重要湖泊。洪湖湿地于 2008 年被列入“国际重要湿地名录”，2014 年 12 月晋升为国家级自然保护区。

进入 20 世纪以来，随着人类活动的加剧，洪湖的生态环境发生了较大的历史变迁。一方面表现在洪湖水域面积的锐减，大规模的围湖造田、筑堤建垸和兴修水利阻隔了洪湖与长江的水文联系，严重地改变了湖区的土地利用类型，导致洪湖水面由 20 世纪 50 年代的 760 km^2 减小到如今的 308 km^2。另一方面是洪湖水环境的演变，无序的围网养殖造成洪湖湿地景观的破坏和水环境的持续恶化。从 20 世纪 60 年代到 21 世纪，洪湖水的高锰酸钾指数、铵态氮、硝态氮、磷酸盐等营养盐浓度逐年递增，水质总体呈下降趋势，由中营养化向富营养化过渡。此外，近 50 年来，受湖泊水文、水质条件的改变以及人类对水生植被的开发利用，洪湖水生植被群落也发生了显著的演替。

本书在对洪湖进行综合调查的基础上，全面综合地概述了洪湖湿地生态环境的演变过程，并对洪湖湿地生态系统进行了综合评价。首先介绍了洪湖的自然地理环境特征以及洪湖的形成演变过程，探究了洪湖湿地水资源科学有效管理的最佳途径；其次对洪湖水文环境、气候气象以及水生植被等生态环境的历史演变过程进行了深入透彻的研究和分析；在此基础上，对洪湖湿地生态系统健康、湿地生态系统服务功能和价值进行了综合有效的评价。

本书是湖北省学术出版基金项目资助出版的系列成果丛书之一，由中国科学院精密测量科学与技术创新研究院及环境与灾害监测评估湖北省重点实验室作为科研支撑单位。

本书为洪湖湿地环境演变及综合评价研究提供了很好的借鉴，为洪湖湿地保护与有效管理提供了科学依据。由于时间仓促、水平有限，部分数据未能及时更新，书中错误和遗漏之处，敬请读者批评指正。

作　者

2020 年 6 月

目　录

第一章 绪论

1.1 研究背景与意义

湿地是水陆相互作用形成的特殊自然综合体，与森林、海洋一起被列为全球三大生态系统，具有巨大的净化功能与元素循环功能，被誉为“地球之肾”；因具有巨大的食物网、支持多样性的生物而被看作“生物超市”；湿地还具有提供矿产资源、抵御自然灾害及休闲娱乐、科研等社会功能。因此，湿地是地球上具有众多效益、重要保护和利用价值的生态系统。

湖泊水资源是湿地资源的重要组成部分，湖泊生态系统是以水为主体构成的特定系统，涉及气候变化、水文水循环、水生生物和人类活动等诸多要素，集中体现了水圈、大气圈、岩石圈和生物圈之间的相互作用关系，是个极为复杂的大系统。同时由于其水动力与循环特征，湖泊水生态系统与其他系统相比，在不同时空尺度下的能量、物质、生物的循环过程显得更为复杂，成为自然生态系统中最脆弱和最难恢复的生态系统之一。我国湖泊水资源丰富，大于 1 km^2 的湖泊有 2300 多个，湖泊和水库贮水总量可达 6.38×10^{11} m^3，是内陆水体的供水主体，是全国城镇 50%以上的饮用水源。湖泊还在防洪调蓄、航运、调节气候、提供产品和旅游资源，以及维护区域生态系统健康等方面起着十分重要的作用。随着经济的发展和人口的增长，湖泊水体富营养化和污染现象频发，水环境的恶化加剧了水资源短缺的形势，严重威胁了饮用水安全和生态环境健康。研究自然因素和人为因素对湖泊水生态和环境演变的影响机制，能够为湖泊的有效管理提供科学支撑。

洪湖作为湖北省第一大淡水湖泊、国家级湿地自然保护区、国际重要湿地，是沿湖 15 万多人的分散式饮用水源和近 12 000 hm^2 农田的农业灌溉水源，也是江汉平原重要水产养殖基地，洪湖水质的优劣直接关系到周边地区的经济发展和人民生活水平的提高[1]。2000 年以来，受经济利益的驱使，洪湖围网养殖面积迅速扩大，致使水质明显恶化，生物多样性锐减[2]。2003—2004 年洪湖围网达到高峰，远远超过了湖泊的承载能力，洪湖开始向着富营养化的趋势演变[3]，进而导致湿地生态系统的退化。为了遏制洪湖湿地生态环境退化，逐步恢复洪湖的原有生态面貌，实现区域经济的可持续发展，在原国家林业局和湖北省人民政府的支持下，自2005年开始，在洪湖实施了不同类型的湿地保护与生态恢复措施，主要措施包括养殖围网拆除、保护区全面禁渔和水生植被恢复等，湿地退化趋势逐渐得到控制。

基于以上所述，本书以洪湖湿地为研究对象，依托中国科学院精密测量科学与技术创新研究院环境与灾害监测评估湖北省重点实验室多年来的监测数据与研究成果，系统讨论洪湖湿地生态环境演变并进行综合评价，从而更加全面地了解洪湖生态环境的质量状况与多年来湿地保护工作成果，旨在为洪湖湿地资源的可持续利用与保护及政府决策提供科学依据。

1.2 国内外研究现状及发展趋势

1.2.1 湖泊水环境演变及综合模拟研究

湖泊学被认为是研究湖泊的形成与演变、湖水的理化性质、湖泊资源的合理利用、湖泊中各种现象的发生与发展规律及其内在联系的科学[4]。湖泊学的主要研究内容包括：湖泊的成因和形态，湖泊水量平衡与热量平衡特点，湖水运动规律，湖泊水化学和湖泊污染特性，湖泊沉积过程及湖泊演化规律，湖泊的生物资源，湖泊的开发利用等[5]。

中国现代湖泊学的研究主要是从20世纪50年代开始发展的。1957年召开了全国首次湖泊科研工作会议，明确提出了填补中国湖泊科学研究空白的任务。早期有关中国湖泊的研究主要集中在对重点湖泊以水生生物为主，结合水文、气象、水化学和沉积物等内容的综合调查[6]。通过40余年的调查和研究，形成了一系列研究成果，包括《太湖湖泊综合调查报告》《中国湖泊概论》《中国湖泊资源》《中国湖泊志》等专著的出版，建立了“中国湖泊数据库”和“中国湖泊编码”等，对中国湖泊的基本特点做了总结[7]。

20世纪60年代中期至90年代初，针对当时国家需求，湖泊科学研究的重点转移到湖泊资源的开发利用方面，在湖泊水资源调配、湖盆油气资源开发、湖泊滩地围垦、水体大面积养殖等生物资源开发和利用等方面取得了丰富的研究成果。

20世纪90年代以来，随着经济的快速发展，湖泊生态环境不断恶化，开始出现富营养化现象，并呈现出日益突出的趋势[8]。湖泊科学关注的重点转移到湖泊生态环境退化和修复的理论与实践等方面，主要研究内容包括入湖污染物调查与控制、湖泊水环境变化规律、湖泊富营养化形成机理、富营养化控制与治理、湖泊生态系统退化与修复、湖泊沉积与全球气候变化等方面。成小英等[9]对长江中下游典型湖泊水环境资料进行分析，提出湖泊富营养化概念模型(图1-1)，将湖泊状态分为10类，并为长江中下游湖泊的生态修复提供了对应的生物目标与化学目标。其中以洪湖为代表的中小型浅水湖泊是由20世纪60年代的草型贫营养化湖泊演化到80年代以后的草型中营养化湖泊。

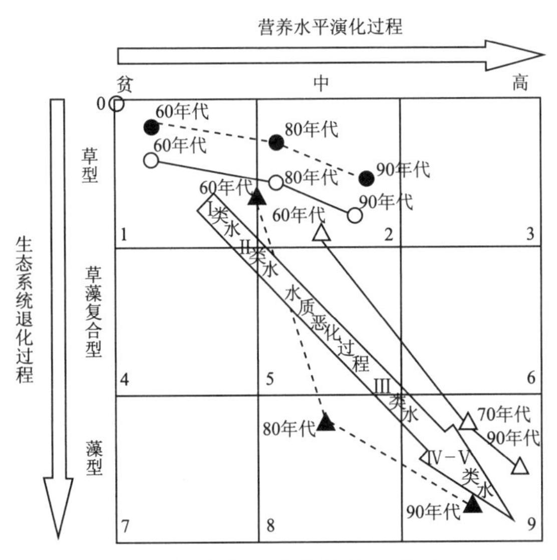

图 1-1 湖泊富营养化概念模型

注：┈●┈鄱阳湖；—○—洪湖；┈▲┈太湖；—△—东湖；0～9 代表不同的湖泊状态，0 为未受到人类干扰的状态，2～8 为湖泊受到不同程度人类干扰的状态，9 为湖泊受到最强烈的人类干扰的状态[9]

模型是对系统中的关系进行综合分析的工具，它包含系统中的特征，并且为特定的目的服务。模型分为物理模型和数值模型两种。物理模型涵盖了现实系统的主要组成部分，数值模型是对系统中主要关系的数学表达。建立数值模型的关键在于对系统的理解，需要对系统过程的充分了解并具备丰富的数学和计算机知识[10]。

综合水质模型由水流数学模型和水质数学模型两部分组成。在综合水质模型中，水质不仅与其载体的运动有关，还涉及化学、生物、生态多方面的影响因素，因此综合水质模型是多学科交叉融合的结果。

水流数学模型是将已知的水动力学及以水位载体的物质传输过程的基本定律用数学方程组进行描述，并在一定的初始条件和边界条件下求解这些数学方程组，涉及经典水力学、环境水力学、计算方法、数值分析和计算机编程等理论和技术。水流数学模型的基本控制方程为 Navier-Stokes (N-S)方程或 Saint-Venant 方程，分别用于描述三维水流运动和浅水水流运动。其中 Saint-Venant 方程又叫浅水方程，是 N-S 方程沿水深方向积分的平均形式，目前国内外学者普遍采用该方程作为河道与浅水湖泊水流的基本控制方程，并通过特征线法、有限体积法、有限差分法和有限元法等数值方法进行离散求解。

在水环境问题研究中，水质数学模型是在计算水力学的基础上，用数学方程描述水体中各水质组分在水环境中的物理(如迁移、沉淀等)、化学(如氧化、还原等)、生物(如降解)等多方面的变化规律及其影响因素之间相互作用关系。水质数学模型是研究水环境规划管理、水质分析、评价、容量计算和预测的主要技术手段，在解决水环境问题方面具有十分重要的现实意义。

1.2.1.1 国外研究进展

1925 年，美国工程师 Streeter 和 Phelps 对 Ohio 河流生活污水等污染源进行定量化研究,提出了第一个水质数学模型-氧平衡模型(S-P 模型)。该模型仅考虑生化需氧量(BOD)和溶解氧(DO)生化反应中简单的耗氧和复氧过程。

20 世纪 70 年代初期,Vollenweider[11]首次提出湖泊的箱式水质数学模型,用来预测湖泊中的营养物质,该模型最初应用在城市排水工程的设计和简单水体自净作用的研究中,随后在北美五大湖的水质模拟应用研究中取得了较好效果。20 世纪 80 年代,Klapwijk 和 Snodgrass[12]首次提出了一个分层的箱式模型,用来近似描述水质的分层状况,模拟正磷酸盐和偏磷酸盐的变化规律。该分层箱式模型分为夏季模型和冬季模型,夏季模型考虑上下层现象,冬季模型考虑上下层之间的循环作用。

随着研究的深入和计算机技术的发展和应用,不少学者对 S-P 模型的多参数估值进行进一步研究,以及对 Vollenweider 模型进行不断修正。水质模型的研究在状态变量方面,从两变量的线性系统模型(BOD-DO 耦合模型)发展到六个变量的线性系统模型,增加了铵态氮、硝态氮、亚硝态氮和有机氮六个组分;再到非线性系统模型,涉及氮循环、磷循环、浮游植物系统和浮游动物系统以及生物生长率同营养物质、光照和温度相互作用关系[13];如今发展到能够模拟包含有机物和重金属在内的有毒物质的模型。在研究对象方面,从只针对水体水质本身到进一步考虑底泥,建立多场耦合系统,研究水体和底质的相互作用,水相和固相的相互作用[14];再发展到与流域非点源模型进行耦合,纳入面源污染负荷。在空间离散方面,从零维、一维逐步发展到二维和三维的计算模拟。

1.2.1.2 国内研究进展

与国外相比,我国水质模型的研究虽然起步较晚,但从 20 世纪 80 年代中期以后发展迅速,多年来取得了一些重要的进展。国内的研究主要集中在太湖、滇池、巢湖、武汉东湖等富营养化严重的湖泊[15]。

其中,太湖是目前我国在水动力学、水质和生态系统动力学模型方面开展研究相对较多的湖泊,成功应用了很多的模型。朱永春等[16]建立了太湖梅梁湾的三维浅水动力学模型,模拟了不同层面的水平流场分布和流场的垂直结构;并在该三维湖流的基础上,建立了太湖梅梁湾三维营养盐浓度扩散模型,研究了各污染源的浓度扩散情况,以及不同风场对营养盐分布的影响[17]。朱永春等[18]在 Webster 等人二维藻类迁移模型的基础上,以三维湖流为背景,考虑了波浪及藻类自身浮力的影响,建立了一个太湖梅梁湾三维藻类迁移模型,以研究在不同风场作用下藻类在湖泊中的迁移过程。模拟结果表明,不同风场对于藻类在湖泊中的水平及垂直分布影响很大,并且存在着一个临界风速,其范围在 2～3 m/s。胡维平等[19]在太湖湖流三维模型的研究基础上,创建了太湖保守物质输移扩散三维数值模型,模拟了 1997 年冬季 1—2 月太湖总磷浓度的变化,结果显示模型计算值与观测值吻合,该模型可用于冬季太湖营养盐含量时空变化的计算。毕胜等[20]基于 Godunov 有限体积法,建立了适用于河流与浅水湖泊的高性能水流和水质耦合数学模型,并以大东湖连通水网为研究对象,通过推求引水连通湖泊在自然循环和人工循环条件下各种污染物浓度对不同流场的响应关系曲线,深入分析了连通湖泊群水循环对水污染迁移转化过程的影响。

1.2.2 洪湖水环境与生态研究进展

洪湖地处湖北省东南部，江汉平原四湖流域中区，地跨洪湖市和监利县，是长江和汉江支流东荆河之间的洼地壅塞湖。洪湖水面面积为 308 km^2，平均水深为 2 m，是沿湖 15 万多人的分散式饮用水源，也是重要的水产养殖基地。随着湖区经济的快速发展和人类对其湿地资源的高强度开发，使其水环境呈恶化趋势，生态系统遭到一定程度的破坏。国内学者对洪湖研究的关注度与日俱增，本书将近 30 年来对洪湖水环境和水生态方面的研究总结为以下几个方面。

1. 洪湖的历史变迁

主要通过研究洪湖的沉积结构来了解洪湖的发源和水环境的历史变迁，研究的水环境要素包括营养盐、有机污染物和重金属等。Cai 等[21]对洪湖沉积物进行古湖泊学研究，调查了洪湖形成原因和变迁，结果显示洪湖发源于 3000 年前长江的蜿蜒河道。Yao 等[22]对洪湖垂直剖面的沉积物的总有机碳（TOC）、总氮（TN）、总磷以及重金属含量进行分析，并采用^{137}Cs 进行近代沉积物定年。结果发现洪湖历史时期的营养状态经历了三个阶段：1840 年以前，营养盐含量较低；1840—1950 年，总有机碳的含量显著升高；1950 年以后，人类活动的影响加速了湖泊富营养化，TOC 和 TN 含量显著增大。研究结果还发现重金属含量的时间变化与其相似，除了一定程度的铅污染外未发现其他重金属污染。陈萍等[23]对取自洪湖的 140cm 沉积物样芯进行了环境磁学测量，结合 AMS 测年和地球化学分析推断出洪湖在 1200 年来经历了沼泽沉积和湖相沉积。结果显示磁性特征的变化与气候的变化大致对应，较好记录了湖泊随气候的扩张和缩小过程，同时也反映了人类活动的影响。方敏等[24]测定了洪湖沉积物柱芯样品中有机氯农药（OCPs）的质量分数，结合^{210}Pb 定年研究该地区有机氯农药的污染历史。研究结果表明从 20 世纪 60 年代开始洪湖沉积物中总有机氯农药质量分数呈上升趋势，70 年代达到最高峰，近年来湖区可能还有部分新的有机氯农药污染物的输入。Hu 等[25]对洪湖水体和沉积物的重金属含量进行了分析，通过与背景值比较，结果显示洪湖水体受到了砷、镉、铅和铜污染。沉积物中砷、铜、锌、铬和镍浓度在 90 年代呈现降低趋势，镉浓度呈现上升趋势。

2. 水环境评价和管理

对洪湖水文状况、环境质量的演变规律，水质评价和管理是洪湖研究的重要方面，积累了较多的研究成果。①在水文环境动态分析和管理方面，有研究根据洪湖湿地的综合生态功能对湖泊水位的不同要求，确定洪湖合理的生态水位，建立有机的江湖联系机制[26]；运用遥感技术分析洪湖水面积的动态变化及其驱动因素[27,28]。②运用主成分分析法、模糊综合定量评价法、灰色模式识别模型、综合水质标识指数法等综合评价模型对洪湖水质时空变化特征进行分析，识别影响洪湖水质的主要水质指标，并分析水质变化的驱动因素[29,30]分析了洪湖氮素的组成和空间分布特征，并建立了自组织映射模型探讨氮素和其他水质参数的相关性。③运用基于层次分析法、BP 人工神经网络等方法的指标体系，评价了洪湖湿地的综合功能和生态系统健康状况，评价结果表明在实施洪湖湿地保护工程项目以来（2005—2008

年),洪湖湿地恢复取得了良好的效果[31,32]。④近年来洪湖水环境的重金属和有机物含量、生态和健康风险评价等方面也有一些研究成果。Makokha 等[33]对洪湖水体和底泥的重金属含量、分布和生态风险评价进行了研究,结果显示水体中锌含量最高,锌、镉和砷的浓度分布与人类活动有关,底泥中重金属含量较低,洪湖整体存在重金属中低程度的风险。Yang 等[34]对洪湖和东湖 8 种内分泌干扰物成分的水平和分布进行了研究,结果显示洪湖水体和底泥中内分泌干扰物水平高于东湖,洪湖出水口位置高于湖体。

3. 水生植被

洪湖水生植物资源丰富,从湖滨到湖心,依次有湿生植物、挺水植物、浮叶植物和沉水植物等植被生态类型。丰富的水生植被构成了洪湖完整的生态系统,是洪湖最为显著的生态特征。有关洪湖水生植被的组成、分布和多样性等特征一直以来也是众多植物学和生态学的研究者集中关注的问题。20 世纪 90 年代末,中科院武汉植物园的研究人员对洪湖维管束植物的区系进行了研究,并对洪湖主要沉水植被群落进行了定量分析[34-39]。Zhang[40]运用美国陆地卫星(Landsat TM)数据估算洪湖沉水植被生物量,并用实测点的数据进行验证。Li 等[41]运用 GIS 评估渔业开发强度对鱼食性和非鱼食物性水生植被的影响。王相磊等[42]通过幼苗萌发法对洪湖两个不同水位条件下的滨湖退耕田种子库的结构和季节动态进行了研究,讨论了种子库在退田还湖后湿地植被恢复过程中的重要性。Li 等[43]分析了洪湖湖岸带种子库及生长植被的物种丰富度和组成,结果显示种子库物种丰富度指数较高,可以用于退化湿地的修复。Li 等[44]运用 Landsat TM 和中巴地球资源卫星(CBERS)影像数据,结合决策树分类、贝叶斯分类和支持向量机方法研究洪湖水生植被分布和变化。刘毅等[45]对洪湖湖滨带植被现状以及近五十年的变化进行了分析,结果表明,洪湖湖滨带植物种类减少,多样性降低,生态功能显著降低。

4. 洪湖湿地景观

对洪湖湿地有关景观生态学的工作主要包括研究湿地植被景观结构以及分析人类活动对其产生的影响。Zhao 等[46]研究了洪湖围垦后的恢复措施对土地利用和河岸景观的影响。王茜等[47]对洪湖湿地结构类型进行监测及对洪湖湿地景观格局进行定量分析。结果表明洪湖湿地景观多样性指数和均匀度指数较低,景观为少数湿地类型所控制;景观破碎度指数较小,受人为干扰程度不容乐观。王学雷等[48]提出了以中心发散的放射式角度来确定各向异性的方向,建立一套能表现一维方向上景观斑块特征的指标体系,提取各方向景观类型图,并结合洪湖湿地恢复前后的水生植被景观及其动态变化,评价洪湖湿地保护与恢复的生态效果。

综上所述,一是以往研究中对洪湖水环境时空演变特征的分析基本上都是采用传统的统计学方法,以水质因子作为单一的分析和评价对象,缺乏对洪湖水环境时空变化机理问题的探讨;二是对洪湖水环境污染源性质的研究多局限在定性的判断和分析上,缺少基于水环境数值模拟方法的定量研究;三是对洪湖沉水植被的研究多集中在群落结构、分布和种子库特征等方面,对水环境和沉水植被分布及多样性特征之间的相关关系关注较少。

1.2.3 湿地生态环境综合评价研究

生态评价指利用生态学的原理和系统论的方法,对自然生态系统许多重要功能的系统评价，广义上可理解为复合生态系统中各子系统（即自然环境子系统、社会子系统、经济子系统）执行整个系统功能状况的评定。环境评价通常被狭义地称为“环境质量评价”，是对一切可能引起环境发生变化的人类社会行为，包括政策、法令在内的一切活动、从保护环境的角度进行定性和定量的评估，从广义上说是对环境的结构、状态、质量、功能的现状进行分析，对可能发生的变化进行预测，对其与社会经济发展活动的协调性进行定性或定量的评估，主要包括环境污染源评价、环境质量评价、环境影响评价等。生态评价是生态环境评价的主要研究内容之一，主要包括生态水平评价、生态环境系统健康评价、生态系统安全评价、生态系统服务功能评价和生态足迹评价等[49]，如图 1-2 所示。这些评价反映了国内外现行的生态最新研究进展，其中大部分成为国家生态建设与环境保护规划管理政策的主要内容。

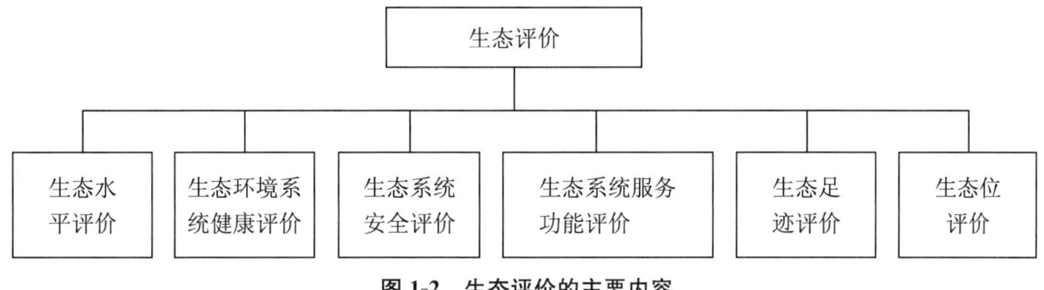

图 1-2 生态评价的主要内容

由于湖泊生态系统的复杂性和结构、过程的多样性导致湖泊功能评价也具有复杂性。所选取的指标既要能反映湖泊系统的现状，又要能反映在人类活动影响下湖泊各项功能的体现。综合功能评价体系要遵循以下原则。

（1）系统性。所选择的指标要能构成一个完整的体系，全面反映湖泊系统的结构、过程以及由此产生的各项功能。指标之间要相对独立稳定，能够反映指标间的联系和度量功能大小。

（2）指标的差异性。指标之间应尽可能地反映各项功能之间的差异，避免重复度量。

（3）指标的可量化。所选指标尽可能定量化，可以是实物量也可以是价值量。实物量可以是消费量、生产量等。对于不能够直接量化的指标，可根据生态经济学的方法量化。

（4）可操作性。所选指标易于获取，便于计算比较。

（5）层次性。指标应能反映湖泊功能的分类层次，从抽象到具体构建指标体系。

生态评价方面，国内外诸多专家学者在生态质量评价方面做了很多工作。有针对生态问题做的生态评价，如生态系统的脆弱性、稳定度、生物多样性、水土流失、荒漠化、生物入侵等；有针对生态类型进行的生态评价，如城市生态系统、农业生态系统、森林生态系统、草原生态系统、沼泽湿地生态系统、河口及江河源生态环境、荒漠生态环境的评价；有针对生态系统功能进行的评价如生态承载力、生产力生态服务功能等方面的评价。除以上这些专题评价，对生态环境的评价还可分为尺度评价如景观尺度、区域尺度的生态评价。在评价方法上有定性的、半定量的、定量的，生态评价常用的生态评价方法有类比分析法、列表清单法、生态图法、指数法、景观生态学法、生态系统综合评价方法、生物生产力评价方法等。

胡孟春等[50]以景观生态学理论思想为指导，以地形、土壤、植被等因素为指标，在生态环境制图的基础上，对海南省生态环境作了评价分析；谢志仁等[51]建立自然资源、灾害、环境污染和社会经济条件四个指标层次，采用层次分析法对江苏省区域生态环境进行了综合评价研究；熊鹰等[52]应用GIS技术与层次分析法，从自然环境、灾害状况、环境污染和社会经济四个方面对湖南省的生态环境进行了定量综合评价和空间格局分析，并根据评价结果将湖南省生态环境划分为五个级别。这类评价采用GIS技术，反映区域环境的空间分异。也有小范围的行政区域，如黄裕婕等[53]从水热条件、土地覆盖和地形地貌等方面选择13个指标，采用主成分综合评价方法对西藏中部的生态环境进行了综合评价；陈利顶等[54]从生态环境质量与支持能力、生态环境压力、移民环境压力、社会缓冲能力、农业生产能力、农业非点源污染潜力、水土流失危险、大气污染负荷和水污染负荷9个方面42项指标采用聚类分析的方法对三峡库区生态环境进行了综合评价；冯学武等[55]从土地利用方式、环境现状和人类活动排泄物3个方面，选取了对环境影响最重要的17个主导因子，采用综合指数法和灰色关联系数法对内蒙古西部进行了生态环境综合评价；陈良[56]从土壤环境质量、农业水环境质量、大气环境质量3个方面，采用模糊综合评判和层次分析法对苏北里下河地区农业生产基地生态环境进行综合评价。这类评价根据研究目的的不同而选取的指标侧重点不同。另外，也有对自然区域的评价，如王思远等[57]在定性分析黄河流域自然生态环境特点的基础上，针对黄河流域不同的地理特征与生态环境特征，从气候环境、水文环境、土地覆盖、土壤侵蚀、土地利用和地形地貌等方面选择评价指标，在遥感与地理信息系统技术支持下应用主成分分析法对生态环境质量进行了综合评价。对自然保护区的综合评价比较多，如郑允文、薛达元等[58]提出了我国自然保护区生态评价的指标和评分标准，但并未解释评价结果的范围标准；杨瑞卿等[59]在薛达元研究的基础上，以太白山国家级自然保护区为例，以多样性、代表性、自然性、稀有性、面积适宜性、脆弱性、人类威胁程度为指标进行了综合评价；吕一河、傅伯杰等[60]则在层次结构的基础上采用了模糊数学的方法对卧龙自然保护区综合功能进行了评价。目前对自然保护区的综合评价，均以定性评价为主。海热提、王文兴院士[49]对生态环境的评价的理论、分类和方法进行了系统的研究，将其细分为环境污染评价、环境质量评价、环境影响评价、战略环境评价、生态水平评价、生态安全评价、生态健康评价、生态系统服务功能评价、生态足迹评价和生态位评价等，并以厦门市为例，对厦门市的环境质量、环境容载力、生态位、生态环境系统安全性、生态环境系统健康等进行了生态环境评价和评估，但是没有提出综合评价的方法。

综合以上研究，可以发现生态环境综合评价均以层次分析法为基础，大尺度的评价采用RS与GIS的方法居多且较为直观，有些评价中插入了主成分分析、聚类分析、灰色关联法、模糊综合评判法等评价方法，这些评价方法的结合而构成了综合评价方法。而生态环境综合评价的关键在于评价指标体系和评价标准的建立，行政区域偏向于社会经济环境指标，自然区域则偏向于自然条件指标。目前，国内的综合评价研究，更多地集中在行政区域内，评价指标根据研究目的各有不同，因而自然区域的综合评价方法值得研究和探讨。

1.2.3.1 生态系统健康评价

生态健康，是一个新概念，属于新领域。生态系统是人类社会发展的根基，它为人类社会提供了一系列不可或缺的服务，包括自然资源和生存环境两个方面的多种服务功能，不仅维持了地球的生命保障系统，生命物质的生物地球化学循环与水循环，生物物种与遗传多样性，而且还能净化环境，维持大气化学的平衡与稳定等。除此之外，它还包括各类生态系统为人类提供所需的食物、医药及其他工农业生产原料。因此，生态系统的健康是人类生存与现代文明的基础。但是人类活动已经威胁到生态系统的健康。特别是近些年，由于社会经济的发展以及人们对物质生活水平要求的不断提高，人类正以前所未有的速度和规模，超出环境本身最大承载量、大面积、高强度的影响环境。破坏和改变自然生态系统，导致生态系统的健康受到越来越严重的损害，因而其已成为政府和学术界关注的一个热点问题，很多学者都进行了这方面的研究。

生态健康的研究是 20 世纪 80 年代出现的一个新领域，而生态健康概念的提出可以追溯到 20 世纪 40 年代，英国学者 Aldo Leopold 提出的土地健康的概念[61]，他认为土地健康最完美的标准应是荒野性。接着，他在 60 年代，在其著作 *A Sand County Almanac* 中又将此概念进一步升华为景观健康[62]，他认为，土地的自我再生能力是景观健康的重要表现，但当时并未引起足够的重视。生态系统健康这一概念正式被提出来是在 20 世纪 80 年代，以加拿大学者 Schaeff D. F. 和 Rapport D. J. 为代表。Rapport D. J. [63]发展了这种观点使之更进一步成为"生态系统水平上"的危难和综合病症，Rapport 认为生态系统健康的定义可以根据人类健康的定义来类推，他曾用以下术语来强调生态健康与人类医学的相似性：为自然号脉、监测自然疾病、临床生态学等。早期的生态系统健康观，把生态系统看作一个生物有机体，认为健康的生态系统具有恢复力，保持着内在稳定性。系统发生变化就可能意味着健康状况的下降，系统中任何一种指示者的变化超过正常的幅度，系统的健康就受到了损害，而健康的生态系统对于干扰具有恢复力，有能力抵制疾病。随着生态系统健康研究的不断发展，众多学者根据自己的研究提出了生态健康的概念。Schaeff D. F. 在其文章 *Ecosystem health：I. measuring ecosystem health* 中认为[64]，生态系统健康就是生态系统缺乏疾病，而生态系统疾病是指生态系统的组分受到损害或减弱；如果生态系统的自动平衡修复机制不完善以至于病态发展到疾病，那么这种疾病就要受到关注。在这以后，许多学者对生态系统健康的测度方法和指标体系进行了探索性研究。Mageau[65]等认为一个健康的生态系统包括以下特征：生长能力，恢复能力和结构，就人类社区的利益而言，一个健康的生态系统是能为人类社区提供生态系统服务支持，例如食物、纤维、吸收和再循环垃圾的能力、饮用水、清洁空气等。Jon Norberg[66]认为从生态系统的角度看，生态健康是指生态系统靠什么结构和功能特征来维持的。广义的生态健康可扩展为人的健康和福利等许多方面。

国际组织对生态健康也非常重视，20 世纪 90 年代后期，联合国经济合作开发署(OECD)提出了"压力—状态—响应(pressure—state—response，P—S—R)框架模型，该模型从社会经济与环境有机统一的观点出发，精确地反映了生态系统健康的自然、经济、社会因素之间的关系，为生态系统健康指标构建提供了一种逻辑基础，因而被广泛承认和使用。2001 年 6 月联合国"千年生态系统评估"项目正式启动，它首要的任务就是对生态系统过去、现在和将来的健康状况进行评估，并提出相应对策，它的实施对改进生态系统管理状况，推动社会经济可持续发展，以及促进环境生态学发展，都有重要意义，标志着对可持续发展战略的认识和实施已经进入到一个新的阶段。

国际生态系统健康学会将生态系统健康学定义为研究生态系统管理的预防性、诊断和预兆的特征，以及生态系统与人类健康之间关系的一门系统学科。它的主要研究内容包括：生态系统健康评价方法；生态系统健康与人类健康的关系；各尺度生态系统及自然生态系统、社会经济系统和人类系统间的健康作用机制，追求生态系统的良性循环、合理结构及其优化管理，如图 1-3 所示。

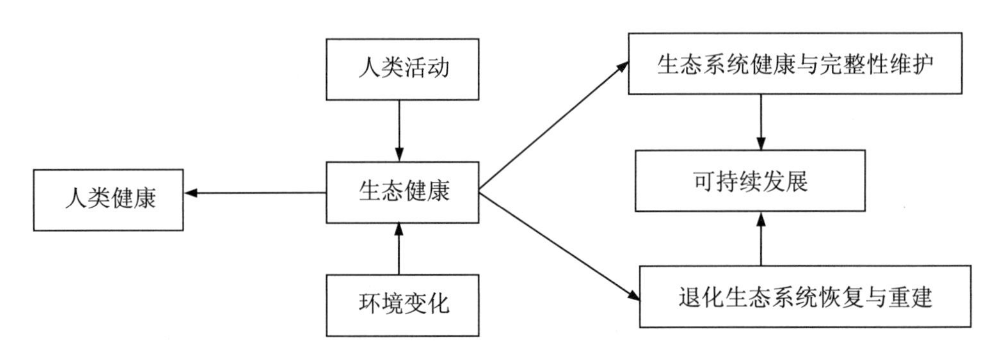

图 1-3 生态系统健康研究框架

近年来国内学者也开始关注生态系统健康和生态系统管理这一生态学新领域的研究，并逐步成为热点问题。关于生态健康的定义和内涵，国内的研究也很多，如吴刚等[68]认为对生态系统健康的综合评价研究应同时包括生物学范畴、社会经济范畴、人类健康范畴、社会公共政策范畴四个方面。对一个复杂的生态系统进行健康评价，既要对各个范畴进行独立分析，又要对整体进行综合分析。孔红梅等[69]从学科发展的角度论述了生态系统健康产生的背景、理论基础和应用途径，从学科交叉的角度论述了生态系统健康与环境管理的关系，提出了环境管理的目标：健康的生态系统—健康的环境—健康的食品—健康的人类生态系统—健康的社会发展。

通过归纳和总结，笔者认为关于生态健康的概念和内涵的阐述，国内外研究中比较有代表性的有以下一些观点。

Rapport[70]将生态系统健康的概念总结为：以符合适宜的目标为标准来定义的一个生态系统的状态、条件或表现。即生态系统健康应该包含两方面内涵：满足人类社会合理要求的能力和生态系统本身自我维持与更新的能力。

Costanza[71]把生态系统健康归纳如下：①健康是生态系统内稳定现象；②健康是没有疾病；③健康是多样性和复杂性；④健康是有活力或增长的空间；⑤健康是稳定性或可恢复性；⑥健康是系统要素间的平衡。Costanza 这样定义生态系统健康：如果一个生态系统是稳定和持续的，能够维持它的组织结构，并能够在一段时间后自动从胁迫状态恢复过来的话，这个生态系统就是健康的和不受胁迫综合征的影响。

肖风劲等[72]认为生态系统健康应具有以下特征：①不受对生态系统有严重危害的生态系统胁迫综合征的影响；②具有恢复力，能够从自然的或人为的正常干扰中恢复过来；③在没有或几乎没有投入的情况下，具有自我维持能力；④不影响相邻系统，也就是说健康的生态系统不会对别的系统造成压力；⑤不受风险因素的影响；⑥在经济上可行；⑦维持人类和其他有机群落的健康，生态系统不仅是生态学的健康，而且还包括经济学的健康和人类健康。

高桂芹[73]认为生态健康是指系统内的物质循环和能量流动未受到损害，关键生态组分和有机组织被保存完整，且缺乏疾病，对长期或突发的自然或人为扰动能保持着弹性和稳定性，整体功能表现出多样性、复杂性、活力和相应的生产率，其发展终极是生态整合性。

范荣亮等[74]认为生态健康是指生态系统内部各部分功能及运转没有受到损害，关键部分保留下来（如野生动物、土壤和微生物区系），系统对来自于外部或自然长期干扰效应具有抵抗力和恢复力。系统不仅具有自我运作能力，而且能够维持自身的组织结构优化和稳定，并且具有满足人类的需求的能力。

安贞煜[75]认为健康的生态系统应该具有如下特征：系统正常的能量流动和物质循环没有受到损伤、关键生态成分被保留下来（如野生动植物、土壤和微生物区系）；系统对自然和人为干扰的长期效应具有抵抗力和恢复力；在没有或几乎没有外部输入的情况下系统能够维持自身的组织结构长期稳定，具有自我调控能力；不影响相临系统，即不会对别的系统造成压力；不受风险因素的影响；能够提供合乎自然和人类需求的生态服务。

健康的生态系统必须能够自我实现生态特性，状态稳定，受到干扰时仍具有自我修复能力，管理它也只需要最小的外界支持。必须具备良好的生态系统服务功能，环境质量达到标准，具有区域可持续发展能力，这样的生态系统被认为是健康的。

发展至今，生态系统健康的概念已不单纯是一个生态学的定义，而是一个将生态－社会经济－人类健康三个领域整合在一起的综合治理性定义。生态健康理念的提出，作为环境管理和可持续发展的新思路、新方法，使得人类在面临全球生态环境恶化，生态系统受到前所未有的胁迫挑战的时候，寻找到一条解决之路。

1.2.3.2 湿地生态系统服务功能价值评价

1. 湿地生态系统服务功能评价

湿地生态系统的功能主要可以分为水文功能、生物地球化学功能和生态功能。其评价就是对某一目标湿地内的物理、化学和生物学过程进行研究，通过不同的指标评估其是否正常运行。其中一般包括 3 个重要的概念，即功能强度、功能指标和功能阈值。国际上对于湿地生态系统功能本身的评价方法主要有生境评估规程、湿地评价技术和水文地貌评价法等。目前，湿地功能评价领域尚无公认的标准和定级，所以面临一定的困难。20 世纪 70 年代初，美国麻省理工学院 Larson 等[76]在强调根据湿地类型评价湿地的功能，并以受到人类活动干扰的自然和人工湿地为参照的基础上构建了湿地快速评价模型，该模型在美国和加拿大等国家得到广泛的应用，并进一步推广和应用到许多发展中国家。美国东卡罗莱纳大学 Brinsno 等在其湿地水文地貌分类体系的基础上提出了湿地功能评价的方法，将湿地评价分解为 5 个步骤。Ainslie [77]则在 Brinson 的评价方法基础上进一步提出了一种快速的湿地功能评价方法。Larosn 等简述了美国 20 年来湿地评价工作的历史，并指出快速湿地评价方法正被越来越多的国家和地区采用。在欧洲，Murphy 等进行了多国间河岸湿地的对比研究，包括建立所有河岸湿地系统共有的关键过程以及它们与功能间的联系，测定湿地系统对外界干扰的恢复能力以及这些干扰的反应，利用动力模型和定期的观测来确定湿地功能分析阈值等。

国内湿地功能评价工作开展较少。沈德贤[78]利用有关统计数据对洞庭湖区湿地调蓄洪水、调节气候、涵养水源、净化水质、维护生物多样性等功能进行了分析，但无评价方法；吴炳方等人[79]利用地理信息系统、遥感数据模拟、统计分析和空间计算等方法，定量测算了东洞庭湖的调蓄容积、水深、波浪等特征，并用这些数据表示湿地在调蓄洪水、削减洪峰、滞流和减少侵蚀等方面的功能，但其既缺评价标准又缺必要的评价方法；张峥[80]选取多样性、代表性、稀有性、自然性、稳定性和人类威胁等指标，提出了一套湿地生态评价指标体系，但是未能利用该体系对湿地功能进行评价。我国的评价主要集中在采用自然保护区生态评价中使用的生物多样性、稀缺性、代表性、适宜性、自然性和脆弱性等指标，并对各指标进行加权赋值，再对生态现状进行打分，最后将分值累加划分等级；或者在指标的基础上结合遥感、GIS 等技术手段和数量方法，对湿地生态质量进行评价。

2. 湿地生态系统效益评价

对于湿地，国外对湿地效益的评价工作开展得较早。20 世纪初，美国为了建立野生动物保护区，特别是迁徙鸟类、珍稀动物保护区而开展了湿地评价工作。湿地生态系统价值评价则是从 1972 年 Young 等[81]就水的娱乐价值进行评价开始，以后有许多研究机构对不同河流的娱乐经济价值以及河流径流、水环境质量对娱乐价值的影响开展了评价。Wilson 等[82]对美国 1971—1997 年的淡水生态系统服务经济价值评估研究做了总结回顾，其中大多数研究涉及河流生态系统的娱乐功能评估，评价方法也多限于旅行费用法、条件价值(contingent valuation) 法和享乐价格(hedonic pricing)法；1990 年，Costanza 等[83]对占美国海岸湿地资源 40%的路易斯安那海岸沼泽地进行了评价，所计入的价值有商业捕鱼、捕毛皮兽、游乐和防风暴；英国的 Maltby[84]研究了湿地生态系统功能与评价方法，认为美国的评价方法在欧洲不适用，并开展了多国间河岸湿地对比研究；奥地利的 Kosz[85]使用费用—效益分析来确定建立“Donau Auen”国家公园的不同方案的经济影响；1997 年湿地公约执行局、世界自然保护联盟、英国约克大学和英国水文研究所合作出版了《湿地的经济评价：决策和计划人员指南》和《湿地的经济评价：政策和计划决策者的关键概念》详细分析了湿地效益类型，提出了湿地评价框架，并进行了案例分析，具有很好的参考价值。为了促进跨学科湿地研究的开展，1995 年建立了全球湿地经济网络(GWEN)，目的是加强对湿地感兴趣的学者、政策制定者和非政府机构之间的磋商与合作。1995 年该网络在英国东安格拉大学召开第一次会议，会议上的报告综合了很多已经开展的案例分析，总结了湿地经济评价的经验教训，并为湿地评价指出了今后的发展方向。Richard 等[86]除阐述湿地提供的生态功能和生态服务，并系统总结湿地生态系统服务功能的价值评价案例及方法外，还提出了复合分析(meta-analysis)，即分析不同案例研究的结果，求得平均值，修正单个案例研究可能出现的偏差，同时指出了以往多个湿地研究案例中价值估算出现偏差的原因及其影响湿地价值估算的因素，使生态系统服务价值评价更加准确。Turner R. Kerry 等[87]提出了湿地生态经济分析的框架，出版了《湿地管理：一种生态经济方式》，结合几个案例分析，总结了湿地生态系统经济价值评价的理论、方法以及在可持续发展战略中的应用；Kirsten[88]在《湿地退化给非洲人民带来的经济后果》中综合了几个在非洲发展中国家开展的研究实例，阐述了湿地不仅对当地人民、对湿地以外的人民都具有经济价值；Bergh 等[89]对湿地生态经济系统的空间性进行了分析，对湿地生态经济系统建立模型进行了评估。

国内湿地效益的评价工作起步不久，对湿地进行评价的工作开展得很少。20 世纪 80 年代和 90 年代初的湿地评价工作主要是对湿地某单一自然要素的定性评价，如对三江平原泥炭质量的评价；1996 年由湿地国际——中国项目办牵头，中国科学院长春地理研究所、中国科学院南京湖泊研究所以及北京师范大学参加，启动了“中国湿地社会经济评价指标体系”研究课题，该课题在理论上建立了湿地评价的指标体系，但是没有案例研究，也没有进行湿地价值货币化。1999 年下半年中国科学院长春地理研究所对吉林省湿地开展了调查与评价工作，其中的评价工作以湿地功能为线索，以植被为标志把吉林省湿地划分为 3 种不同的湿地生态现状类型。这一研究对吉林省湿地的总体现状做了评价和分类。受学者 Costanza 的影响，国内湿地价值评价在 2000 年以后开展得比较活跃。2000 年陈仲新和张新时[90]参考国外一些专家的成果，对中国湿地生态系统的功能与效益进行了价值估算，得出湿地生态系统的效益价值为 26 763.51 亿元。2000 年严承高等[91]在分析湿地生物多样性的概念、价值及其种类的基础上，提出了湿地生物多样性的价值评价指标及其评价方法；2001 年崔丽娟[92]以扎龙湿地为例进行了湿地价值评价研究；2004 年欧阳志云等[93]进行了水生态服务功能分析及其间接价值评价；2005 年王晓鸿、崔丽娟等[94]对鄱阳湖湿地生态系统进行了评估；庄大昌[95]、毛德华等[96]分别对洞庭湖湿地生态系统服务功能价值进行了评估。此外还有学者在乌梁素海、盘锦湿地、莫莫格湿地等地进行了相关湿地价值评价的研究。主要采用的评估方法如表 1-1 所示。从国内湿地价值评价的发展上看，研究正是沿着从单一到综合，从笼统到具体的趋势发展。但现在国内湿地价值评价工作仍然处于起步阶段，目前进行的湿地评估大多借鉴了国外的方法。

表 1-1 湿地生态系统价值评价的主要方法

评价类型	具体评价方法
直接市场价格法	市场价值法、费用支出法
替代市场价格法	旅行费用法、规避行为法、防护费用法
生产成本法	享乐价格法、交易法、机会成本法、成本有效性分析法、减轻损害费用法、影子工程法
假想市场价值法	条件价值法、调查法、报价法、取舍实验法、特尔菲法
实际影响的市场估算法	替代费用法、剂量响应法、生产函数法、损害函数法、人力资本法

1.3 主要内容

本书主要包含以下 8 个方面的研究内容。

1. 洪湖地理环境特征与形成演变

系统的概括了洪湖湿地的地理位置、地质地貌条件、水文水资源、动植物资源等自然地理环境特征，对洪湖湿地的形态特征、形成与演变过程及驱动机制，以及江湖关系的变化等方面进行了系统的分析。

2. 洪湖湿地水资源管理与调控

在对洪湖流域水系特征进行概括总结的基础上，深入地分析了近 40 年来，湖泊水文情势变化下洪湖湿地的水位变化特征和水量平衡。此外，对洪湖湿地的生态水位和生态环境需水量进行了计算和重点的讨论分析，为洪湖水资源的有效管理与调控提供了参考。

3. 洪湖湿地气候变化特征分析

采用一元线性回归分析、滑动平均法和泊松相关性分析对洪湖湿地的气候变化特征进行分析，包括 1961 年以来洪湖湿地的气温、降水量、蒸发量等在内气象要素进行了趋势分析。同时，结合 2011 年长江流域的极端干旱事件，分析了极端气候事件对洪湖湿地的影响及湿地对极端气候的响应。

4. 洪湖湿地水环境演变过程

水环境系统是一个多因素耦合的复杂系统，各因素间关系错综复杂，将信息论中的灰色系统理论应用于水质评价有助于解决水环境系统的不确定性。采用灰色模式识别模型，选取总氮、总磷、高锰酸钾指数和铵态氮四项指标，对洪湖湿地 1990－2015 年水质年际变化进行分析，得到水质综合等级的定性分级以及水质综合指数的定量计算结果，并对水环境因子的时空差异和水环境变化的驱动力进行了深入的分析。

5. 洪湖水环境演变的数值模拟

本章节简要地介绍了 MIKE21 模型的理论基础和计算原理，运用物料平衡法对洪湖围网养殖区的氮磷污染负荷进行了估算，并对洪湖二维水动力模拟的初始条件、时空离散、边界条件设置和作用力等进行了详细的说明，建立起洪湖二维水质和水动力耦合模型，对该模型的初始条件和边界条件进行了概化，对径流负荷、围网养殖负荷和大气沉降进行了定量化描述，有效地模拟了复杂水文和污染源条件下的浅水湖泊污染物的时空变化。

6. 洪湖湿地沉水植被的时空演变

洪湖作为一个大型浅水草型湖泊，水生植被是构成湖泊湿地生态系统的基本要素。为研究洪湖不同区域水环境因子对沉水植被分布的影响，识别影响沉水植被分布的主控水环境因子，采用生态数量学中应用比较广泛的排序分析方法对沉水植被和水环境因子之间的相关关系进行深入分析。

7. 洪湖湿地生态系统健康评价

在科学性和全面性、可行性、层次性、时空尺度的弹性和适应性、敏感性原则、定性与定量相结合、主导性和独立性等原则指导下，对生态系统健康评价指标进行选取，将洪湖湿地生态系统分成湿地生态特征子系统、功能整合子系统和社会经济环境子系统三个子系统，得到 24 个能够反映洪湖湿地生态系统健康状况的指标。建立改进的模糊层次分析法的洪湖湿地生态系统健康评价模型，利用已得到的指标值和资料值进行评价。

8. 洪湖湿地生态系统服务功能价值评估

结合洪湖湿地的区域特征，采用资源环境经济学的方法对洪湖湿地的生态系统服务功能价值进行了评估，包括水资源价值、生物资源价值、土地资源价值、科考旅游价值、涵养水源价值、调节气候价值、调蓄洪水价值、净化水质价值和生物栖息地价值。并通过模拟计算，对 20 世纪 50 年代以来洪湖湿地生态价值经济损益进行了分析。

参考文献

[1] 陈克林，张小红，吕咏. 气候变化与湿地[J]. 湿地科学，2003，1(1):73-77.

[2] 傅国斌，李克让. 全球变暖与湿地生态系统的研究进展[J]. 地理研究，2001，20(1):120-128.

[3] Mitsch W J. Global Wetlands: Old World and New[M]. 1995.

[4] 施成熙. 湖泊科学研究三十年与展望[J]. 地理学报，1979(3):213-223.

[5] 陈小华，李小平，程曦，等. 太湖流域典型中小型湖泊富营养化演变分析(1991—2010年)[J]. 湖泊科学，2013，25(6):846-853.

[6] 濮培民，屠清瑛，王苏民. 中国湖泊学研究进展[J]. 湖泊科学，1989，1(1):1-11.

[7] 宋长青，杨桂山，冷疏影. 湖泊及流域科学研究进展与展望[J]. 湖泊科学，2002，14(4):3-14.

[8] 范成新，王春霞. 长江中下游湖泊环境地球化学与富营养化[M]. 北京:科学出版社，2007.

[9] 成小英，李世杰. 长江中下游典型湖泊富营养化演变过程及其特征分析[J]. 科学通报，2006，51(7):848-855.

[10] 刘永. 湖泊—流域生态系统管理研究[M]. 北京:科学出版社，2008.

[11] Vollenweider R A. Input-output models with special reference to the phosphorus loading concept in limnology[J]. Schweizerische Zeitschrift Für Hydrologie，1975，37:53-84.

[12] Klapwijk A，Snodgrass W J. Model for Lake-Bay Exchange Flow[J]. Journal of Great Lakes Research，1985，11(1):43-52.

[13] Menshutkin V V，Astrakhantsev G P，Yegorova N B，et al. Mathematical modeling of the evolution and current conditions of the Ladoga Lake ecosystem[J]. Ecological Modelling，1998，107(1):1-24.

[14] Carpenter S R，Brock W，Hanson P. Ecological and Social Dynamics in Simple Models of Ecosystem Management[J]. Ecology & Society，1999，3(2).

[15] 郑丙辉，张永泽，梁占彬，等. 滇池生态动力学模型的改进[J]. 环境科学研究，1994(4):1-6.

[16] 朱永春，蔡启铭. 太湖梅梁湾三维水动力学的研究:Ⅰ. 模型的建立及结果分析[J]. 海洋与湖沼，1998，29(1):79-85.

[17] 朱永春，蔡启铭. 太湖梅梁湾三维水动力学模型的研究:Ⅱ. 营养盐随三维湖流的扩散

规律[J]. 海洋与湖沼，1998，29(2):169-174.

[18] 朱永春，蔡启铭. 风场对藻类在太湖中迁移影响的动力学研究[J]. 湖泊科学，1997，9(2):152-158.

[19] 胡维平，濮培民，秦伯强. 太湖水动力学三维数值试验研究:2. 典型风场风生流的数值计算[J]. 湖泊科学，1998，10(4):26-34.

[20] 毕胜. 河流与浅水湖泊水流数值模拟及污染物输运规律研究[D]. 武汉:华中科技大学，2014.

[21] Cai S，Yi Z. Sedimentary features and the evolution of lake Honghu，central China [M]// Environmental History and Palaeolimnology. Springer Netherlands，1991.

[22] Yao S C，Xue B，Xia W L. Human impact recorded in the sediment of Honghu Lake，Hubei，China[J]. 环境科学学报(英文版)，2006，18(2):402-406.

[23] 陈萍，何报寅，杜耘，等. 1200a 来洪湖演变的环境磁学记录[J]. 沉积学报，2005，23(1):138-142.

[24] 方敏，祁士华，吴辰熙，等. 洪湖沉积物柱芯有机氯农药高分辨率沉积记录[J]. 地质科技情报，2006，25(3):89-92.

[25] Ying H U，Shihua Q I，Chenxi W U，et al. Preliminary assessment of heavy metal contamination in surface water and sediments from Honghu Lake,East Central China [J]. Frontiers of Earth Science，2012，6(1):39-47.

[26] 王学雷，宁龙梅，肖锐. 洪湖湿地恢复中的生态水位控制与江湖联系研究[J]. 湿地科学，2008，6(2):316-320.

[27] Liang Y T，Wen X F，Liu K Q，et al. Dynamics Change of Water Surface Area and Its Driving Force Analysis for Honghu Lake in Recent 40 Years Based on Remote Sensing Technique [C]// International Conference on Measuring Technology & Mechatronics Automation. IEEE，2013:500-506.

[28] Chang B. Quantitative Impacts of Climate Change and Human Activities on Water-surface Area Variations from the 1990s to 2013 in Honghu Lake，China[J]. Water，2015，7(6):2881-2899.

[29] 王学雷，刘兴土，吴宜进. 洪湖水环境特征与湖泊湿地净化能力研究[J]. 武汉大学学报(理学版)，2003，49(2):217-220.

[30] 杜耘，陈萍，Kieko，等. 洪湖水环境现状及主导因子分析[J]. 长江流域资源与环境，2005，14(4):481-485.

[31] Mo M，Wang X，Wu H，et al. Ecosystem health assessment of Honghu Lake Wetland of China using artificial neural network approach[J]. Chinese Geographical Science，2009，19(4):349-356.

[32] Wang X，Li Y，Xiao R. The Comprehensive Function Evaluation of Lake Honghu Using Analytic Hierarchy Process[C]// International Conference on Environmental Science and Information Application Technology. IEEE，2009:3-6.

[33] Makokha V A, Qi Y, Shen Y, et al. Concentrations, Distribution, and Ecological Risk Assessment of Heavy Metals in the East Dongting and Honghu Lake, China[J]. Exposure & Health, 2016, 8(1):1-11.

[34] Yang Y, Cao X, Zhang M, et al. Occurrence and distribution of endocrine-disrupting compounds in the Honghu Lake and East Dongting Lake along the Central Yangtze River, China. [J]. Environmental Science & Pollution Research, 2015, 22(22): 17644-17652.

[35] 李伟. 洪湖水生维管束植物区系研究[J]. 植物科学学报, 1997(2): 113-122.

[36] 李伟, 程玉. 洪湖主要沉水植物群落的定量分析: Ⅰ. 微齿眼子菜群落[J]. 水生生物学报, 1999a, 23(3): 240-244.

[37] 李伟, 程玉. 洪湖主要沉水植物群落的定量分析: Ⅱ. 微齿眼子菜＋穗花狐尾藻＋轮藻群落[J]. 水生生物学报, 1999b,03: 240-244.

[38] 李伟, 程玉. 洪湖主要沉水植物群落的定量分析: Ⅲ. 金鱼藻＋菹草＋穗花狐尾藻群落[J]. 水生生物学报, 2000, 24(1): 30-35.

[39] 程玉, 李伟. 洪湖主要沉水植物群落的定量分析: Ⅳ. 穗花狐尾藻＋微齿眼子菜＋金鱼藻群落[J]. 水生生物学报, 2000, 24(3):257-262.

[40] ZHANG X. On the estimation of biomass of submerged vegetation using Landsat thematic mapper (TM) imagery: A case study of the Honghu Lake, PR China[J]. International Journal of Remote Sensing, 1998, 19(1):11-20.

[41] Li W, Huang B, Li R R. Assessing the effect of fisheries development on aquatic vegetation using GIS[J]. Aquatic Botany, 2002, 73(3):187-199.

[42] 王相磊, 周进, 李伟, 等. 洪湖湿地退耕初期种子库的季节动态[J]. 植物生态学报, 2003, 27(3):352-359.

[43] Li E H, Liu G H, Wei L, et al. The Seed-Bank of a Lakeshore Wetland in Lake Honghu: Implications for Restoration[J]. Plant Ecology, 2008, 195(1):69-76.

[44] Li F. Mapping large-scale distribution and changes of aquatic vegetation in Honghu Lake, China, using multitemporal satellite imagery[J]. Journal of Applied Remote Sensing, 2013, 7(3):3593.

[45] 刘毅, 任文彬, 舒潼, 等. 洪湖湖滨带植被现状以及近五十年的变化分析[J]. 长江流域资源与环境, 2015(s1):38-45.

[46] Zhao S, Fang J, Ji W, et al. Lake restoration from impoldering: impact of land conversion on riparian landscape in Honghu Lake area, Central Yangtze[J]. Agriculture Ecosystems & Environment, 2003, 95(1):111-118.

[47] 王茜, 任宪友, 肖飞, 等. RS 与 GIS 支持的洪湖湿地景观格局分析[J]. 中国生态农业学报, 2006, 14(2):224-226.

[48] 王学雷, 厉恩华, 余璟, 等. 生态恢复前后洪湖水生植被景观各向异性动态变化研究[J]. 湿地科学, 2010, 8(2):105-109.

[49] 海热提，王文兴. 生态环境评价、规划与管理[M]. 北京：中国环境科学出版社，2005.

[50] 胡孟春，马荣华. 海南省生态环境综合评价制图方法[J]. 地理学报，2000，55(4)：467-474.

[51] 谢志仁，刘庄. 江苏省区域生态环境综合评价研究[J]. 中国人口·资源与环境，2001，11(3)：85-88.

[52] 熊鹰，王克林. 基于 GIS 的湖南省生态环境综合评价研究[J]. 经济地理，2005，25(5)：655-657.

[53] 黄裕婕，张增祥. 西藏中部的生态环境综合评价[J]. 山地学报，2000，18(4)：318-321.

[54] 陈利顶，李俊然，傅伯杰. 三峡库区生态环境综合评价与聚类分析[J]. 生态与农村环境学报，2001，17(3)：35-38.

[55] 冯学武，王弋，吴丽萍. 内蒙古西部生态环境综合评价研究[J]. 中国沙漠，2003，23(3)：322-327.

[56] 陈良. 绿色食品生产基地农业生态环境综合评价模式构建：以苏北里下河地区为例[J]. 人文地理，2007(5)：72-75.

[57] 王思远，王光谦，陈志祥. 黄河流域生态环境综合评价及其演变[J]. 山地学报，2004，22(2)：133-139.

[58] 薛达元. 中国自然保护区建设与管理[M]. 北京：中国环境科学出版社，1994.

[59] 杨瑞卿，肖杨. 太白山国家级自然保护区的生态评价[J]. 地理与地理信息科学，2000，16(1)：75-78.

[60] 吕一河，傅伯杰，刘世梁，等. 卧龙自然保护区综合功能评价[J]. 生态学报，2003，23(3)：571-579.

[61] Leopold A，Jones S E. A Phenological Record for Sauk and Dane Counties，Wisconsin，1935-1945[J]. Ecological Monographs，1947，17(1)：81-122.

[62] Visser W，Leopold A. A Sand County Almanac[J]. With Essays on Conservation of Round River Ballantine Books，1949，87(6)：10-13(4).

[63] Rapport D J，Regier H A，Hutchinson T C. Ecosystem Behavior Under Stress[J]. American Naturalist，1985，125(5)：617-640.

[64] Schaeffer D J，Herricks E E，Kerster H W. Ecosystem health：I. Measuring ecosystem health[J]. Environmental Management，1988，12(4)：445-455.

[65] Mageau M T，Costanza R，Ulanowicz R E. The development and initial testing a quantitative assessment of ecosystem health[J]. Acta Psychiatrica Scandinavica，1995，1(2)：201-213.

[66] Norberg J. Linking Nature's services to ecosystems：some general ecological concepts[J]. Ecological Economics，1999，29(2)：183-202.

[67] 崔保山，赵欣胜，杨志峰，等. 黄河三角洲芦苇种群特征对水深环境梯度的响应[J]. 生态学报，2006，26(5)：1533-1541.

［68］吴钢，肖寒，赵景柱，等. 长白山森林生态系统服务功能[J]. 中国科学，2001，31(5)：471-480.
［69］孔红梅，赵景柱，姬兰柱，等. 生态系统健康评价方法初探[J]. 应用生态学报，2002，13(4)：486-490.
［70］Rapport D J，Gaudet C，Karr J R，et al. Evaluating landscape health：integrating societal goals and biophysical process[J]. Journal of Environmental Management，1998，53(1)：1-15.
［71］Costanza R，D'Arge R，Groot R D，et al. The value of the world's ecosystem services and natural capital 1[J]. Ecological Economics，1997，387(1)：3-15.
［72］肖风劲，欧阳华. 生态系统健康及其评价指标和方法[J]. 自然资源学报，2002，17(2)：203-209.
［73］高桂芹. 东平湖湿地生态系统健康评价研究[D]. 济南：山东师范大学，2006.
［74］范荣亮，苏维词，张志娟. 生态系统健康影响因子及评价方法初探[J]. 水土保持研究，2006，13(6)：82-86.
［75］安贞煜. 洞庭湖生态系统健康评价及其生态修复[D]. 长沙：湖南大学，2007.
［76］Ladson A R，White L J，Doolan J A，et al. Development and testing of an index of stream condition for waterway management in Australia[J]. Freshwater Biol，1999，41：453-468.
［77］Ainslie W B. Rapid wetland functional assessment：Its role and utility in the regulatory arena [J]. Water，Air & Soil Pollution. 1994，3-4：237-248.
［78］沈德贤. 洞庭湖湿地生态功能及其保护对策[J]. 人民长江，1999，30(12)：23-35.
［79］吴炳方，黄进良，沈良标. 湿地的防洪功能分析评价：以东洞庭湖为例[J]. 地理研究，2000，19(2)：189-193.
［80］张峥，朱琳，张建文，等. 我国湿地生态质量评价方法的研究[J]. 中国环境科学，2000，20(1)：55-58.
［81］Young E. T，Knacke R F，Joyce R R.，Physical Sciences：Infrared Photometry of Markarian 231[J]. Nature，1972，238(5362)：263-263.
［82］Wilson M A，Carpenter S R. Economic valuation of freshwater ecosystem services in the united states：1971-1997[J]. Ecological Applications，1999，9(3)：772-783.
［83］Costanza R，Sklar F H，White M L. Modeling Coastal Landscape Dynamics[J]. Bioscience，1990，40(2)：91-107.
［84］Maltby，Edward. An Environmental & Ecological Study of the Marshlands of Mesopotamia[J]. 1994.
［85］Michael Kosz. Valuing riverside wetlands：the case of the "Donau-Auen" national park[J]. Ecological Economics，1996，16(2)：109-127.
［86］Richard T. Woodward，Yong-Suhk Wui，The Economic Value of Wetland Services：a Meta-analysis[J]. Ecological Economics，2001(37)：257-270.

[87] Turner R K, Paavola J, Cooper P, et al. Valuing nature: lessons learned and future research directions [J]. Ecological Economics, 2002, 46(3):493-510.

[88] Schuyt K D. Economic consequences of wetland degradation for local populations in Africa[J]. Ecological Economics, 2005, 53(2):177-190.

[89] Bergh J V D, Barendregt A, Gilbert A, et al. Spatial Economic - Hydroecological Modelling and Evaluation of Land Use Impacts in the Vecht Wetlands Area[J]. Environmental Modeling & Assessment, 2001, 6(2):87-100.

[90] 陈仲新,张新时. 中国生态系统效益的价值[J]. 科学通报,2000,45(1):17-23.

[91] 严承高,张明祥,王建春. 湿地生物多样性价值评价指标及方法研究[J]. 林业资源管理,2000(1):41-46.

[92] 崔丽娟. 扎龙湿地价值货币化评价[J]. 自然资源学报,2002,17(4):451-456.

[93] 欧阳志云,赵同谦,王效科,等. 水生态服务功能分析及其间接价值评价[J]. 生态学报,2004,24(10):2091-2099.

[94] 王晓鸿. 鄱阳湖湿地生态系统评估[M]. 北京:科学出版社,2004.

[95] 庄大昌. 洞庭湖湿地生态系统服务功能价值评估[J]. 经济地理,2004,24(3):391-394.

[96] 毛德华,吴峰,李景保,等. 洞庭湖湿地生态系统服务价值评估与生态恢复对策[J]. 湿地科学,2007,5(1):41-46.

第二章 洪湖地理环境特征与形成演变

2.1 洪湖自然地理环境特征

2.1.1 地理位置与区位

洪湖位于湖北省东南部，长江中游北岸，地处江汉平原四湖流域的下游，是长江和汉水支流东荆河之间的大型浅水洼地壅塞湖，地跨洪湖市和监利县(图 2-1)。2012 年“一湖一勘”确定洪湖面积为 308 km²。洪湖是湖北省境内面积最大的浅水湖泊，也是长江中下游大型湖泊之一。其地理坐标为东经 113°12′～113°26′、北纬 29°49′～29°58′。东西长 23.4 km，南北宽 20.8 km，岸线长度 104.5 km。

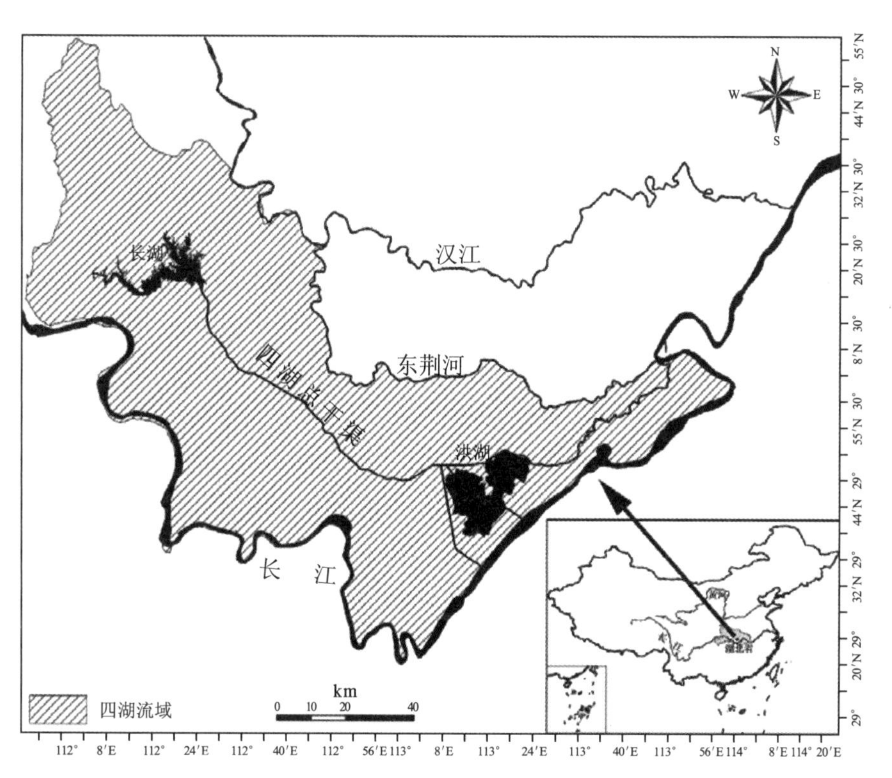

图 2-1　洪湖地理位置图

洪湖围堤从福田寺起沿洪湖北岸到小港折向西南到螺山，再从螺山起，经过幺河口、桐梓湖、三敦、周河口到宦子口，再从宦子口西折抵福田寺，闭合一周，全长 149.125 km，其中洪湖市 93.14 km，监利县 55.985 km①。

2.1.2 地质条件与地貌类型

洪湖所在的四湖地区属我国东部新华夏系第二沉降带的江汉沉降带区，是由燕山运动开始形成的内陆断陷盆地，其构造格局受西北、西北西和东北北向构造线所控制。燕山运动以来，本区以西黄陵背斜进一步上升，同时受北西向秦岭断裂带和北北东向郯庐断裂带的影响，形成区内两组基岩断裂，构成了盆地和凹陷的边界，并将区内切成许多断体，从而控制上覆地层的发育。前第四纪受地质外营力的作用形成一个巨大深厚的山麓相洪积、河湖相沉积。全新世以来，由于长江和汉水的多次决口分流，在江汉平原上形成了若干个的河流洼地。其中之一就是长江和东荆河之间的河间洼地，即现在的四湖地区。在洼地中，两侧为河流沉积物，天然堤或人工堤堆积，中间洼地处若潜水不畅，就易于壅塞成湖，洪湖就是在这种背景下形成的。

洪湖所在的四湖地区的地貌类型比较单一，主要是冲积、湖积平原，但由于基本上是一系列河间洼地组成，因而微地貌形态分异比较明显，既有沿江高亢平原、河间低湿平原，还有洲滩、滨河床浅滩、堤外高河漫滩、天然堤、人工堤、决口扇、废弃河道及河间洼地沼泽。河间低湿平原是洪湖所在区域主要的地貌类型，其内部又为湖泊和湖垸所构成。

2.1.3 气候气象条件

洪湖地处温暖的北亚热带中低纬度北缘，具有典型的北亚热带湿润季风气候特征，表现出光热充足，降雨充沛，雨热同期的气候特点。湖区四季分明，冬季寒冷干燥，盛行东北季风；夏季气候炎热多雨，多为东南季风或西南季风控制；而春秋两季为过渡季节，两种季风交替出现。在季风气候的影响下，本区 7 月平均气温为 28.9℃，比同纬度的其他地区高；1 月平均气温为 3.8℃，比同纬度其他地区低；年平均气温在 15.9～16.6℃；极端最高气温为 39.6℃，极端最低气温为－13℃。年辐射总量为 440～460 kJ/cm^2，其中 4－11 月总辐射量占全年的 72%左右；年降水量平均在 1000～1300 mm，且 4－10 月降水量约占全年总降水量的 77%，实测最大一日降水量为 199.8 mm，三日降水量为 338.8 mm，7 月份降水量为 486.8 mm；年均蒸发量 1354 mm。本区平均径流深度 360 mm，径流量为 37.35×10^8 m^3，湖泊现有可调蓄容量为 8.16×10^8 m^3，如果年降水量和本区产流量超过平均值以上则会产生不同程度的内涝灾害。年积温(≥10℃)一般为 5100～5300℃，其初日在 4 月上旬，终日在 11 月上旬，平均日数 83 天，日照率为 45%，无霜期长，一般为 250 天以上。湖区冬季盛行偏北风，夏季偏南风居多，全年风向以 N、NE 频率为最大，S、SW 风次之。

---

①荆州市水利工作手册，荆州市水利局，2013。

2.1.4 水文环境与水资源

洪湖是四湖流域主要的调蓄型湖泊,兼有供水、灌溉、养殖、航运、旅游等多项功能,在长江中游地区所有湿地类型的湖泊中极具代表性[1]。洪湖所在的四湖流域区域内地形平坦,一般地面的高程为 24～28 m,自西北略向东南倾斜。洪湖汇水面积广阔,总面积为 3314 km^2,西北部伸展至湖北省荆州市的长湖边缘,北部达到峰口至老新口一线,南以荆江大堤、洪湖大堤为界。主要入湖河流有长江、东荆河、内荆河、四湖总干渠、洪排河、南港河、陶洪河、中府河、下新河、蔡家河和老闸河等。流域内的地面径流主要通过四湖总干渠汇入洪湖,然后经若干涵闸通过长江对湖内水量进行排蓄和调节。洪湖湖底平坦,高程 22.8～24.0 m,春夏秋冬四季平均水深分别为 1.21 m、1.77 m、1.46 m 和 0.98 m。洪湖湿地所在区域降水量丰沛,地表径流、地下水、过境客水也十分丰富。汇水区多年平均降雨量 1300 mm,地表水平均径流量 $19.1\times10^8\ m^3$,过境客水平均流量 $7.8\times10^8\ m^3$,多年平均入湖水量为 $19.6\times10^8\ m^3$[2]。

洪湖水源补给为综合补给(主要包括地表径流、大气降水和地下水),流出状况为永久性,积水状况为永久性积水。水位变化主要取决于四湖流域降水与上游地区的来水,年平均最大水位变幅为 24.0～26.5 m。由于江湖隔断,洪湖水位变化趋向平缓,一般年份的水位差在 2 m 左右,正常年份的丰水位为 25.5 m,平水位 24.0 m,枯水位 23.5 m。最大水深 6.5 m,平均水深 1.34 m。洪湖控制蓄水面积 402 km^2,蓄水量为 $9.062\times10^8\ m^3$,设防水位 25.8 m,警戒水位 26.2 m,保证水位 26.97 m。

洪湖湿地地势低洼 ,三面临水,分别由长江、汉水和东荆河环绕。每年 5—10 月为江水上涨期,大部分地面高程低于江河水位,其中 5—8 月大部分地面径流不能自排入江。在江河涨水时期,流域内正值雨季,大暴雨多出现在 5—8 月,而且往往频率高、强度大、范围广、降雨过程长。这样,洪湖流域常常形成外洪内涝,成为长江中游地区名副其实的“水袋子”。这也成了洪湖流域重要的自然地理特征之一。洪水引发的涝渍灾害是平原湖区农业生产和经济发展的主要障碍因素之一[3],所以,洪湖的调蓄洪水的功能非常重要。

表 2-1 洪湖水位、湖容、面积关系①

序号	水位(m)	面积(km^2)	累计容积($\times10^4\ m^3$)
1	22.6	14.26	71
2	23.0	189.62	3 483
3	23.4	286.78	12 944
4	23.8	332.06	25 309
5	24.2	345.48	38 809
6	24.4	347.58	45 740

①荆州市水利局,荆州市水利工作手册,2013。

续表

序号	水位(m)	面积(km^2)	累计容积($\times 10^4$ m^3)
7	24.5	347.99	49 221
8	24.6	348.40	52 701
9	25.0	348.40	66 637
10	25.4	348.40	80 573
11	25.8	348.40	94 509
12	26.5	348.40	118 897
13	27.0	348.40	136 317

2.1.5 土壤条件与沉积特征

洪湖湿地近周系河湖冲积物、淤积物组成的低洼地、沼泽。该地区土壤类型主要有水稻土和潮土，而在湖洲滩地有少量面积的草甸土分布。水稻土是现代沼泽化土经过自然演化和围垦，在长期水耕熟化过程中发育起来的，其中主要有潜育型水稻土和沼泽型水稻土，这两种土壤的形成主要受洪湖地下水位起落影响。土壤剖面构型多呈 AG 型和 APG 型。水稻土的分布面积广大。潮土类主要分布在洪湖和长江之间的地势较高地带，是在长期旱耕熟化过程中发育起来的。

洪湖沉积类型大体上呈不规则的同心圆状分布。滨湖浅水区为沼泽沉积带和滨湖粉砂沉积带，粉砂带范围局限于湖泊东南岸湖滨带。在北岸河流处，分布着湖泊三角洲。现代三角洲上生长着菰、莲丛群，湖心为静水湖相沉积，沿着过水河道流动方向，分布着过水河道沉积带。从垂向看，洪湖的沉积过程经历了从静水湖泊沉积到沼泽沉积，再从沼泽沉积到静水湖泊沉积和沼泽沉积，一般情况是在河漫滩相的亚黏土层和决堤相粉沙层之上，沿湖大部分地区有一层厚 30～50 cm 的青灰色或灰白色的静水湖相层，沼泽层厚度差异颇大，从不到 20～120 cm不等，沼泽层间还夹有 1～2 层厚 3～10 cm 的湖泊层。

洪湖的沉积作用主要有以下三种方式[4]。

(1)物理沉积：主要包括湖水对入湖泥沙的分选与沉积作用，以及湖浪对湖岸的侵蚀，搬运和再沉积作用，大量水生植物的生长，可以减缓湖水和湖浪的能量传递，起到减轻某些物理沉积作用的效果。

(2)化学沉积：入湖泥沙大部分为悬移质，其中粒径小于 0.001 mm 的胶体含量占 30%～50%，水生植物等生物物质在湖底分解出大量的腐殖质，由于湖水偏碱性，这些物质与湖水中的电解质一道通过吸附作用使胶体絮凝沉积下来，形成静水湖泊沉积。

(3)生物沉积：洪湖几乎全湖长满了水生植物，滨岸带为菰和莲，湖心为微齿叶子菜、蕙花狐尾藻、黑藻等沉水植物，这些植物死亡之后，其残体与淤泥一起沉积在湖底，使沉积物中有机质含量增高，以此方式将能量以物质形态赋存于湖底。洪湖现代沼泽区表层沉积物中有机质含量为 3%～9%，高者可达 12% 。

这三种沉积方式形成的沉积类型主要有以下几种。

(1)三角洲沉积:内荆河从洪湖北部进入,在入口形成三角洲沉积。其顶部、前沿和底部沉积的物质主要为黏土。

(2)进出水流沉积:沉积物质主要由内荆河和长江带入,入湖水流通过非固定的水道从湖内流过,沉积下来的物质主要是黏土和砂,入湖水流的情况比较复杂,其中部分受到了人为因素的控制,自1958年阻隔长江水入湖后,此类沉积物质主要来自于内荆河。

(3)湖相沉积:此类湖泊静水相沉积分布于入湖水流的两边,沉积物由黄一棕、灰一棕和灰一白色黏土组成。

(4)沼泽沉积:这类沉积产生于大量植物生长区,植物死亡后,植物残体形成的有机碎屑积聚在沉积物中。

(5)滨岸沉积:滨岸沉积主要存在于洪湖的东北长江的自然堤附近,沉积物由砂粒组成,由于水浪的作用,沉积的砂粒可向湖心扩展。

2.1.6 动植物资源①

2.1.6.1 动物资源

洪湖湿地共记录脊椎动物222种,隶属5纲32目60科,其中鱼纲10目18科81种;两栖纲1目3科6种;爬行纲2目6科11种;鸟纲14目27科115种,其中水鸟8目14科73种,其他湿地鸟类6目13科42种;哺乳纲5目6科9种。

洪湖湿地野生动物中,有国家Ⅰ级重点保护动物5种,即东方白鹳、黑鹳、中华秋沙鸭、白尾海雕、大鸨,国家Ⅱ级重点保护动物22种,即胭脂鱼、虎纹蛙、白琵鹭、白额雁、大天鹅、小天鹅、鸳鸯、鸢、松雀鹰、普通鵟、红脚隼、斑头鸺鹠、牙獐等。

2.1.6.2 植物资源

洪湖植被区划属于泛北极植物区、中国—日本植物亚区的华中区,在湖北省属中亚热带常绿阔叶林带、江汉平原栽培植被、水生植被区、江汉平原滨湖岗地枫杨柳树栽培植被水生植被小区。受人类活动的影响,原始的森林植被已不复存在,目前保护区内的自然植被主要有水生植被和湿生植被,还有少量的人工栽培植被和疏林草地。根据植被群落的结构特征、外貌、生长型等,保护区内的植被可划分为沉水植被、浮叶植被、漂浮植被、挺水植被、湿生植被、针叶沼泽林、落叶阔叶林七大类,细分为23个群落,植物资源十分丰富。其中有国家Ⅰ级保护植物包括银杏和水杉2种,国家Ⅱ级保护植物包括粗梗水蕨、翠柏、野莲、香樟、半枫荷、野大豆、喜树、野菱在内8种。

落叶阔叶林主要分布在洲滩、堤岸等洼地高处。针叶沼泽林属于人工栽培林,主要分布在湖岸水深0.5 m以内和湖堤地势较高地段。受微地貌差异和枯汛季节水位调节下的水分梯度变化的影响,除陆生高等植物外,保护区内植被从湖滨到湖心呈带状分布着湿生植被、挺水植被、浮叶植被和沉水植被。洪湖湿地共有维管束植物78科284属286种。

1.湿生植物带

①数据源自《第二次全国湿地资源调查——湖北省湿地资源调查报告》。

分布于冬季枯水期的湿地、夏季汛期水深不超过 0.5 m 的湖滨地带。主要植物种类为莎草科和禾本科植物，受围湖垦荒的影响，优势种群芦苇＋荻群落和苔草群落面积急剧缩小，现有面积不足 2 km^2，主要分布于河口、湖岸狭窄地带。不同地段和年份，种类组成和生物量变化较大。

2. 挺水植物带

分布于湖岸到水深为 1.4 m 的区域，主要植物群落为菰群落、菰＋莲群落和莲群落，是洪湖水生植被的重要组成部分。20 世纪 60 年代，挺水植物面积为 216 km^2，约占全湖面积的 36％，是洪湖沼泽化的先锋植物。至 80 年代初虽然经过 20 年的围垦，挺水植物面积仍为 127 km^2。80 年代中期以后洪湖自然保护区的挺水植物面积处于不断下降之中，90 年代初期面积为 29 km^2，现面积不足 20 km^2。

3. 浮叶植物带

分布于水深 1.2～2.2 m 的区域，是 20 世纪 60 年代的洪湖分布面积最大的植物带，面积约 343 km^2，约占全湖面积的 57％。主要种类有菱、睡莲和芡实，同时还杂有很多的沉水植物，如马来眼子菜、微齿眼子菜、黑藻、菹草和苦草等。

4. 沉水植物带

分布于湖中水位较深区域，一般水深 2 m 左右，在汛期可达 4 m，20 世纪 60 年代面积仅约30 km^2，至 90 年代初沉水植物面积达 318 km^2，主种种类有微齿眼子菜、菹草、穗花狐尾藻、黑藻、金鱼藻、轮藻、竹叶眼子菜等。

2.2 洪湖湿地的形成与演变

2.2.1 洪湖形态特征

洪湖系长江和汉水支流东荆河之间的一个洼地壅塞湖，是平原河间洼地湖的典型，湖盆呈碟形，极度平浅，滨湖地区沼泽湿地广布，湖岸平直，湖湾、湖岬少。洪湖由于水陆之间界限模糊，湖泊外形不确定，常随水位变化而变化。目前，留存水面成不规则的凹形。

中华人民共和国成立初期，洪湖还是一个通江的吞吐型湖泊，水位变化除受流域降水及上游地表径流的影响外，主要受长江、东荆河水位升降变化所控制，一般年较差均要超过 3 m，大水年份可达 5 m 以上。自江湖阻隔之后，洪湖水位的涨落变化，主要取决于流域降水雨上游地区的来水，水位变化平缓，一般年份的水位差在 1～2 m。中华人民共和国成立前，洪湖面积和容积随水位涨落变化，而且由于江湖联通，再加上湖底平坦，面积和容积随水位升高的增长率更大(表 2-2)。当水位 26.5 m 时，洪湖历史最大水面达 734 km^2，枯水季节，湖水几乎可泄空，大部分湖底裸露。目前，由于江湖隔断，洪湖变为一个人工控制的半封闭湖泊，根据金伯欣计算结果[5]，现有湖面积若沿湖围堤为界，为 402 km^2，容积 7.45×10^8 m^3，若再扣除堤内新垸面积，实有水面为 354.6 km^2，容积 6.6×10^8 m^3(表 2-3)。江湖阻隔前后，洪湖形态特征可见表 2-3。目前洪湖区内共有 42 个内垸(其中 40 个为 1960s 后的新垸),洪湖及洪湖周围围垸面积542.95 km²,其中,洪湖围堤内面积 444.14 km²,周围围垸 98.8 km²,涝水通过二级站提排入洪湖。内垸地面高程为 23.3～24.2 m。

表 2-2 洪湖围垦前后高程、面积、容积 *

高程(m)		22.0(湖底)	22.6	23.0	23.5	24.0
面积(km²)	围垦前	—	12.56	196.1	342.01	466.24
	围垦后	—	12.56	194.8	310.8	382.5
容积(10⁸ m³)	围垦前	—	0.897	1.8025	3.8212	—
	围垦后	—	0.0481	1.7465	3.4530	—
高程(m)		24.5	25.0	25.5	26.0	27
面积(km²)	围垦前	558.9	641.4	656.6	656.6	—
	围垦后	401.5	402.16	402.16	402.16	—
容积(10⁸ m³)	围垦前	6.3818	9.3853	12.6122	15.8685	—
	围垦后	5.4020	7.4480	9.459	11.4700	—

注:* 荆州四湖工程管理局. 洪湖志,1986.

表 2-3 洪湖不同条件下形态特征比较[5]

时期		湖底高程(m)	水位(m)	水面积(km²)	容积(10⁸ m³)	水深(m)	
						最大	平均
20 世纪 50 年代前		22	25	641.4	9.38	3.5	1.44
现状(20 世纪 90 年代)	以围堤为界	22	25	402	7.45	3.5	1.85
	以水面为界	22	25	354.6	6.6	3.5	1.86
时期		湖泊长度(km)	湖泊宽度(km)		湖岸线(km)	岸线发育系数	
			最大	平均			
20 世纪 50 年代前		44.6	28	13.1	24	2.26	
现状(20 世纪 90 年代)	以围堤为界	33.1	21.9	12.1	105	1.56	
	以水面为界	25	25.8	14.2	128	1.92	

2.2.2 洪湖的形成与演变

据考证,洪湖成湖初期属于构造断陷湖,自第四纪初(距今约 100 万年),地壳发生新的构造运动,江汉凹陷在此基础上继续沉降(沉降深度约 200 m)。直到 30 万年前,庐山冰期之后转为温暖多雨的北亚热带气候环境,地壳下沉,湖面扩展,形成浩瀚水面。当时长江、河水水量浩大,江河每年输送沙量也较大。当河水进入水面宽敞的江汉湖盆后,泥沙大量沉积,逐渐形成江汉内陆三角洲、两岸河床抬高,几经演变,将整个湖区分割成大小许多湖泊,以洪湖为最大湖泊。

洪湖形成于 2500 年前的春秋战国时期,据洪湖西部青灰色湖相层底界淤泥^{14}C 测年结果为(2540±70)a,其后沉积过程和面积发生过较大变化,早期以静水湖泊沉积为主,沉积青灰色和灰白色静水湖相层(2500a. B. P.),其顶层^{14}C年代在距今950—900年,湖相层分布于现代洪湖西部的大部分,朱河镇以东到现代洪湖之间的低湖田内和洪湖东部靠东的一部分地区,洪狮和新闸一线周围没有这种湖相层,这表明900－2500年前洪湖还是两个分隔的小湖泊,西洪湖比东洪湖大。湖相层上发育厚数十厘米的沼泽层,茶潭和么河口一线周围也发育了沼泽层,直接覆盖于冲积层之上,沼泽层底部^{14}C测年为890—960a. B. P,泥炭层之间尚夹有较薄的湖相层,表明900－960年前,洪湖已经普遍沼泽化了,其间有过短期间断,湖泊又见现过。《荆州史话》记载晋时(265—420)洪湖沦为"渺若沧海的马骨湖水域"。宋代(960—1279)文献记载洪湖呈现"瑕苇弥望"的沼泽景观。沼泽层之上为灰褐色和黄褐色现代湖泊沉积层,普遍分布于整个洪湖及周围农田的土壤层上部,据^{210}Pb测定的现代沉积速率推测该层底部的年代约440a. B. P,表明据今400年前,洪湖迅速扩展,洪湖东西部连成一片,达到鼎盛时期。此后洪湖在发展过程中日渐缩小,人类活动的影响加剧。19世纪之前,洪湖的面积"不及现代的五分之一",其迅速扩大系19世纪末叶的事,其原因是"长堤围阻,水未能消",至"道光十九年洪湖诸垸陷殆尽"。1894年,洪湖的范围为"广六十余里,袤八十余里";进入20世纪人类活动对洪湖的影响加大。到1932年,洪湖东西宽39 km,长47 km,面积为1064 km^2(折合159.6万亩);1951年建洪湖县(现为洪湖市,1987年设立)时,洪湖面积约760 km^2(折合114万亩),在此之前,洪湖一直呈现天然生态状态。

洪湖地区地势低洼,为四湖流域最下端,三面临水,分别由长江、汉水和东荆河环绕,经常形成外洪内涝,成为长江中游地区名符其实的"水袋子"。1949年以来,随着湖区人口和经济不断发展,人地矛盾不断加剧,为了解决湖区人口的粮食问题和缓解洪湖水患之苦,人们分别于20世纪50年代、60年代和70年代,在洪湖周围进行了三次较大规模的围湖垦荒活动,并且大修水利设施,建成了洪湖隔堤、螺山电排河、新滩节制闸。大规模的围湖造田、筑堤建垸和兴修水利严重地改变了洪湖湖区的土地利用/土地覆盖类型,导致了洪湖面积锐减。洪湖湖面急剧减少主要是1950－1976年这个时期,恰好是江汉平原围垦活动的顶峰时期。特别是1955年,在洪湖县的新滩口建闸以后,使洪湖由一个吞吐湖变为一个半封闭的湖泊。1950－1970年的三次大围垦,使得洪湖水面由20世纪50年代的760 km^{2}下降到348 km^2,水深和蓄水量也相应减少(图2-2、表2-4),20世纪90年代以后,在湖北省各级政府共同努力下,洪湖湖泊湿地的面积减少趋势得到根本遏制,湖泊面积已经基本趋于稳定。形成了当今洪湖及其周边的格局。

表2-4 20世纪中后期洪湖湖泊面积和水文条件演变

年份	1950	1951—1961	1962—1964	1965—1974	1975—1976	1977—1979	1980—1982	1983—1993	1994—1999	2000—2002
面积(km^2)	760	653	554.7	413	402	395.9	395.5	355	348.2	348
平均水深(m)	—	3.0	—	—	—	—	1.35	1.35	1.35	1.35
淡水储量(10^9 m^3)	—	1.88	—	—	—	—	0.39	0.383	0.38	0.38

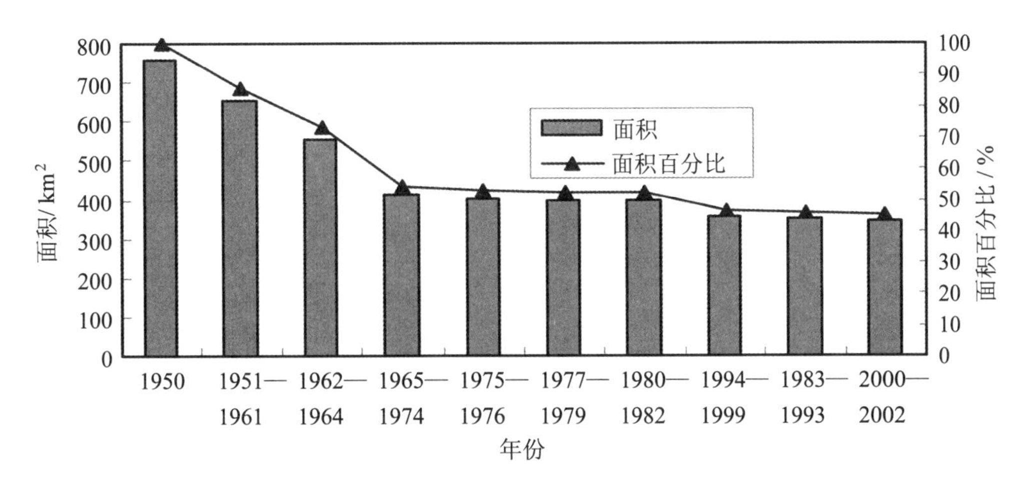

图 2-2 1950 年以来洪湖水面面积变化

2.2.2.1 洪湖湿地形成演变过程①

1.早期洪湖湿地自生自灭的自然演替阶段

史前时期,江汉平原是一个完整的湿地生态系统。晚更新世末至全新世初,江汉平原呈现河湖交错的湿地景观,湿地面积较小,主要湿地类型为河流湿地和湖泊湿地,湿地以自然演替为主。从史前到春秋战国的这一时期,人口稀少,生产力低下,人类活动的强度与广度有限,基本上处于一种顺应自然的状态,人地处于天然和谐时期。

春秋战国时代,江汉盆地中"方九百里"的湖沼概称云梦泽,九江附近长江两岸的湖沼概称彭蠡泽,太湖地区的湖沼概称震泽。历史上的云梦、彭蠡、震泽等大湖沼泽,以及无数中小湖泊,它们沟通长江,吞吐来水,洪水季节甚至和长江连成一体,从而将洪峰消弭于无形。全新世以后,长江中下游流域基本没有大的地质构造变化,河流发育进入以冲淤为主的阶段。现在的长江流域的地貌环境格局基本上就是在这一时期发育积累起来的。秦汉以前长江中下游流域的湖泊、沼泽、湿地连绵不断,伴随长江的周期性泛滥和河流冲淤作用,上游江水携带的泥沙堆积使中下游湖盆日渐淤平,形成众多浅滩、泥滩沙洲,大型水生植物从岸边逐渐演替生长,由水边向湖心蔓延,从而加速泥沙淤积。与此同时,植物自身的残留物不断堆积,使湖泊沼泽化,明水退缺,湿地可能干枯并最终消亡,形成肥沃的土地。因此,长江中下游流域的局部微地貌一直处于河一湖一沼一陆的动态更替之中,环境变化频繁。从整体上,长江中下游流域长期保持江、湖、陆一体的自然景观,湿地也一直保持了强大的防洪功能。当时的云梦泽生物多样性丰富,湿地动植物随处可见。当时,荆江有夏水、涌水等支流分流汇入云梦泽,并形成向东延展的陆上三角洲;春秋后期,楚国开凿废弃的分流道,连接汉水,这就是人工运河——杨水;而此时的下荆江,还是湖沼区。

2.自然—人工演替阶段

春秋战国以后,随着人类对湿地的开发和利用,人类对湿地影响加大,湿地演替进入自

①引自 WWF 长江项目——洪湖湿地资源环境与利用的现状调查与评估。

然—人工演替阶段，人工湿地、洲滩湿地逐渐增加，自然水体湿地不断减少。但这一阶段仍然属于轻中度开发阶段。

在《史记·货殖列传》和《汉书·地理志》中，都有“楚越之地、地广人稀”的记载，这种状况直到唐代仍未发生改观。据此不难推断当时江汉平原的开发强度并不大。秦汉至南朝时期，随着荆江与汉水三角洲发育，受掀斜构造沉降和科氏力的作用，云梦泽主体局限于江汉平原东南，范围缩小。据史料，隋朝以前长江流域少有洪涝灾害记载。由于长江的定期泛滥，使中下游地区农业生产难以稳定开展，用堤坝阻止江水漫流逐渐成为人们的选择。公元前5世纪，楚国名相孙叔敖推行“宣导川谷、陂障清泉、堤防湖涌、收九泽之利”的主张，开了江北筑堤先河，长江以北的洲滩荒地渐渐被围垦起来，从此开始了人类对长江中下游流域的围湖造田—与水争地—水土流失—河湖淤积—新的围湖造田的循环。

至魏晋南北朝期间，北方战乱不断，人口大批南下；唐安史之乱后，人口又一次大批南下，进一步促进了江汉平原的开发。“靖康之难”后，宋室南迁，北方大量人口再次拥入江南与湖广地区，于是大举屯垦。如《宋书》记载“江南之为国，盛矣！……区域之内，晏如也。……地广野丰，民勤本业，一岁或稔，则数郡忘饥。会土带海傍湖，良畴亦数十万顷，……荆城跨南楚之富，……”南宋朝廷鼓励开垦“沿江旷土”。因此可以认为南宋的屯田和营田是江汉平原垸田的初期形式。同时，防洪筑堤大有发展。《宋史·河渠志》：绍兴二十八年(1158年)，御史都民望言，“江陵县东经沿江北古堤一处，地名黄潭，建炎年间邑官开决引水……。其堤至险至要，宜于农隙修补，勿致损坏”。乾道年间张孝祥筑寸金堤与沙市堤相接。《宋史·列传》：“孝祥知荆南，筑寸金堤，自是荆州无水患”，与此同时先后堵塞了荆江两岸九处穴口，使荆江大堤连成一线。

唐宋时期，江汉平原不断淤积抬高，荆江统一河床形成后水位抬升，促使江汉平原湖泊面积逐渐减少；尤其是在宋朝时，修建了荆江北侧的堤防，更是迫使荆江向南分流，从而使云梦泽主体逐渐淤积解体，大面积的湖泊不再存在，演变为星罗棋布的小湖泊——江汉湖群。垸田经过近300年的发展，到明中叶达到饱和状态。明清时期是江汉平原湿地发生重大变化的时期，在自然因素和人为因素的共同作用下，江汉平原经历了历史上最为剧烈的变化。江汉平原，由于荆江和汉江三角洲的不断发育，促使江汉湖群向东南推移；清中后期，太白湖淤塞成为沼泽，而江汉平原中最大的湖泊——洪湖形成。

明代张居正连荆江大堤为一线。尽堵北岸穴口，形成四口分流长江、河水入湖的局面。从1524年荆江大堤形成到1860年藕池洪道冲开之前300多年间，下荆江河段比较顺直，上下荆江泄量基本相适应，藕池决口以后，继之松滋决口，下荆江流量剧减，自然淤塞萎缩，走向九曲回肠的畸形发展。明代中叶，张居正修建荆江大堤，采取“舍南救北”的治水策略以后，江湖关系骤变，实际上成了“江北确保，江南分洪”的状态。

清朝，垸田发展的规模、速度及其对平原地貌的塑造都是前代无法相比的。入清后，直到康熙初年社会再获安定，经济恢复开始加速。至康熙中期，江汉平原上垸田已恢复到战前水平，其后又经康熙后期和雍正期间数十年的经营，兴修水利政策的实施，湖区堤垸获得很快恢复和发展。到乾隆初期，江汉平原上的围垦已达到“无土不辟”的过度垦殖程度，垸田修筑又呈高潮。道光以后随着人口压力的加大，为寻求更多的耕地，围湖造田的盲目性、掠夺性也更加突出。

在自然淤塞和人类活动的双重作用下，先秦时期“方九百里”的云梦泽，在汉代时开始萎缩，到魏晋时已经被分割成若干个大小湖泊，范围已不到先秦时的一半。随着云梦泽不断萎缩，荆江北岸渐渐形成了肥沃的江汉平原，大片肥沃的土地吸引着更多的人前去垦殖。经济社会的发展和人口增加，对长江中下游流域湖泊沼泽湿地的围垦也逐渐扩大升级，至晚清时已达到了恶性发展的程度，大量的滩地、浅水湖泊和沼泽等天然湿地变成了水稻田，天然湿地迅速萎缩，生态功能也日趋单一化，尤其防洪功能下降，洪涝灾害频繁。从清末到中华人民共和国成立，国内战乱动荡，大片围垦土地被荒废，湿地获得了短暂的喘息之机。中华人民共和国成立初，在特定的历史社会条件下，围垦进入了有史以来的又一次高潮。

3. 人工演替为主阶段

20 世纪 50 年代后，人类对两湖平原湿地的改造达到前所未有的地步，湿地演替以人工演替为主，自然湿地遭到大面积围垦(20 世纪 80 年代后围网养殖)，人工湿地面积大增，成为湖北面积最大的湿地类型。随着人类活动对湿地的干扰，湿地生态退化态势逐渐显现。

20 世纪 50 年代中期开始的大规模水利建设使洪湖的面貌发生了重大变化。1955 年修筑的洪湖隔堤，锁住了东荆河的洪水；1958 年建成的新滩口大型节制闸，堵住了长江洪水倒灌。从此江湖一体的格局不复存在。1975 年洪湖北部的四湖总干渠、西部的螺山干渠的建成，辅以进出湖的福田寺闸、小港闸和洪湖围堤等的修建。至此，洪湖基本上变成了一个被人类控制的半封闭型的水体。虽然湖水也呈周期性涨落，但只有通过涵闸与四湖水系及长江相通。洪湖地区的水利建设极大地刺激和促进了围湖垦殖的进程，致使洪湖水面不断缩小，至 70 年代后期，围湖垦殖基本停止，形成了现代洪湖的格局。最近的遥感测定结果表明，洪湖现有水面不及 50 年代初的一半。(图 2-3～图 2-6)

图 2-3　20 世纪 20 年代洪湖地区湖泊分布

图 2-4　20 世纪 50 年代洪湖地区湖泊分布

图 2-5　20 世纪 70 年代洪湖地区湖泊分布

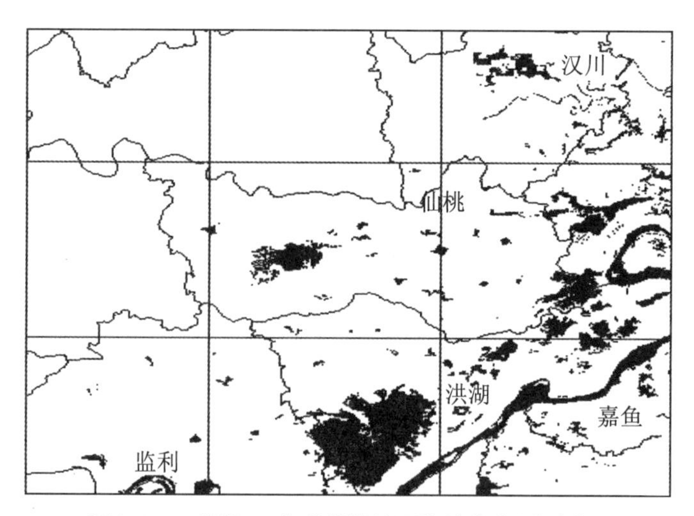

图 2-6　20 世纪 90 年代洪湖地区湖泊分布(洪水期)

以上分析表明，洪湖湿地的形成与演变过程与江汉平原湖泊群的形成演变息息相关。地质时期和历史时期前期的洪湖湿地演变是顺应自然条件而变，构造沉降、泥沙淤积及气候变化决定着湿地演变格局。随着人类历史的发展，湿地演变逐步转型为自然一人为共同作用阶段，但直到20世纪50年代，包括洪湖在内的江汉湖群皆为通江的浅水吞吐湖，湖水随长江水位的涨消而起落，人类对洪湖湿地的影响不太剧烈，人地关系相对和谐。

2.2.2.2 洪湖湿地演变驱动机制

1.地质活动和长江泛滥奠定了洪湖的成湖基础

长江于400万年前的第三纪末和第四纪初形成后，喜马拉雅造山运动促使青藏高原强烈抬升，并迫使古长江掉头向东，凿开巫山，注入东海。整个长江中下游流域地势低平，在地质构造上属于强烈下沉形成的凹陷。长江出三峡后，地势陡然宽广，落差急剧减小，江水开始在广阔的低洼平原间恣意漫流。中全新世以来，在全球海面上升的影响下，长江干流自河口向上的江水位相继上升，导致长江中下游两岸洼地逐渐出水不畅而蓄水为湖。但两岸洼地蓄水成湖的时间取决于洼地底与当地长江干流水位上升所达高度之间的相对高度差。一般说来，长江下游河口地段两岸洼地成湖时间早于长江中游两岸洼地蓄水成湖的时间，较深洼地成湖时间早于较浅洼地成湖。从历史记录和沉积分析来看，洪湖成湖于2500年前左右，之后有过沼泽期。因此，洪湖的成湖时间要晚于洞庭湖、鄱阳湖、太湖等湖泊。

2.古气候环境推动了洪湖的面积变化与沼泽化过程

早期洪湖的形成、演化与长江的洪水泛滥密不可分，而长江的洪水受制于古气候。张丕远等[6]的研究表明，近2000年来，中国气候变化是由一系列突变构成的，主要的变化发生在280年、490年、880年和1230—1260年附近。其中又以1230—1260年的变化最为明显，它奠定了中国现代季风气候的结构(图2-7)。降水演化系数的最大转折发生于280—480年间，280年以前偏湿，280年开始迅速变干，变干过程大约在480年结束。480—500年间，迅速变干期结束，其后一直持续到10世纪初，这一时期降水演化系数时有波动，但其平均水平基本维持不变。10世纪初，又有一次较快的变干过程，这一过程持续到1230年前后。1230年以后气候系统在较前面更为干燥的水平上稳定下来，降水演化系数波动较小(图2-8)。据《荆州史话》中引用的历史文献，晋时(258—420)洪湖沦为“渺若沧海的马骨湖水域”，宋代(960—1279)马骨湖水域已成为“葭苇弥望”的一片沼泽。这与上述中国气候2000年来的演化背景是基本一致的。

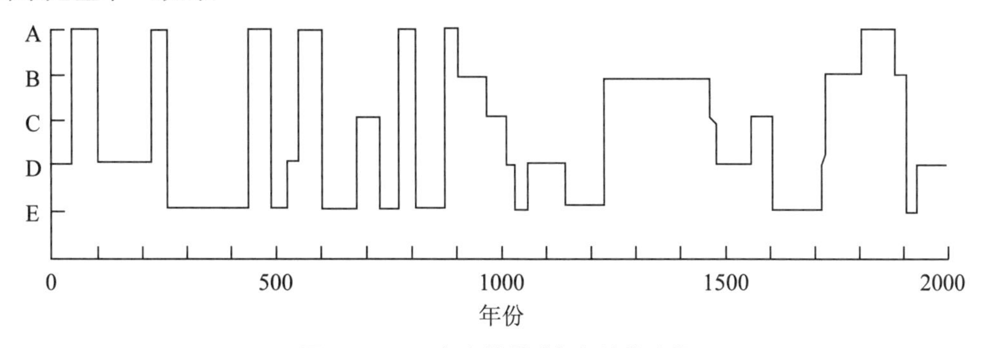

图2-7 2000年来的旱涝气候演化阶段

(A.涝灾多发 B.涝灾次多发 C.旱涝发生持平 D.旱灾次多发 E.旱灾多发)

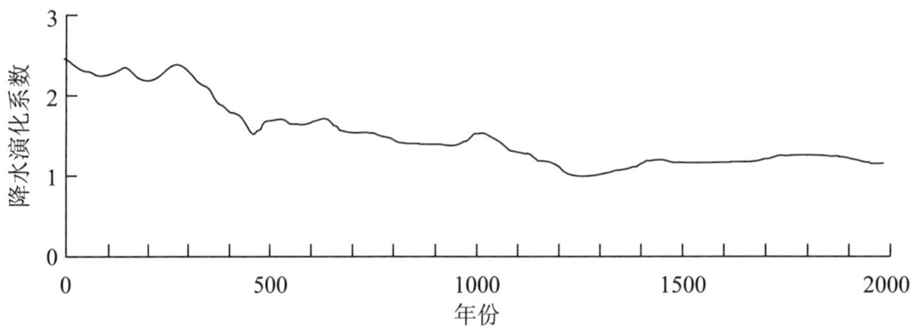

图 2-8　2000 年来的降水演化系数

3. 人类活动进一步加剧了洪湖的萎缩和生态环境的恶化

洪湖自形成以来，就不断受到人类活动的影响，随着人类社会生产力水平的不断提高，人类活动对洪湖演化的影响也就不断增强。人类活动的影响主要体现在筑堤围湖，洪湖与长江的逐步阻隔也是与大规模的围湖造田活动相伴而生的。

江汉平原的围湖造田可以追溯到先秦时期，但大规模的围湖造田活动始于南宋，至明清发展到封建史上的鼎盛时期。为保护垸田，南宋以来各朝代都非常重视长江大堤的兴建，尤以清朝为盛。自 400 多年前，洪湖迅速扩展至鼎盛时期以后，洪湖在近代发展过程中日渐缩小，而这一时期人类活动的影响最大。据《洪湖地方志·地理分册》称，19 世纪前，洪湖的面积"仅及现今的五分之一"，洪湖在 19 世纪末又经历了一个快速扩大的时期，其原因是"长堤围阻，水未能消"，至"道光十九年(1839)洪湖诸垸陷殆尽"。20 世纪 50 年代、60 年代和 70 年代的三次大规模围垦拓荒运动，使湖泊面积迅速缩小和沼泽化(图 2-9)。同时，筑堤建闸割断了洪湖与长江的自由联系。人为的筑堤围垸也使得洪湖的形态发生了变化，如西岸平直即是人为所致。

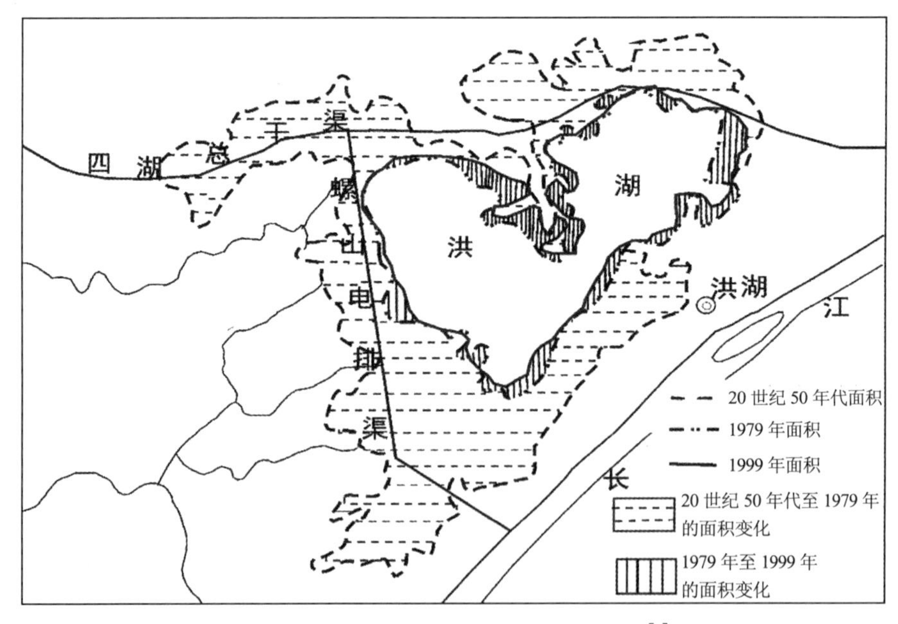

图 2-9　1950—1999 年洪湖面积的变迁图[7]

人类活动在地貌和地表水文特性的改变过程中，起着至关重要的作用。筑堤引起堤外河漫滩淤高，洪水位与堤内地面的高差加大，加剧了洪水的威胁；围湖造田减少了蓄洪空间，加剧了湖泊泥沙淤积；河漫滩围垸垦殖人为地致使河道行洪区大大减小。大堤还隔断了长江与通江湖泊的联系，这不仅使湖泊丧失了对河道洪水的调节作用，也导致湖泊的污染以及加速萎缩和消亡。人类围湖造田后，使处于湖泊与陆地过渡地位的滩地、沼泽消失，湖泊边界规则化，还致使湖泊与陆地的隔绝。其结果，减少了湖泊的蓄洪空间。同时，由于洪水缓冲区——滩地的不复存在，洪水更加直接地威胁到人类的生命财产安全；沼泽的消失使进入湖泊的污水"净化器"破坏，导致湖泊污染。并且，湖泊的萎缩和污染及人类的经济活动进一步导致生物多样性的下降乃至丧失，湖区的局地小气候也随之发生了变化。

总体来说，洪湖的演化是上述多种因素变化的综合作用的结果。湖区的构造沉降，增大了湖泊容积；湖区的泥沙淤积，使湖泊静态容积缩小；人类活动导致湖泊容积增减的变化，并加速了沼泽化和生态环境的恶化；此外，还有某些未知因素(如大型水利工程的兴建)及不同湖泊所具有的特点或局部因素的影响。从时间上来说，洪湖早期演变的驱动力主要是地质构造运动和气候变化两大因素，但近代以来，人类活动的影响无疑是最大的。

2.2.3 江湖关系的变化

水利工程是人类改造自然最为典型的例子，当今世界上几乎所有的大小河流都不同程度地受到水利工程的影响。洪湖原系通江的浅水湖泊，湖水随长江水位的涨消而起落。一般水位在海拔高程 27 m 左右，湖面面积约 760 km^2。但是 20 世纪 50 年代中期开始的大规模水利建设使江湖关系发生了重大变化(图 2-10)。江湖关系演变可划分为如下 3 个阶段。

1. 江湖一体阶段

洪湖所属的江汉湖群的演变与长江有着密切的关系。在早期，江湖关系顺应自然，构造沉降、气候变迁、泥沙淤积等主导着其演变格局。战国时，楚国在江北筑堤围垦，自此江湖关系的演变就一直伴随着人类的影响。明朝时，荆江大堤连成整体，此后大堤进入江湖关系并在相当程度上控制其发展。但直到 1950 年，江汉湖群中大多数湖泊皆为通江湖泊，江湖关系总体上处于一体阶段。

2. 逐步阻隔阶段

1950 年，洪湖还是通江敞水湖。汛期江水倒灌，东荆河横流入湖，且径流与过境客水高峰同期，内渍外涝。中华人民共和国成立后对洪湖进行了大规模整治，主要有 1955 年兴修了洪湖隔堤，锁住了东荆河水入湖；1957 年疏通了中华人民共和国成立前修筑的新闸、铜闸；1958 年建成新滩口大型节制闸，堵住了长江水倒灌，使江湖隔绝；1970 年修建螺山电排站、新堤排水闸并开挖渠道；1975 年建成四湖总干渠、西部螺山干渠，以及福田寺闸、小港闸和洪湖围堤；1972—1980 年，建立洪湖两岸由长江干堤半路堤起经福田寺至高潭口与东荆河相交的洪湖防洪排涝工程，彻底割断了洪湖与长江的自然联系。至此，江湖一体的格局不复存在。

3. 人类调控阶段

江湖阻隔之前，洪湖水位随长江水位涨落；阻隔后，水位受人为调控：冬春季节开启闸门，力求将湖水排空；洪水季节则关闭闸门，利用腾出的湖容接纳湖周农田渍水。此外，还要实现养殖、旅游、航运、给水等，达到这些功能的基础就是洪湖通过涵闸与四湖水系及长江相通。洪湖进入人为调控阶段。经过人类江湖关系治理，长江被“逼”成一条人工渠道，两岸湖泊成为受控湖泊，大多实行水库式管理，原来的沼泽、草洲多被围垦。江湖分隔使江湖复合生态系统被破坏，二者之间的水文和生物联系发生巨大变化，物质、能量交换受到阻碍，使洪湖湿地发生退化，生态功能下降，生物多样性减少。

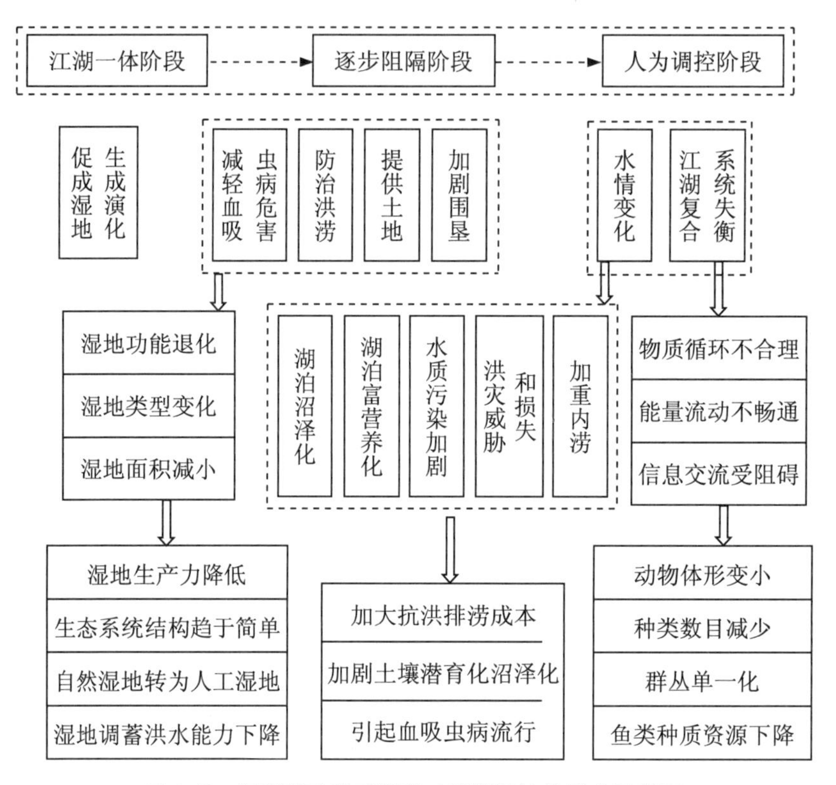

图 2-10　江湖(河)关系演变对洪湖湿地的影响示意图

参考文献

[1] 卢山，李世杰，王学雷. 洪湖的环境变迁与生态保护[J]. 湿地科学，2004，2(3)：234-237.

[2] 陈世俭，王学雷，卢山. 洪湖的水资源与水位调控[J]. 华中师范大学学报(自然科学版)，2002，36(1)：121-124.

[3] 陶凯，杜耘，陈斌，等. 洪湖地区涝渍灾害脆弱性评估[J]. 世界科技研究与发展，2008，30(2)：177-179.

[4] 陈萍. 洪湖近 1300 年来的环境演变研究[D]. 武汉：中国科学院测量与地球物理研究所，2004.

[5] 金伯欣. 江汉湖群综合研究[M]. 武汉:湖北科学技术出版社,1992.
[6] 张丕远,葛全胜,张时煌,等. 2000 年来我国旱涝气候演化的阶段性和突变[J]. 第四纪研究,1997,17(1):12-20.
[7] 王学雷,许厚泽,蔡述明. 长江中下游湿地保护与流域生态管理[J]. 长江流域资源与环境,2006,15(5):564-568.

第三章 洪湖湿地水资源管理与调控

3.1 洪湖流域水系特征与水资源

3.1.1 洪湖流域水系特征

20 世纪 50 年代初期，洪湖系通江湖泊，湖水随长江水位的涨消而起落，汛期长江洪水经由新滩口倒灌入湖，常形成洪涝灾害。它当时是蓄纳江汉洪水的主要场所，承受江陵、监利、潜江、沙市、洪湖等地约 10 352 km^2 集水面积的来水，补给系数 30.1。当时洪湖流域水网密布，水系复杂，沿湖四周有大小口子 48 处，其中大口 18 处，与长江、东荆河和内荆河之间脉络相通；主要入湖河流除西南面长江，北境东荆河外，内有内荆河、四湖（长湖、三湖、白露湖和洪湖）总干渠、洪排河、南港河、陶洪河、中府河、下新河、蔡家河和老闸河等，形成了四通八达的水系网，河网密度 2.43 km/km^2，年径流总量约 $31.6\times10^8\ m^3$。通过 1951－1982 年的水利建设，江湖隔绝，使洪湖的天然蓄纳与泄洪受到控制，转变为人工控制的水库性湖泊，1955 年修建洪湖隔堤，拦住了东荆河的下泄洪水，1958 年又建成新滩口（今内荆河出口）12 孔大型节制闸和荆北防洪排涝工程以及高滩口、螺山等电排站，堵住了江水倒灌，使江湖隔绝，减轻了洪涝灾害。

目前，洪湖四周口门减少，流域涵闸众多，水文条件受人为控制。进水主要有北部的四湖总干渠，内有新河口、柳口、坛子口等多处明口与四湖总干渠相通，西部的螺山干渠，内有涵闸或明口与其相通。排水一方面经东部的小港闸、张大口闸泄入内荆河，在经 90 km^2 新滩口闸排入长江，另一方面经南部的新堤闸入长江。目前，洪湖水系分布如图 3-1、图 3-2、图 3-3 所示。

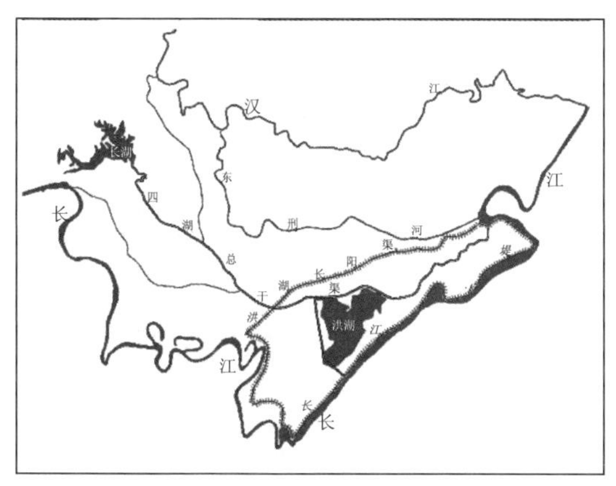

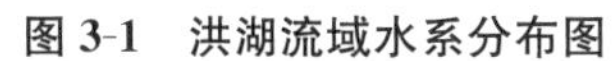
图 3-1　洪湖流域水系分布图

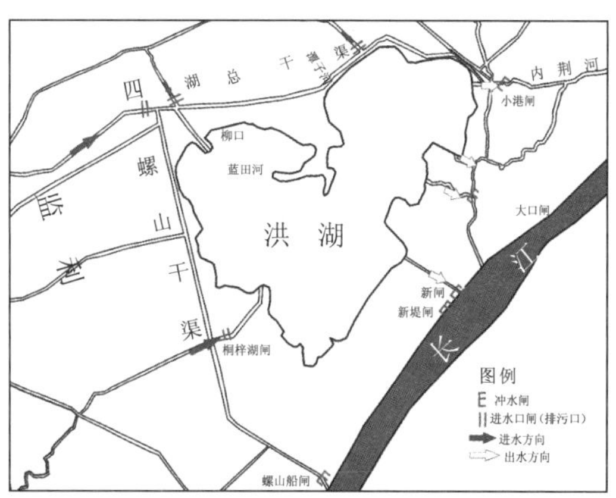

图 3-2　洪湖入出湖水系分布示意图

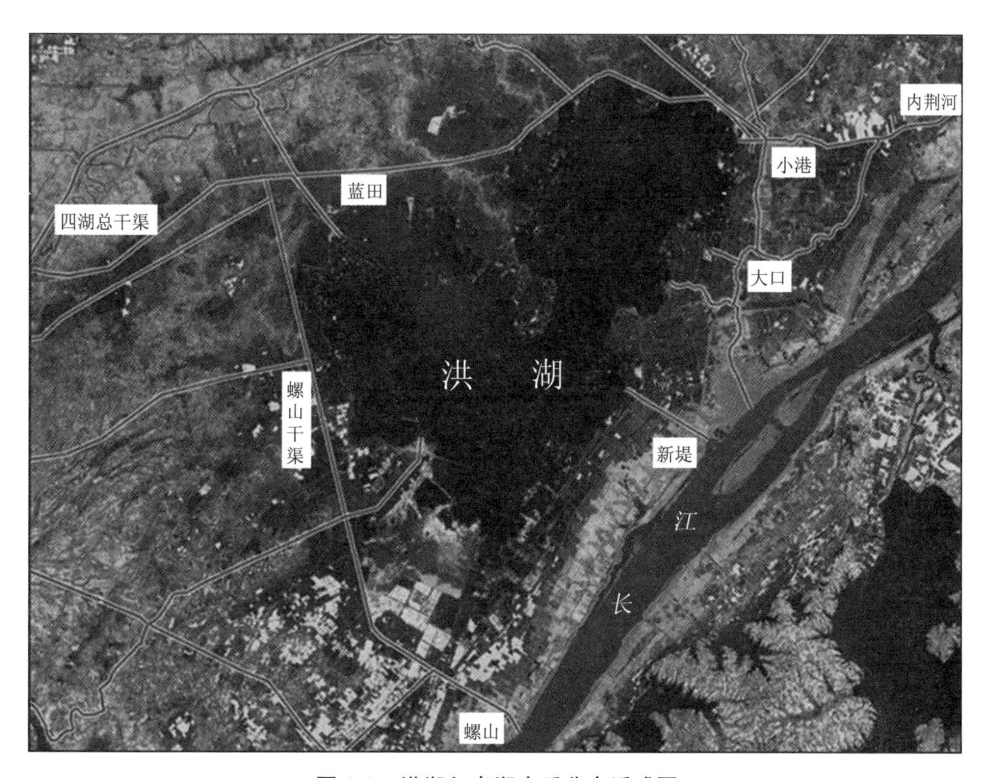

图 3-3　洪湖入出湖水系分布遥感图

3.1.2　洪湖水位变化与水量平衡

近年来，我国许多湖泊水位持续下降，水面不断缩小甚至干涸，如 1954 年以来，长江中下游天然水面减少了约 1.3×10^4 km²。在江汉平原，20 世纪 80 年代与 50 年代相比，湖泊总面积减少了 33.6%。湖泊生态系统的一个主要影响因素就是湖泊水量的动态变化，由于湖泊水文情势的改变，影响湖泊生态系统养分的输入、输出，生态系统物种的构成、结构和功能。

3.1.2.1　洪湖水位变化特征

洪湖水位的变化是湖泊水文的重要特征。它不仅影响到湖水的深浅、湖泊面积的大小，而且影响到湖区生产及湖泊水生生物的生长和繁殖环境[1]。

洪湖在沿江口门未设闸之前，水位变化除了受流域降水及上游地表径流的影响外，主要受长江、东荆河水位升降变化所控制，一般每年 3—4 月降水增多，湖水开始上涨，6 月以后，主汛期到来，长江水位迅速上升，外江水位一旦超过内湖水位，江水便于新滩口倒灌入湖，湖水位急剧上涨，7—8 月份水位达到最高峰，9 月以后又随外江水位下降而开始消退，至次年 2 月出现最低水位，一般年较差均要超过 3 m，大水年份可达 5 m 以上。自江湖隔断后，洪湖汇水区的地面径流主要通过四湖总干渠汇入湖泊，有若干涵闸对湖泊水位和水量进行调控，经内荆河等河闸与长江相通。因此，洪湖水位的涨落变化，主要取决于四湖流域降水与上游地区的来水，水位变化趋向平缓，一般年份的水位较差在 1～2 m，在出现 1980 年、1983 年那样的大水情况下，年内水位变化才超过 3 m。洪湖水位周年变化趋势与长江水位的动态变化同期，洪湖修闸前后水位变化如图 3-4 所示。由图可见，洪湖修闸后水位比修闸前水位变化有所缓和。

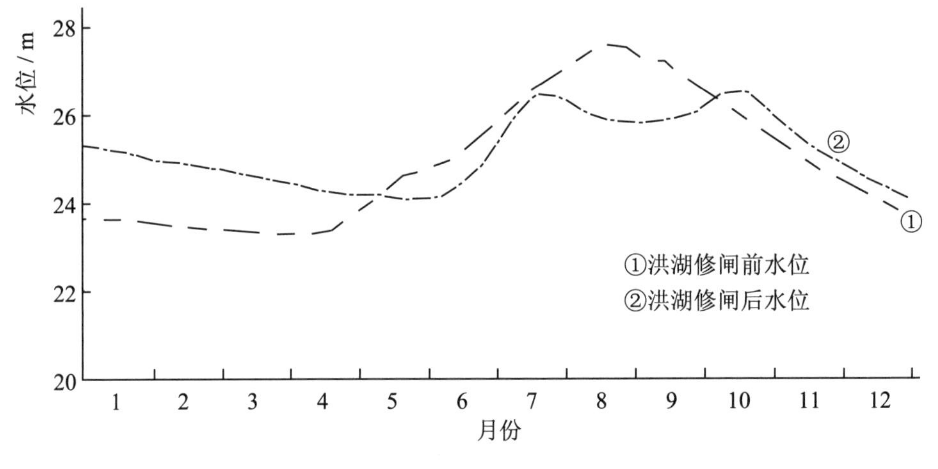

图 3-4　洪湖修闸前后湖水位变化过程

目前，洪湖是个可控制的湖泊，可通过调度控制湖泊水位。其调度主要以保证除涝安全和生产为目标：汛前预降，以增加滞洪量；冬季尽可能降低水位，减轻农田渍害；开春前保持一定的水位，确保来年春灌用水等要求。洪湖是四湖流域中、下区涝水的主要承泄区。不仅接纳福田寺排区的来水，还要调蓄高潭口、新滩口排水不及时的涝水。习惯上，暴雨后，福田寺排区涝水直接进入洪湖调蓄；高潭口、新滩口、螺山排区在一级站开机抽排排田，排水不及的超额的涝水倒灌入洪湖，洪湖水位迅速上涨调蓄。随着排湖流量的加大，洪湖水位迅速上涨调蓄。随着排田流量的减少，高潭口、新滩口两流域站开始排湖，进入排田排湖兼顾阶段，随着排湖流量的加大，洪湖水位上涨的速度缓慢下来。当入湖与出湖流量相等时，湖水位涨停。

据洪湖挖沟子水文站 40 年的观测资料。洪湖年最高水位处于 24.58～27.18 m(1969

年长江大堤决堤时洪湖最高水位为 27.46 m;洪湖隔堤修筑之前,即 1954 年 8 月 15 日达最高水位达 32.15 m),多年平均最高水位为 25.74 m;年最低水位在 22.87～23.92 m 之间波动,多年平均最低水位为 23.47 m(1975 年 4 月 10 日,历年最低水位为 22.89 m);年平均水位在 23.72～24.87 m,多年平均水位为 24.31 m。年水位变幅在 1～4 m,平均为 2.3 m。一般年份,洪湖水位在 24～26.5 m 之间波动,年水位变幅在 2 m 左右;在严重洪涝年份,洪湖最高水位可达 27 m 左右,年内水位变幅超过 3 m。由张大口站检测,洪湖水位特征值可见表 3-1。

洪湖水位变化趋势主要受气候与降水的影响。在 4—9 月份降雨量大,湖水位上涨;在 10 月至次年 3 月,降水量少,湖水位下降。分别绘制 1980 年,1990 年,前后期的月平均水位(图 3-5),可看出洪湖 6—10 月的水位较高,大多位于 24.5～26.5 m,11 月至次年 5 月水位较低,大多位于 23.5～24.5 m。故将全年分为相对高水位时期(6—9 月)和相对低水位时期(11 月至次年 5 月)。

表 3-1 洪湖水位特征值

代表站	多年平均水位(m)	年最高水位		年最低水位		年水位绝对较差	最大年变幅		最小年变幅		最大月变幅		最小月变幅	
		水位(m)	出现时间	水位(m)	出现时间		变幅(m)	出现年份	变幅(m)	出现年份	变幅(m)	出现月份	变幅(m)	出现月份
张大口	24.97	32.15	1951.8.15	22.2	1961.2.21	9.95	8.25	1954	1.85	1956	1.25	10	0.11	4

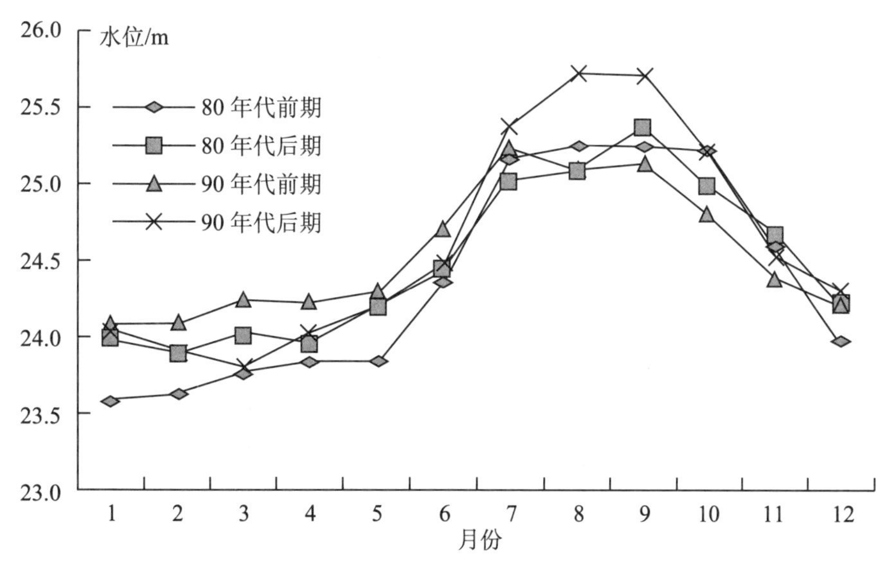

图 3-5 不同时段月平均水位分布

洪湖水位的年际变化可反映出流域来水量的年际变化情况。丰水年份水位高。枯水年份水位低。水位年际变化较显著,而且具有高低相间出现的特点。水位年较差一般为 1～3 m(图 3-6)。

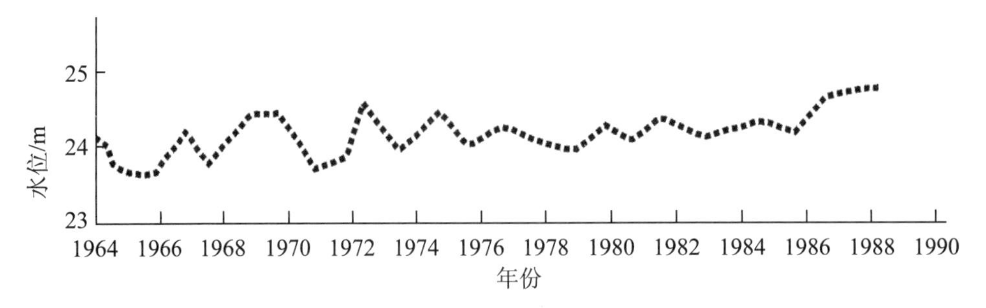

图 3-6　洪湖年平均水位过程线

3.1.2.2　水量平衡分析

湖泊通用水量平衡一般可以简化为：输入（入湖河流＋降水）－ 蒸发±地下水＝输出

根据湖泊通用水量平衡方程，可列出洪湖水量平衡方程式：

$$P + R_{入} + W_{入} + Q_{引} = E + R_{出} + W_{出} + I_{用} \pm \Delta V \tag{3-1}$$

式中：P 为年湖面降水量，E 为年湖面蒸发量；$R_{入}$ 为入湖地表径流，$R_{出}$ 为出湖地表径流量；$W_{入}$ 为入湖地下径流量，$W_{出}$ 为出湖地下径流量，$Q_{引}$ 为自外江引水量，$I_{用}$ 为国民经济用水量；ΔV 为年湖泊蓄水量的变化。

洪湖湖底平浅，大部分湖泊底泥深厚，透水性能弱，与地下水之间的水力联系差，因而地下径流的流入流出可略去不计。式(3-1)可简化为：

$$P + R_{入} + Q_{引} = E + R_{出} + I_{用} \pm \Delta V \tag{3-2}$$

为简化起见，可将湖泊与外江外河交换的水量暂时归并到湖泊的蓄水变量之中。事实上，湖泊的出入口均被沿江闸门控制，内湖水位一般按调蓄农田渍水的需要被控制，其蓄水变量往往已变为一定程度上从外江引水与内湖排水之间的关系。因此，水量平衡方程式可进一步改成：

$$P + R_{入} = E + R_{出} + I_{用} \pm \Delta V \tag{3-3}$$

(1) 湖面降水量与蒸发量的计算。洪湖年降水量 1307 mm(1971－2000 年的数据平均值)，蒸发量 1386 mm，按湖面 348 km^2 的面积计算，年均降雨量为 4.55×10^8 m^3，年均蒸发量 4.82×10^8 m^3。

(2)入湖地表径流量及入湖量的计算。洪湖位居四湖地区长湖、三湖、白露湖的下游，承接这三个湖泊区间的来水。在洪湖沿湖口门未控制前，汛期外江高水位季节，下游农田渍水可沿内荆河上溯倒灌入湖，因而在 20 世纪 50 年代洪湖实际的集水面积广达 16 352 km^2，来水量浩大，调蓄任务重。当前，洪湖水系复杂，水文条件受人为控制，进水主要来自四湖总干渠，排水主要自小港闸和新堤闸入长江。据估算，洪湖多年平均入湖径流量 8.0×10^8 m^3，多年平均出湖径流量 6.91×10^8 m^3。

(3) 湖区国民经济各部门用水量。国民经济用水量包括湖区农业灌溉用水量、工业用水量和居民生活用水量。洪湖水质良好，是沿湖工业用水和城镇居民生活用水的重要水源地。洪湖地区人口约 135 万人，工厂企业较多，城镇工业与居民生活用水年需水量约 6×10^7 m^3，但是，湖区较大的工矿企业都是自建引水设施从长江引水，从洪湖引水量不大，因此，此部分暂不计入湖泊耗水量。洪湖湖区每年灌溉四湖地区近 1.33×10^4 km^2 农田，灌溉用水量大约为 1.45×10^8 m^3。

综上所述，洪湖水系复杂，水文条件受人为控制，进水主要来自四湖总干渠，排水主要自小港闸和新堤闸入长江。洪湖多年平均入湖径流量 8.0×10^8 m^3，湖面降水量 4.63×10^8 m^3，合计年入湖量约 1.263×10^9 m^3。多年平均出湖径流量 6.91×10^8 m^3，湖面蒸发量 4.27×10^8 m^3，灌溉用水量 1.45×10^8 m^3，合计年出湖水量 1.263×10^9 m^3，水量收支基本平衡。

3.2 洪湖湿地生态水位研究

3.2.1 生态水位计算方法

1. 湖泊形态法

水是湖泊湿地最重要的组成部分，也是湿地结构与功能的关键因子，要维持湖泊湿地基本的生态功能，需要有一定的水量和湖泊面积，水量和湿地面积的变化与湿地功能密切相关。以水位作为反映湖泊水文和地形状况的重要因素，湖泊水面大小来表征湿地功能的大小。湖泊面积随水位的上涨而增加，但由于水位与面积之间并非线性关系，所以水位每增加一个单位，面积增加量并不相等。据有关研究[2]，水位与面积变化之间的关系近似于抛物线形，在某一个水位处，面积随水位的增加量有一个突变，若该水位在多年平均水位附近，则可认为该水位最低生态水位。计算步骤为：

①根据水位一面积一容积的关系，采用内插方法计算水位每上涨一个单位湖泊湿地的面积增加量。②根据水位与面积增加量数据绘制水位一面积增加率关系图，查找图形拐点处所对应的水位。③比较该水位与湖泊多年平均水位，确定湖泊湿地最小生态水位。

2. 生态水位法

衷平等[3]人在计算白洋淀生态蓄水量时，提出了该方法。该方法主要基于生态学和水文学原理，通过长序列水位频率分析，认为湖泊生物已适应了高频水位所对应年份的水位变化，再对照相关生态指标状况，确定相对生态环境最差年份及最低生态水位。计算步骤为：

①绘制水位频率直方图。分析洪湖历年水位变化情况，发现每年6—10月水位较高，而在11月至次年5月洪湖水位较低，据此将历年数据分为水位高涨期和水位回落期两个时间段分析。②高频率水位时期的水位与生态指标对比分析，将高频率水位年份中生态状况最差年份的水位认为是生态系统可以存在并恢复的最小水位。③计算最小生态水位系数，即高频水位时期生态状况最差年份的最低月平均水位除以统计年限多年最低平均水位。用公式表示为：$K=WL_{最差}/WL_{平均}$，此系数乘以该年各月平均最低水位即得到逐月最低生态水位。

3. 天然水位资料法

天然水位资料法假定湖泊生态系统已经适应了多年的水位年际和年内的变化，取多年月均最低水位中的最小值作为最低生态水位。计算公式见徐志侠等[4]于2004年在《生态学报》发表的《湖泊最低生态水位计算方法》。

4. 生物最小空间需求法

假定湖泊水位是和湖泊生物生存空间一一对应的，用湖泊水位作为湖泊生物生存空间的指标。湖泊植物、鱼类等为维持各自群落不严重衰退均需要一个最低生态水位。取这些最低生态水位的最大值，即为湖泊最低生态水位。计算公式见徐志侠等[4]于2004年在《生态学报》发表的《湖泊最低生态水位计算方法》。

3.2.2 生态水位计算结果

3.2.2.1 湖泊形态法计算结果

本节采用表3-2所列的水位与面积变化数据分析水位与湖泊湿地面积增加率的关系（图3-7）。

表3-2 洪湖不同水位与面积对照表

水位(m)	23	23.4	23.8	24.2	24.6	25	25.4	25.8	26.2
水体面积(km^2)	190	208	232	308.6	357.3	383.3	396.7	401.53	402.78

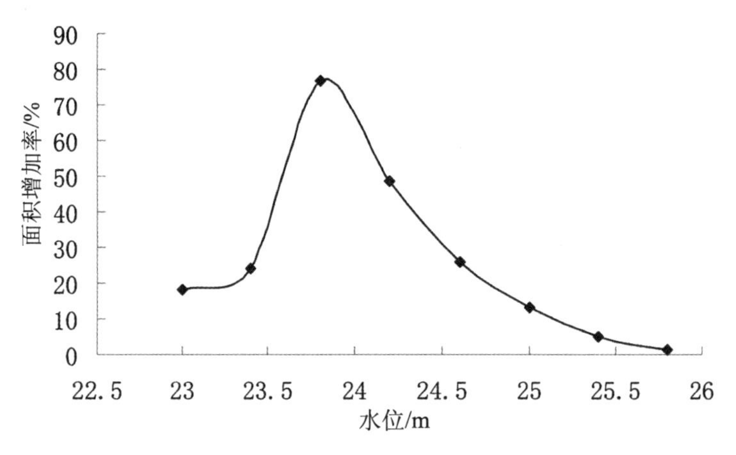

图3-7 洪湖地区水位与面积变化关系图

由图3-7可知，洪湖面积增加速度随着水位升高先是加快，约到水位为23.8 m时出现一个最大值，该值之后，曲线逐步下降，面积的增加随水位上升而逐步减小。这表明湖泊水位由23.4 m上升到23.8 m时，洪湖水面积变化最大，由此确定与水面面积变化率最大处相应的水位为23.8 m，洪湖挖沟子水文站1960年至2000年水文资料统计分析洪湖多年平均最低水位为23.47 m[5]，两者相差0.33 m，可见以湖泊形态法确定的最低水位满足与多年平均水位相差不大的条件，所以可以认为23.8 m为洪湖湿地最低生态水位。

3.2.2.2 生态水位法计算结果

1. 高频率水位的确定

洪湖水位变化趋势主要受气候与降水的影响，每年 4—9 月份降雨量大，湖水位上涨；在 10 月至次年的 3 月，降雨量少，湖水位下降。由于四湖上游来水需要一定的时间，水位上涨与回落相对要滞后一段时间，因此从各时段平均水位变化图(图 3-8)上可看出洪湖 6—10 月的水位较高，大多位于 24.5～26.5 m，11 月至次年 5 月水位较低，大多位于 23.5～24.5 m，故将全年分为相对高水位时期(6—9 月)和相对低水位时期(11 月至次年 5 月)统计分析水位频率。频率分析方法见表平等[4]。由水位分布频数直方图(图 3-9)可知低水位时期频率最大值出现在 24.0～24.5 m，其次是 23.5～24.0 m，出现频数分别为 64 和 61；高水位时期频率最大值出现在水位 24.5～25.0 m，其次是 25.5～26.0 m，其频数分别为 37 和 19。

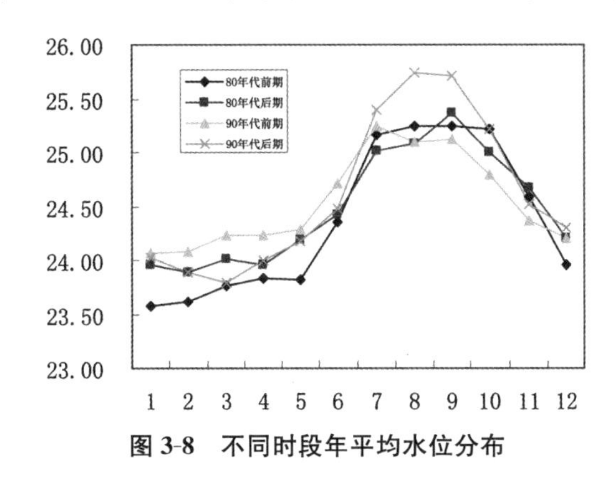

图 3-8 不同时段年平均水位分布

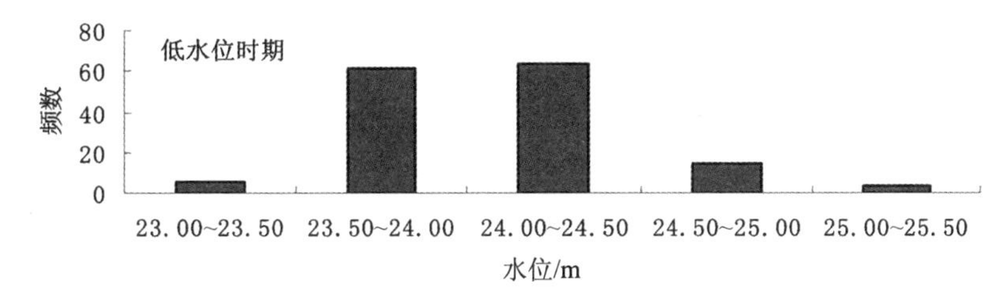

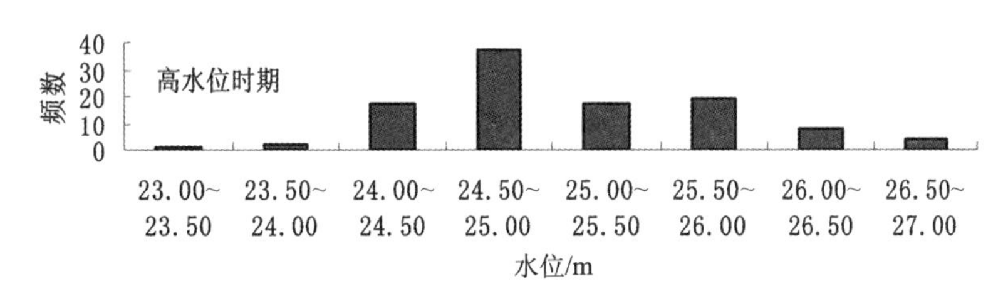

图 3-9 不同时段水位频数直方图

2.洪湖生态指示物种

湖泊湿地生态系统由无机环境和各种生物群落组成，水质、底泥、生物群落结构、物种数量等都可反映一个湖泊生态系统状况好坏。洪湖湿地位于水热资源丰富的江汉平原区，水面广阔，适宜各种生物繁殖栖息，湖区分布着沉水植被、浮叶植被、挺水植被、湿生植被、底栖动物、浮游动物、鸟类、鱼类等生物群落，其中维管束植物 494 种，浮游植物 280 多种，各种浮游动物和底栖动物 477 种，鱼类 57 种，鸟类 138 种。洪湖原为通江敞水湖泊，在 1955 年洪湖隔堤、1958 年新滩口节制闸以及 1975 年四湖总干渠、螺山干堤、洪湖围堤、福田寺闸和小港闸建成之后，逐步成为由人工控制水位的半封闭型湖泊。这些水利工程措施的兴建改变了洪湖水文，同时也促使围湖垦殖加剧，导致了湖面萎缩，生物资源下降，水体富营养化，调蓄功能下降等多种生态问题。表 3-3 显示出 1960 年以来洪湖湿地的生态变化。

表 3-3 洪湖不同时期的水面面积及物种数量

年份	洪湖水面（km^2）	水生植物种类(种)	鸟类种类（种）	鱼类种类（种）	底栖动物种类(种)	水生植物生物量(10^9 kg)	猎获水禽量（10^4 kg）
1960	600	92	—	84	—	19.2	35
1980	355	68	167	74	66	13.1	21
1990	348	123	130	57	77	6.9	16
2000	344	94	138	63	98	5	—

由表 3-3 可知，由于 20 世纪 80 年代之后对洪湖的围垦基本上停止，洪湖水面变化很小，洪湖每年的水文变化也很小。在洪湖生态系统中，水生植物是初级生产者，它们的生存需求不高，只要有一定的水域即能生产繁殖；鱼类除了需要一定的水域作为生存空间外还需要浮游动物和藻类作为其食物来源；水禽属于湿地系统食物链中较高层次摄食者，生存条件较高，要有足够的鱼类和底栖动物等为之捕食，也要有一定范围的挺水和湿生植被作为其栖息之地。由此看来，鱼类处于食物链的中上层，属于水生态系统中的顶级群落，是大多数情况下的渔获对象，它对其他类群的存在和丰度有着重要作用，其种类和数量的变化既受到水生植物生存状态的影响同时也影响着它的上级摄食者的种群数量。鱼非水不能生存，它对于水的依赖性也最大，因此选择鱼类作为洪湖生态的指示物种。

(3)洪湖最低生态水位

根据历年的洪湖水文数据，处于高频水位范围的有 1981 年、1989 年、1990 年、1991 年、1992 年、1993 年、1994 年、1996 年、1998 年 9 个年份。将这些年份生态状况进行对比，发现 1992 年生态状况相对来说较差。先从指示物种鱼类的种数来看，1992 年比 1981 年减少了 17 种，只有 54 种；鱼类产量比 20 世纪 80 年代要高，而比其他年份要低，这主要是因为 20 世纪 90 年代之后人工水产养殖面积逐渐扩大，1990 年为 14 900 hm^2，而到了 1998 年就增加了 20 258 hm^2，因此此时渔业产量的提高不能反映生态状况的好转，相反人工投喂鱼苗增加了水质污染的风险，且绞草喂鱼破坏了水生植物的结构，也影响了其生物量。从水禽种类来看，1981 年水禽物种多样性达到 1.539，而 1992 年只有 0.522，冬季水禽猎获物也从 2.1×10^5 kg 下降到了 1.6×10^5 kg[6]。从浮游植物的种类来看，1981 年有 9 门 92 属，而在 1992 年却只有 7 门 77 属，下降了 15 属。通过以上比较，我们认为可以以 1992 年的生态状况作为最差的一年。洪湖 1992 年的最小平均水位为 24.12 m，1980 年至 2000 年的多年月平均最小水位为 24.21 m，则最小生态水位系数为 0.996。以最小生态水位系数乘以多年各月最小平均水位即得到逐月最低生态水位(表 3-4)，全年中以 2 月份的最低生态水位为最低，其值为 23.64 m，即以生态水文法确定的洪湖最低生态水位为 23.64 m。

表 3-4 洪湖逐月最小水位和最低生态水位

月份	1	2	3	4	5	6	7	8	9	10	11	12
月平均最小水位(m)	23.79	23.73	23.79	23.73	23.78	23.98	24.67	24.99	25.10	24.73	24.26	23.96
最低生态水位(m)	23.69	23.64	23.69	23.63	23.69	23.89	24.57	24.89	25.00	24.63	24.16	23.86

由表 3-4 可知,洪湖最低生态水位季节变化明显。在冬春季节,洪湖最低生态水位均低于 24.0 m,且都在 23.7 m 左右波动,这一方面是由于冬春季节降水稀少,另一方面洪湖承担着超 60 000 hm^2 耕地的春灌任务。在夏秋季节,洪湖最低生态水位较高,位于 23.98～25.10 m。各月最低生态水位的变化与多年平均水位变化趋势相同。

3.2.2.3 生物最小空间需求法计算结果

洪湖生物丰富多样,依据现有资料计算每一种生物的最低生态水位比较困难,我们以鱼类作为指示生物,洪湖湖底平均高程约为 22.5 m,以鱼类生存需求水深 1 m 计算,洪湖最低生态水位为 23.5 m。

3.2.2.4 天然水位资料法计算结果

洪湖 1980—2000 年各年最小月平均水位变化较大(图 3-10),最大值为 24.11 m,出现在 1989 年,最小值出现在 1981 年 4 月,水位为 23.24 m。依据天然水位资料法计算方法,洪湖最低生态水位应为 23.24 m。

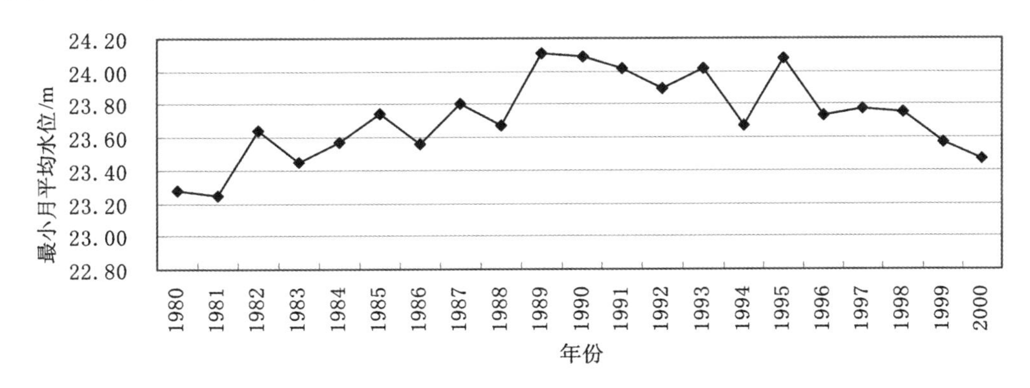

图 3-10 洪湖 1980—2000 年历年最小月平均水位

3.2.2.5 计算结果比较

通过以上四种方法计算的最低生态水位差别比较大,以天然水位法计算的结果最小,为 23.24 m,湖泊形态法计算结果最大,为 23.8 m,两者相差 0.76 m,此种结果是由于每种计算方法所基于的理论和侧重点不同。天然水位法只考虑了水文数据,忽略了生态环境状况,实际上最低生态水位出现在 1981 年,由于水位过低,沼泽植物由湖岸浅水区逐步向深水区挺进,生物量和分布面积不断增加,洪湖沼泽化趋势明显,此后由于人工圈养食草鱼类,大量利用水生植物尤其是湿地植物菰,洪湖的沼泽化才得以控制。生物最小空间需求法,只考虑了鱼类的生存与繁殖条件,忽略了洪湖的水文变化。湖泊形态法只从水文和地形的角度分析了保持生态系统不严重退化的最低水位。唯有生态水位法从生态和水文两个方面综合分析了洪湖最低生态水位,才具可靠性,而且 23.64 m 满足鱼类生存空间的 23.5 m 并大于多年最低水位 23.24 m,与湖泊形态法确定的 23.8 m 也只相差 0.16 m,所以洪湖最低生态水位定为 23.64 m 比较合理[7]。从自然保护区管理角度看,最低生态水位对应的水面必须覆盖核心区,因为核心区是天然状态的生态系统以及珍稀、濒危动植物的集中分布地,最有保护价值,是最需要保护的区域。根据洪湖湿地自然保护区总体规划,保护区核心区面积为 128.51 km^2,缓冲区面积为 43.36 km^2,当水位为 23.64 m 时,相应的水面积约为 220 km^2,远远大于核心区和缓冲区面积之和。可见 23.64 m 的水位可以满足保护天然状态的生态系统以及珍稀、濒危动植物的管护目标。

四种不同的方法计算得到的洪湖湿地最低生态水位分别为 23.24 m、23.64 m、23.5 m 和 23.8 m。比较各方法的优缺点并考虑自然保护区的管理目标,我们认为生态水位法的计算结果 23.64 m 作为洪湖最低生态水位更有利于保护洪湖湿地生态系统。

洪湖在经过几十年的围垦后基本上变成了一个水位可由人工控制并发挥着调蓄、养殖、灌溉等多种经济功能的平原水库型湖泊,各功能发挥对水位要求存在许多矛盾。从调蓄的角度看,希望非汛期的水位越低越好,以便尽可能增加蓄洪容积;从养殖和灌溉功能角度看,又不希望水位过低,以免影响鱼类过冬和产卵以及春灌用水,所以洪湖本身最低水位变化很大程度上受控于各功能的调和情况。以生态水文法确定的洪湖最低生态水位只是从维持生态系统不退化,保证各项功能可以发挥正常的一个水位线,各部门在水位调控时应控制水位在 23.63 m 附近,低于此水位的时间不宜过长。

与天然水位法、生物最小空间需求法、湖泊形态法比较,前者只能得到一个基于全年的最低生态水位,而生态水位法可以计算逐月最低生态水位,这为湿地管理部门提供了更具操作性的分时段水位控制参考标准,因为不同季节和时间,生物生长状态不一样,对水位的需求也有差异,根据逐月最低生态水位可以确定每月水位调控的底线。

3.3 洪湖生态环境需水量

3.3.1 分析方法

3.3.1.1 功能法

水既是一种自然资源,也是环境的基本要素。湖泊生态系统的生态环境功能与水量有着密切的关系,功能法是从维持和保证湖泊生态系统正常的生态环境功能的角度,根据生态学的基本理论和湖泊生态系统的特点,按照水资源的不同功能将湖泊生态环境需水量分为不同类型进行估算[8]。

洪湖水资源的功能类型可分为环境功能、生态功能和生产功能三大类(表 3-5)。

表 3-5 洪湖水资源主要功能

类型	主要功能
生态功能	1. 为保护湖泊食物链、本地物种及野生生物包括濒危物种的栖息地等提供水文条件; 2. 为湖泊水生生物的生长繁殖提供水量; 3. 在湖泊河口处为维持水中的含盐度及确保动植物群落的生存等提供地面径流
环境功能	1. 提供自然生物过滤和营养循环——延缓泥沙和金属的沉淀、碎石和生活垃圾以及来自于降雨、生物分解和土壤氧化而带来的营养物质等; 2. 景观需水; 3. 对入湖环境污染的稀释与净化
生产功能	1. 航运和水上娱乐; 2. 维持淡水的储蓄和供给; 3. 灌溉; 4. 调节河川径流、减轻洪涝灾害; 5. 提供工农业生产和城乡居民生活必需的淡水

1. 计算原则

(1)生态优先原则。生态环境需水量计算是以保证湖泊生态环境功能为前提,以实现湖泊生态系统可持续发展为最终目的,为恢复和重建其生物多样性和生态功能提供理论依据。

(2)兼容性原则。由于水资源的特殊性,各项需水量中部分类型具有兼容性,在计算时应认真区分,避免重复计算。

(3)最大值原则。对于各项具有兼容性的需水量计算,比较兼容的各项,以最大值为最终需水量。

(4)等级制原则。根据研究对象及其时空特点在计算时划分为若干个等级。不同等级与生态系统恢复及环境管理的目标有关,以利于科学管理和水资源配置。

2. 计算步骤

(1)研究分析湖泊的水资源功能。

(2)根据主要水资源功能确定需要计算的需水量类型及其相关指标。

(3)分析计算湖泊的各项水资源功能所需要的最小生态需水量。

(4)综合考虑最大值原则和湖泊的具体情况及管理目标。

3. 计算方法

(1)水生生物栖息地需水量。根据洪湖各类水生生物的优势种生态习性和种群规模,确定水生生物生长、发育和繁殖的需水量。

(2)环境稀释需水量。根据湖泊水质模型,湖泊水质与湖泊蓄水量、出湖流量和污染物排入量有关,湖泊水体环境容量是湖泊水体的稀释容量、自净容量和迁移容量之和。在现状排放量已知的情况下,满足湖泊稀释自净能力所需的最小基流量[8]如下:

$$V=\frac{\Delta T[W_c-(C_s-C_o)v]}{(C_s-C_o)+KC_s\Delta T} \tag{3-4}$$

式中:V 为枯水期湖泊所需最小库容;ΔT 为枯水期时段;C_o 为背景值浓度;C_s 为水污染控制目标浓度;W_c 为现状排放量;K 为水体污染物的自然衰减系数(1/d);v 为安全容积期间,从湖泊中排泄的流量。

湖水中污染物的稀释扩散实际上是三维的,求解较困难,因此可根据湖泊水力、水文和水质状况加以简化[9]。

(3)景观保护与建设需水量。根据研究区生态环境特点,确定植被类型、缓冲带面积和景观保护与规划目标等相关指标,计算此项需水量。

(4)航运需水量。根据湖泊航运的线路、时间长短和航运量,确定相关定量指标,计算航运需水量。

3.3.1.2　换水周期法

换水周期法是根据自然湖泊换水周期理论确定的计算方法。换水周期系指全部湖水交换更新一次所需时间长短的一个理论概念,是判断某一湖泊水资源能否持续利用和保持良好水质条件额度的一项重要指标。计算公式如下[8]:

$$T=\frac{W}{Q_t} \tag{3-5}$$

$$T=\frac{W}{W_q} \tag{3-6}$$

式中:T 为换水周期(d);W 为多年平均蓄水量(10^8 m^3);Q_t 为多年平均出湖流量(m^3/s);W_q 为多年平均出湖水量(10^8 m^3)。刘静玲等[10]认为湖泊最小生态环境需水量可以根据枯水期的出湖水量和湖泊换水周期来确定,计算公式如下:

$$\text{湖泊生态环境需水量}=\frac{W}{T} \tag{3-7}$$

根据湖泊换水周期法确定的生态环境需水量对于合理控制出湖水量和流量,以及湖泊生态系统的恢复非常重要。

3.3.1.3　“3S”技术与统计分析方法

根据洪湖地区地形图、实测高程数据和遥感影像,在 ARCGIS 中的 TIN 模块下建立洪湖的 TIN 模型,得到洪湖堤坝范围内水位、水面积和蓄容量的遥感影像值如图 3-11 所示。

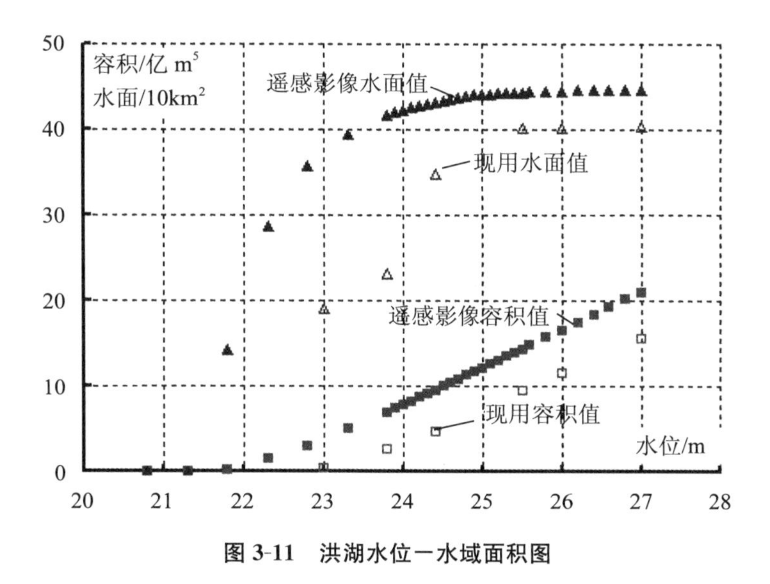

图 3-11 洪湖水位一水域面积图

根据 TIN 模型中的分析功能,可以求出洪湖湖底的最低高程为 21.3m,(考虑堤坝高度因素)湖区最大水位值约 27m,湖底平均高程为 22.1m。利用测算数据在 MATLAB 中进行曲线拟合,得到洪湖水位与水面面积、水位与蓄容量之间的函数式:

$$F(x)=3.885976\times10^{8}-\frac{6.243146\times10^{7}}{x-21.3757} \tag{3-8}$$

$$G(x)=-5.382685\times10^{6}x^{3}+4.046524\times10^{8}x^{2}+(9.751281e-9)x+7.609960e+10 \tag{3-9}$$

式中:$F(x)$为水位为水域面积的函数;$G(x)$为水位为蓄水容量的函数。它们的拟合曲线如图 3-12 所示。

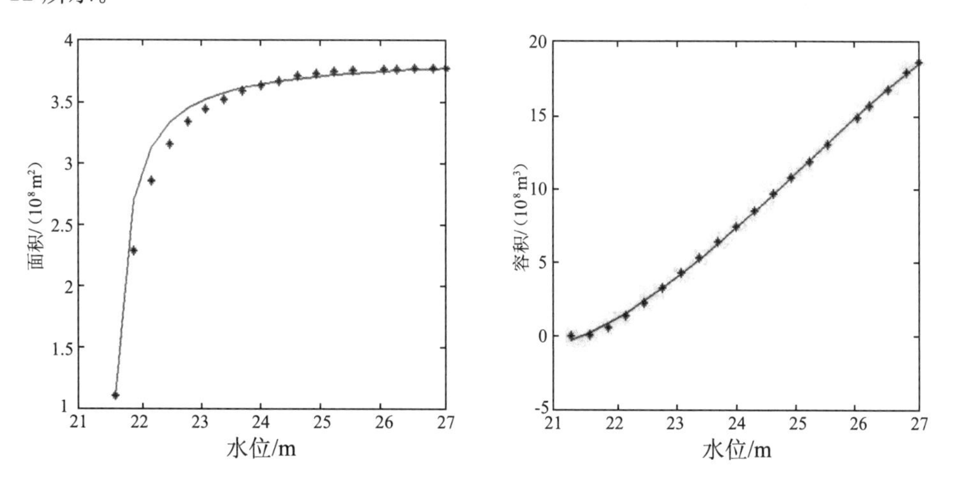

图 3-12 洪湖水位-水域面积、水位-蓄水容量曲线图

3.3.2 洪湖生态环境需水量计算结果

根据洪湖各类型生态环境需水量的等级,结合洪湖的水位一水域面积和水位一蓄水容

积公式 $F(x)$和 $G(x)$，计算洪湖生态环境需水量，具体结果如下。

3.3.2.1　洪湖水生植物需水量

根据洪湖水位和水生植物需水量等级，洪湖生态环境需水量计算结果，如表 3-6 和 3-7 所示。

表 3-6　洪湖 11 月至次年 3 月水生植物需水量

等级	水量(10^8 m^3)	水位(m)	水域面积(km^2)
最大	8.2231	24.2	366.2
适宜	4.6394	23.2	347.3
最小	1.3946	22.2	327.7

表 3-7　洪湖 4—10 月水生植物需水量

等级	水量(10^8 m^3)	水位(m)	水域面积(km^2)
最大	15.7003	26.2	377.1
适宜	8.2231	24.2	366.2
最小	6.4074	23.7	327.7

由于洪湖地区的气候、地貌等因素的影响，其春一冬季与夏一秋季生态系统在植物群落组成和生物量等方面存在较大差异，因此从水生植物角度计算的生态环境需水量随季节的不同而变化。

3.3.2.2　洪湖水生生物栖息地需水量

根据洪湖湿地 TIN 模型中的计算结果，洪湖湖底平均高程为 22.1m，代入生物栖息地需水量等级中，洪湖水生生物栖息地需水量计算结果，如表 3-8 所示。

表 3-8　洪湖水生生物栖息地需水量

等级	水量(10^8 m^3)	水位(m)	水域面积(km^2)
最大	13.4394	25.6	376.2
适宜	7.8573～9.696	24.1～24.6	365.1～371.9
最小	2.6172	22.6	324.2

3.3.2.3　洪湖环境稀释需水量

在没有人为干扰的情况下，只要满足以上的生态环境需水量，由于湖泊生态系统本身具有纳污、稀释和自净的功能，洪湖水体中的营养物质也能处于动态平衡之中。如果考虑洪湖生态环境现状及主要环境污染问题，则需考虑洪湖污染稀释需水量[11-12]。

根据洪湖小港湖闸 1996—2001 年的水位监测数据分析，洪湖 11 月至次年 3 月间的水位在21.5～23.8 m 之间波动，平均水位为 22.26 m。根据洪湖污染稀释净化需水量等级，洪湖环境稀释需水量的计算结果，如表 3-9 所示。

表 3-9 环境稀释净化需水量

	最小	适宜	最大
需水量(10^8 m^3)	5.9604	7.9472	9.9340
水质	Ⅲ类	Ⅱ类	Ⅰ类

3.3.2.4 洪湖景观需水

根据洪湖景观需水量等级和模拟的水位—水域面积—水量间的关系,洪湖景观需水量计算结果如表 3-10 所示。

表 3-10 洪湖景观需水量计算结果表

等级	需水量(10^8 m^3)	水位(m)	不同水深区域(a)占湖泊面积的比例(%)			
			$0\leqslant a<0.5$m	$0.5\leqslant a<1.0$m	$1.0\leqslant a<2.0$m	$\geqslant 2.0$m
最大	14.1923	25.8	0.4	0.6	3.1	95.9
适宜	6.7676~8.5900	23.8~24.3	1.7~3.1	3.1~4.4	14.4~38.5	54.0~80.8
最小	1.9868	22.4	22.0	62.0	18.0	0

3.3.2.5 换水周期

换水周期是判断某个湖泊水资源能否持续利用和保持良好水质条件的一项重要指标。通常以多年平均水位下的湖泊容量除以多年平均出湖流量来求得。出湖流量越大,换水周期越短,说明湖水一经利用,其补偿恢复得越快,对水资源的持续利用也越有利。换水还能使湖泊水量定期得到更新,从而达到改善水质的目的。本节根据洪湖水文数据的情况和水量平衡原理,对换水周期的计算公式进行了新的推导,使之适用于洪湖湿地换水周期的计算。

根据水平衡理论,地球上任何一个区域在任一时段内,水的收入与支出的差额等于该地区的储水变化量。从长期的观点看,区域内的蓄水变量趋于零,即收入水量约等于支出水量[13~15]。水平衡方程为:

$$I-Q=\Delta S \tag{3-10}$$

式中:I 为区域内水的收入项;Q 为水的支出项;ΔS 为研究时段内该区域的蓄水变化量[16]。

洪湖多年年平均降水量与年平均蒸发量大致相等[17],根据水平衡理论,洪湖多年入湖流量与多年出湖流量也应大致相等。因此,洪湖换水周期 T 的计算公式为:

$$W=\frac{W_o}{Q_o}=\frac{W_i}{Q_i} \tag{3-11}$$

式中:W_o 为洪湖多年出湖水量;Q_o 为洪湖多年出湖流量;W_i 为洪湖多年入湖水量;Q_i 为洪湖多年入湖流量。

由此计算得出洪湖的换水周期为:$T=44.2$d,说明洪湖水水量更新的速度与频率比较理想。

参考文献

[1] 金伯欣. 江汉湖群综合研究[M]. 武汉:湖北科学技术出版社, 1992.

[2] 徐志侠,陈敏建,董增川,湖泊最低生态水位计算方法[J]. 生态学报,2004,24(10):2324-2328.

[3] 衷平,杨志峰,崔保山,等. 白洋淀湿地生态环境需水量研究[J]. 环境科学学报,2005,25(8):1119-1126.

[4] 徐志侠,陈敏建,董增川. 湖泊最低生态水位计算方法[J]. 生态学报,2004,24(10):2324-2328.

[5] 陈世俭. 洪湖的环境变迁及其生态对策[J]. 华中师范大学学报(自然科学版),2001,25(1):107-111.

[6] 方文珍,何定富,王兴媛,等. 洪湖越冬水禽的研究[J]. 华中师范大学学报(自然科学版),1997,31(4):464-467.

[7] 宁龙梅, 王学雷. 洪湖湿地最低生态水位研究[J]. 武汉理工大学学报, 2007, 29(3):67-70.

[8] Tennant D L. Instream flow regiments for fish, wildlife, recreate on and related environmental resources [J]. Fisheries, 1976, 1(4): 6-10.

[9] 金相灿. 中国湖泊环境:第一册 [M]. 北京:海洋出版社,1995:105-117.

[10] 刘静玲,杨志峰. 湖泊生态环境需水量计算方法研究 [J]. 自然资源学报,2002, 17(5):604-609.

[11] 崔保山,赵翔,杨志峰. 基于生态水文学原理的湖泊最小生态需水量计算[J]. 生态学报,2005,25(7): 1788-1795.

[12] 张绪良. 南四湖湿地生态环境需水量研究[J]. 齐齐哈尔大学学报,2002,20(2): 69-72.

[13] Ritter, D. F. Process Geomorphology (Second Edition) [M] . Dubuque, Iowa: Wm. C. Brown Publishers, 1986.

[14] 张增哲. 流域水文学 [M]. 北京:中国林业出版社,1992:121-145.

[15] 邓绶林. 普通水文学 [M]. 北京:高等教育出版社,1985:57-64.

[16] 王建. 现代自然地理 [M]. 北京:高等教育出版社,2001:138-140.

[17] 陈世俭,王学雷,卢山. 洪湖的水资源与水位调控 [J]. 华中师范大学学报(自然科学版),2002,36(1): 121-124.

第四章 洪湖湿地气候变化特征分析

湿地生态系统对气候变化较为敏感，气候变化对湿地的物质循环、能量流动、湿地生产力、湿地动植物均会产生重大影响；作为湿地环境演变的一个重要方面，气候变化及其导致的极端气候事件的频率增加对湿地生态系统各要素造成显著破坏。本章节对近五十年来洪湖湿地年际与季节的气温、降水量、蒸发量等气象要素的变化特征进行了趋势分析，深入地剖析了极端气候事件对洪湖湿地的影响及湿地生态系统的响应过程。

4.1 洪湖湿地气候变化分析

4.1.1 数据来源

洪湖湿地地跨洪湖市和监利县，且与嘉鱼县、仙桃市相邻。从东、南、西、北四个方向选择了洪湖、赤壁、嘉鱼、仙桃、监利 5 个最临近的气象站点。这些站点各气象要素多年资料的相关系数都较高，均通过了 0.01 的极显著性检验，说明 5 个站点处于同一气候区，5 站平均能够代表整个洪湖湿地的气候特征。根据武汉区域气候中心整编的 1961—2008 年这 5 个气象站点的气温、降水、蒸发和日照时数等气象要素的数据进行研究。

4.1.2 研究方法

4.1.2.1 一元线性回归分析

对所有的逐日气象数据在 SPSS13.0 软件的 Analyze 模块下，运用 Compare Means 下的 Means 功能，根据研究需要得到年平均值、四季的季平均值，然后进行统计分析。在 Analyze 模块下的 Regression 下的 Liner 功能做平均气温、年降雨量等的一元线性回归分析，并做显著性检验。

回归分析是一种应用极为广泛的数量分析方法。它用于分析事物之间的统计关系，侧重考察变量之间的数量变化规律，并通过回归方程的形式描述和反映这种关系。一元线性回归分析的基本步骤：

(1)确定回归方程中的自变量和因变量。

(2)建立回归方程，估计参数。

(3)对回归方程进行各种统计检验，包括回归方程的拟合优度检验、回归方程的显著性检验、回归系数的显著性检验。

(4)利用回归方程进行预测。

利用 SPSS 进行回归分析时，应重点关注上述过程的第一步和最后一步，中间的步骤 SPSS 将自动完成，并给出最合理的模型。

y_i 表示样本量为 n 的某一个气候变量，t_i 表示 y_i 所对应的时间，用一元线性回归方程进行拟合：

$$y_i = a + bt_i \quad i = 1,\ 2,\ 3,\ 4,\cdots,n \tag{4-1}$$

式中：b 为气候变量的倾向率，$b\times 10$ 表示气候变量每 10 年的变化[1]。

回归方程的拟合优度检验：

$$R^2 = 1 - \frac{\sum_{i=1}^{n}(y_i - \hat{y})^2}{\sum^{i=1}(y_i - \bar{y})^2} \tag{4-2}$$

R^2 越接近于 1，说明回归方程对样本数据点拟合得越好。

回归方程的显著性检验：

$$F = \frac{\sum_{i=1}^{n}(\hat{y}_i - \bar{y})^2}{\sum_{i=1}^{n}(y_i - \hat{y})^2/(n-2)} \tag{4-3}$$

回归系数的显著性检验：

$$t = \frac{b}{\sigma/\sqrt{\sum_{i=1}^{n}(x_i - \bar{x})^2}} \tag{4-4}$$

Sig<0.05 为通过显著性检验，用 * 表示；Sig<0.01 为通过极显著性检验，用 * * 表示。

4.1.2.2 滑动平均法

滑动平均法可在一定程度上消除序列波动的影响，使得水文变化的趋势性或阶段性更为直观、明显。一般依次对水文序列 x_i 中的 $2k$ 或 $2k+1$ 个连续值取平均，求出新序列 y_i，从而使序列光滑，新序列一般可表示为：

$$y_i = \frac{1}{2k+1}\sum_{i=-k}^{i} x_{i+1} \tag{4-5}$$

选择适当的 k，可以使原序列高频振荡平均掉，从而使得序列的趋势更加明显。

4.1.2.3 降水量及干旱指数

1. 降水量

对于降水量数据的处理，利用 5 个气象站逐日的降水量资料，按照日降水量>0 mm 为降雨雨日和≥25 mm 为大雨雨日，来统计降雨雨日和大雨雨日数。

2. 干旱指数

干旱指数是反映气候干旱程度的指标，通常定义为年蒸发能力和年降水量的比值。

即 $$r=E_0/P \tag{4-6}$$

式中：r 为干旱指数；E_0 为年蒸发能力，mm；P 为年降水量，mm。

多年平均年干旱指数 r 与气候分布有密切关系，当 $r<1.0$ 时，表示该区域蒸发能力小于降水量，该地区为湿润气候；当 $r>1.0$ 时，即蒸发能力超过降水量，说明该地区偏于干旱，r 越大，即蒸发能力超过降水量越多，干旱程度就越严重。

4.1.3 气候变化特征

4.1.3.1 气温变化分析

1. 气温年际变化特征

温度变化是洪湖地区气候变化的最明显也是最主要的特征。图 4-1 为洪湖湿地平均气温的时间序列变化图和 5 年移动平均气温的变化趋势图。表 4-1 显示了洪湖区域年平均、四季平均气温、最高最低气温的倾向率。

洪湖地区多年平均气温 16.9℃，气温倾向率为 0.31℃/10a（表 4-1），通过了 0.01 的极显著性检验，说明洪湖湿地区年平均气温有显著升高的趋势。1993 年为洪湖区域气温突变年，20 世纪 60 年代到 70 年代初洪湖区域年平均气温是下降趋势，下降了 1.2℃。70 年代开始逐渐增温，到 70 年代末达到升温的最大值，平均气温与 60 年代末持平。80 年代开始略有降温，80 年代中期开始气温缓慢上升，90 年代后期气温持续升高。到 21 世纪初，温度比 20 世纪 80 年代上升了 1.3℃。同时研究发现，从 20 世纪 60 年代开始到 90 年代末年最高气温上升，期间有四次波动，幅度在 1℃左右。自 2000 年以来，年平均最高气温升高的幅度变大，并超过平均值，而年最低气温的升高比最高气温更早更剧烈。

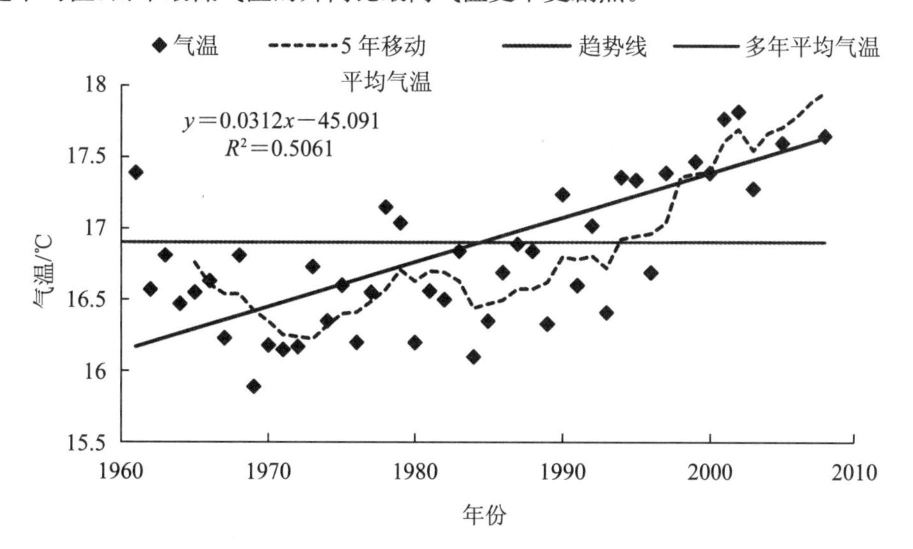

图 4-1 洪湖湿地区 1961—2008 年平均气温变化

表 4-1 洪湖地区气温倾向率(*b*,单位:mm/10a)

年、季		气温倾向率
年平均	平均气温	0.31**
	最高气温	0.24**
	最低气温	0.54**
冬季	平均气温	0.42**
	最高气温	0.16
	最低气温	0.70**
夏季	平均气温	0.1
	最高气温	0.17*
	最低气温	0.25*
春季	平均气温	0.44**
秋季	平均气温	0.34**

注:*表示通过0.05的显著性检验;**表示通过0.01的极显著性检验。

2.极端气温变化特征

在研究气温变化过程中,研究极端温度的变化特征,有助于深入理解气候变化规律。极端气温特征是指一年或季度中出现的气温最大值和最小值。对洪湖湿地地区的年度最低气温和最高气温的变化趋势进行分析,结果如图 4-2 所示。最高气温和最低气温均有显著增加的趋势,均通过了 0.01 的极显著性检验。但最低气温的拟合度 *R* 值是 0.80,远高于最高气温的 0.41,说明最低气温增加的幅度要大于最高气温的变化幅度。

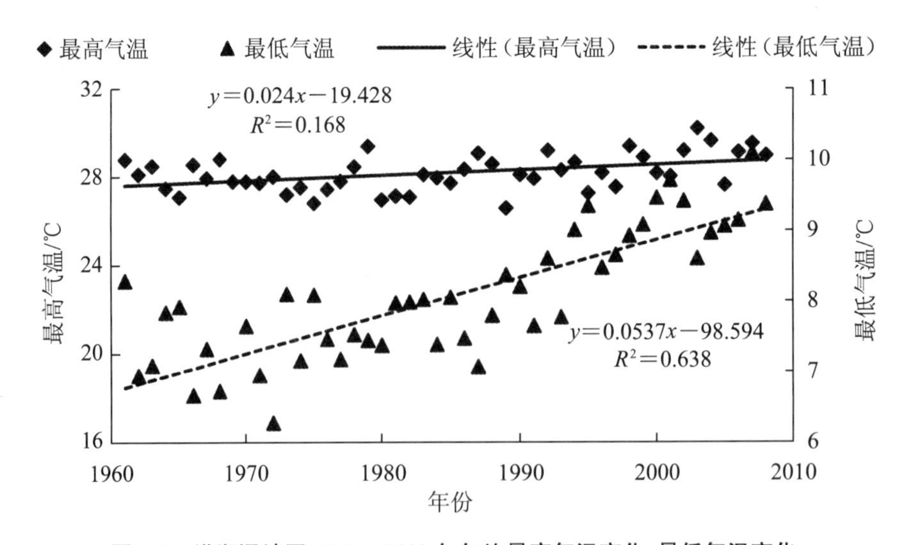

图 4-2 洪湖湿地区 1961—2008 年年均最高气温变化、最低气温变化

3.气温季节变化特征

洪湖湿地秋、冬两季的年平均气温的线性增加趋势最为显著,其次是春季年平均气温,均通过了 0.01 的极显著性检验,而夏季年平均气温仅有弱增温倾向,并没有通过显著性检

验，表明了洪湖地区增温趋势的不对称性。这可能导致植被呼吸作用产生的效应大于光合作用效应，不利湿地植被对碳的固定[2~4]。

夏季平均气温和最高气温波动较小，自 2000 年出现正距平，没有明显的变化趋势。夏季最低气温 20 世纪 60 年代至 90 年代下降，20 世纪 70 年代末至 80 年代初有一个回升过程，自 20 世纪 90 年代开始上升并远远超过 20 世纪 60 年代。1961 年以来，冬季气温变化较为明显。特别是冬季平均气温和最低气温的变化通过了 0.05 的显著性检验，升温趋势在 80 年代中期就出现了。而最高气温一直在波动变化，趋势不明显。2000 年以来较 20 世纪 60 年代，夏季最高气温升高了 0.94℃，而冬季最低气温升高了 2.41℃，表明洪湖区域气温在升高同时季节内温度差在变小，将会影响湿地的能量平衡、湿地植被物候等[2]。

4.1.3.2 降水量变化分析

洪湖地区的降水量变化趋势、5 年滑动平均趋势线如图 4-3 所示。1961－2008 年，洪湖地区的年平均降水量是 1327 mm，降水量变化趋势不显著，倾向率为 25.51 mm/10a。但自 2000 年以来，降水量呈现减少趋势。

洪湖地区年总降水量在 1973－1976 年、1983－1987 年、1991－1995 年这三个时间段内是相对下降的，在 1977－1983 年、1988－1990 年、1995－1998 年洪湖降水量是增多的。使洪湖湿地出现旱涝交替现象，对洪湖自然湿地类型造成影响。1998 年的大洪水造成洪湖市河流泛滥，使得河流面积增加，1998 年大洪水过后，部分河流有所消退，从而使河漫滩面积迅速增加[5]。

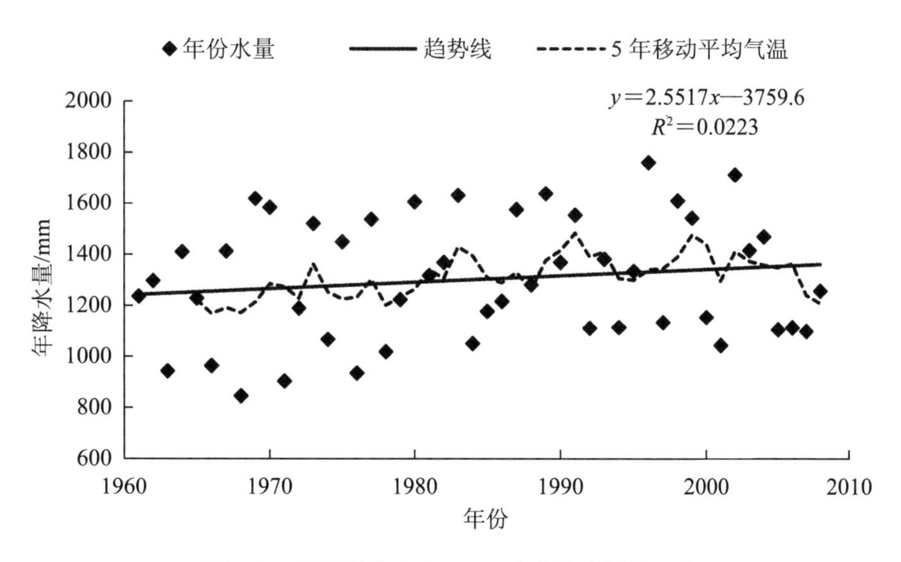

图 4-3 洪湖地区 1961－2008 年年降水量的变化

洪湖地区春、夏、秋、冬四季降水量的变化趋势图和趋势系数见图 4-4。从图 4-4 可以看出：年降水量在增加，春季和秋季降水量呈减小趋势，而冬季和夏季的降水量增加，进一步加剧了洪湖“春旱夏涝”的局面。其中，20 世纪 80 年代以前夏季平均降水量超过 600 mm 的只有 3 次，80 年代以后有 9 次，从一定程度上反映出降水极端气候事件发生的频率增加了。

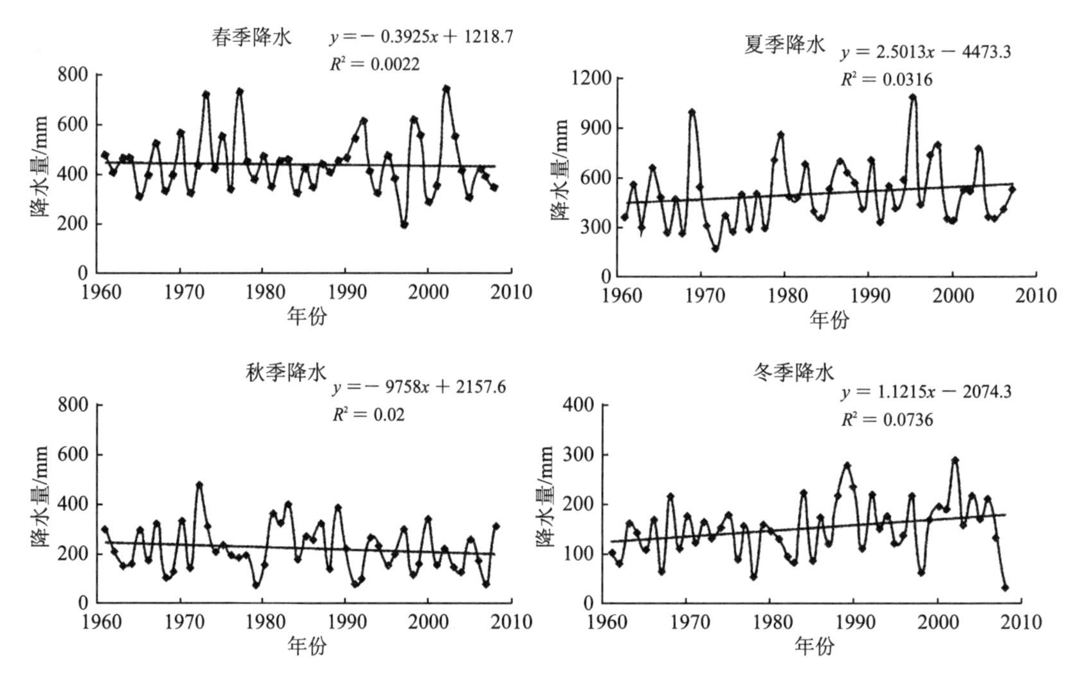

图 4-4 洪湖地区 1961—2008 年四季降水量的变化趋势图

在气象上日雨量 10 mm 以下称为小雨，10.0～24.9 mm 为中雨，25.0～49.9 mm 为大雨，大于 50 mm 为暴雨。日降水量≥0.1 mm 和 ≥25 mm 两种降水强度的降水量变化趋势见表 4-2。由表 4-2 可知，洪湖湿地年大雨雨量倾向率与趋势系数多数站点大于年雨量的倾向率和趋势系数，而降水强度明显增加。说明洪湖地区年雨量的增加主要是因为大雨或强降水天气的增多，容易引发洪涝、干旱灾害[6]。

表 4-2 洪湖地区年雨量与大雨雨量倾向率(*b*,单位:mm/10a)和降水趋势系数 *R*

地区	年雨量		年大雨雨量	
	b	*R*	*b*	*R*
洪湖	58.86	0.279	58.8	0.2867
仙桃	62.92	0.3369 *	67.12	0.3756 * *
监利	68.54	0.38 * *	59.62	0.3685 *
嘉鱼	37.31	0.1795	22.77	0.1254

注：* 通过 0.05 信度；* * 通过 0.01 信度。

洪湖湿地虽然降水丰沛、水资源丰富，但由于径流与过境水高峰同期，与用水存在时空矛盾，造成汛期大量弃水，丰富的地表水资源利用率不高；尽管从总体上来看洪湖地区年平均降水量并未出现明显的变化，但是降水的时空分布格局已经发生了改变，客水流量不稳定，常常造成来水集中而形成洪涝灾害，或来水不足而形成干旱威胁，尤其是春旱。

4.1.3.3 蒸发量变化

洪湖湿地年蒸发量随时间有降低的趋势，倾向率是 60.48 mm/10a，*R* 通过 0.01 的极显著性检验，见图 4-5。从图 4-5 中可以看出尽管洪湖地区气温呈现上升趋势，但蒸发能力却逐渐降低。分析认为，原因有以下两点：一是由于降水量减少，本地区的日照时数也减少，使洪湖地区土壤湿度减少；二是因为蒸发能力是受多种因素影响的，蒸发的递减也可能是由于其他因素变化引起蒸发能力的减少超过了气温升高引起的蒸发能力的增大。

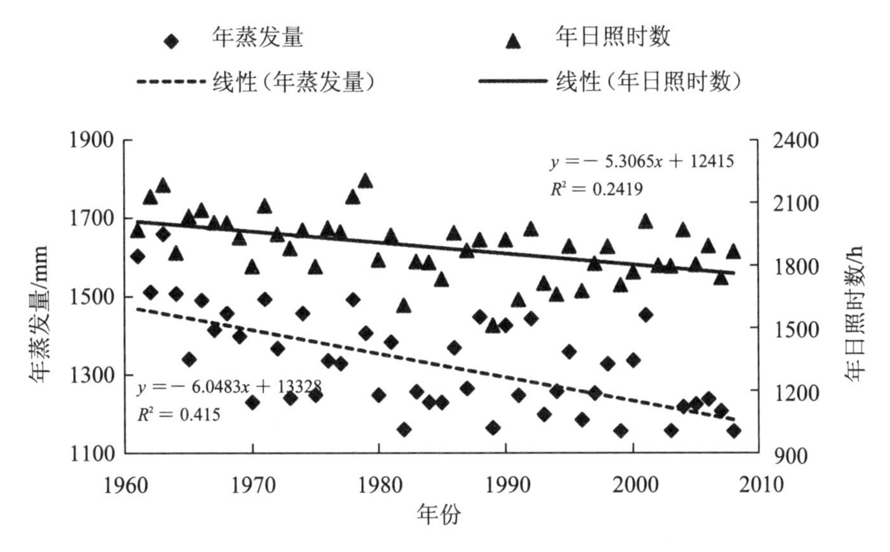

图 4-5 洪湖湿地区 1961—2008 年年蒸发量、年日照时数的变化

4.1.3.4 干旱指数

根据洪湖地区近 50 年来的降水量和蒸发量数据，计算得到洪湖地区的干旱指数，图 4-6 反映了洪湖区域 1961—2008 年干旱指数的变化趋势。从图 4-6 中可以看出，洪湖地区干旱指数呈逐年上升的趋势，变化趋势通过了 0.05 的显著性检验，推出洪湖区域有向干旱化方向发展的趋势，将加剧洪湖湿地旱季缺水、涝季洪水的局面[7]。

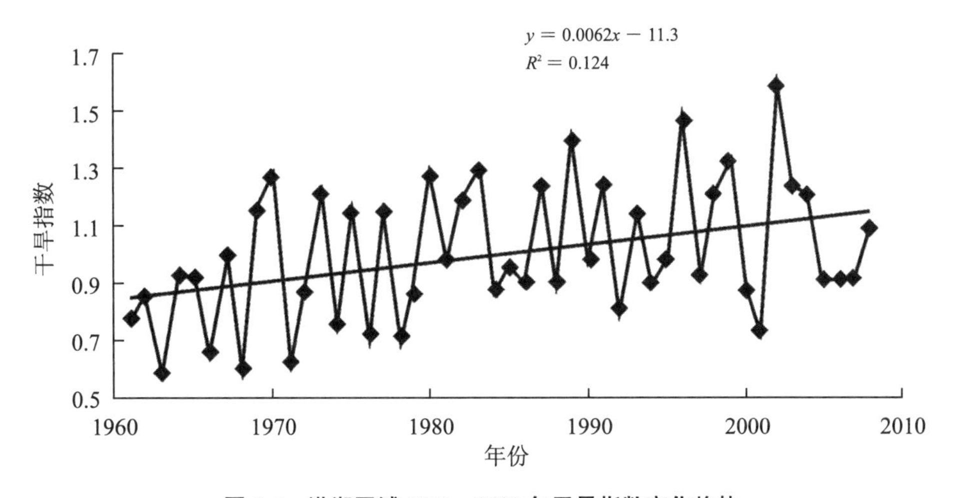

图 4-6 洪湖区域 1961—2008 年干旱指数变化趋势

4.2 极端干旱事件对洪湖湿地的影响

4.2.1 洪湖及其周边地区旱情气象过程分析

2010年11月1日至2011年5月20日湖北省全省累计雨量鄂西北、鄂东北为87～220 mm，其他大部为220～330 mm。与历史同期相比，全省大部偏少5～7成，62个县市(占全省县市总数的81.6%)雨量为有气象记录以来同期最少。截至5月24日全省还有55个县市雨量为有气象记录以来同期最少。从武汉气象中心制作的2010年11月1日至2011年5月20日降水量图及同期降水距平图(图4-7、图4-8)，可以看出今年春季洪湖及其周边湖北省东南部地区降水量普遍减少了六成左右。

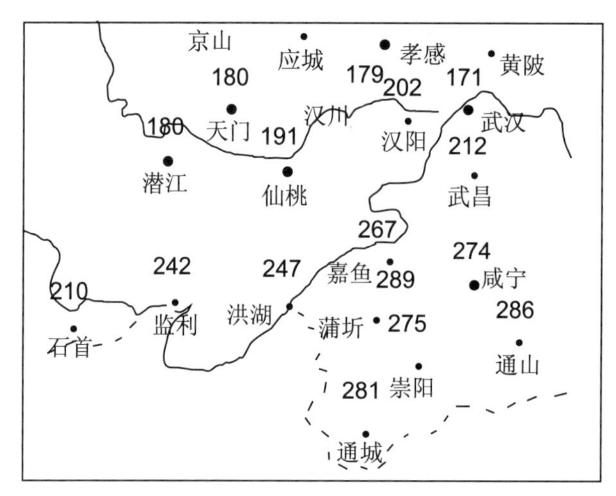

图4-7 2010年11月1日至2011年5月20日降水量图

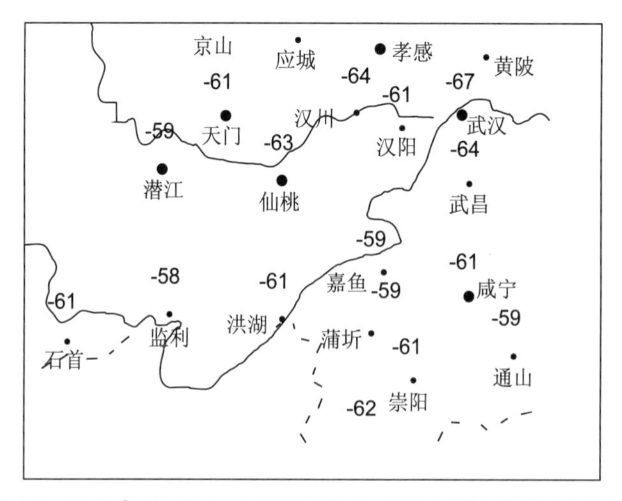

图4-8 2010年11月1日至2011年5月20日降水量距平百分率

为了掌握旱情的发展过程与关键期，以洪湖及其周边整个长江中游干流区的日降水数据为基础，制作了长江中游干流区从2010年11月1日至2011年6月13日的日降水量过程线(长江中游干流区的范围如图4-9所示，日降水量过程线如图4-10所示)。从过程线可以看出，在2010年冬至2011年春的7个月时间里洪湖及其周边地区没有一天超过30 mm的降水出现，直到2011年6月10日的一次降水过程超过了45 mm，在一定程度上缓解了旱情。

图4-9 长江中游干流区范围

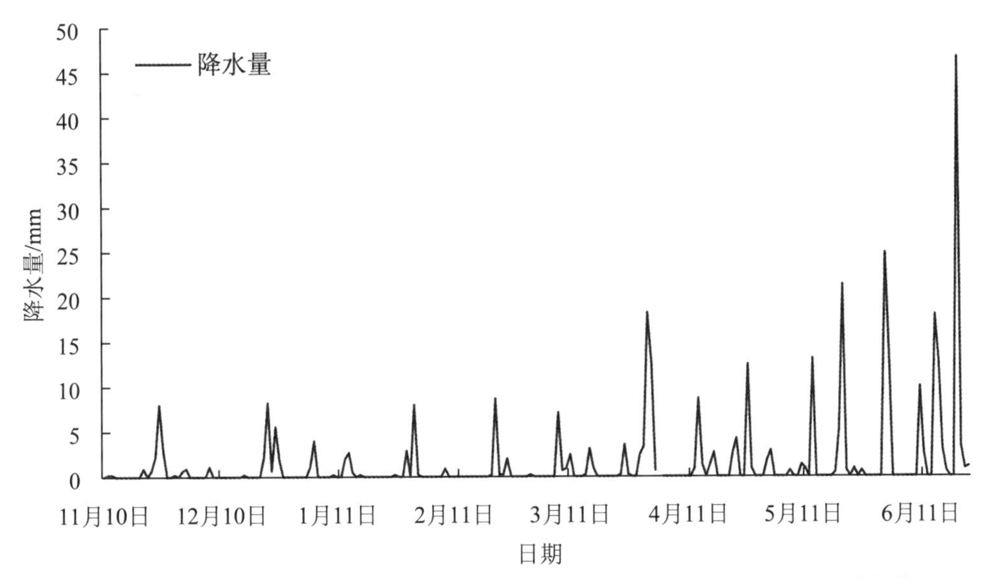

图4-10 长江中游干流区2010年11月1日至2011年6月13日的日降水量过程线

4.2.2 洪湖湿地水面变化过程分析

洪湖作为“千湖之省”湖北省最大的湖泊，也是中国第七大淡水湖，在长江中下游的湖泊湿地中具有典型性和代表性。其独特的地理和气候条件，孕育了洪湖湿地极其丰富的野生动植物资源。据调查保护区内有各种植物472种21变种1变型种，其中水生高等植物有158种5变种；现有各类动物774种。其中鸟类138种，鱼类62种，两栖、爬行、兽类共31种，浮游动物和底栖动物共计543种。其丰富优良的水资源与动植物资源具有重要的保护与开发利用价值。2011年春季严重的旱情除了对湖北省农业、渔业有直接的损失外，对洪湖湿地也有着直接的影响。

为了深入了解极端气候事件对洪湖自然保护区的影响情况，中科院测地所和荆州市洪湖湿地自然保护区管理局于2011年5月10—11日、6月15—16日组织了洪湖湿地旱情的两次专项调查工作,走访了沿湖保护区金湾、挖沟子、茶坛等多个洪湖岸线的渔场及乡镇以及湖区内的水文情势。针对2011年洪湖旱情,结合2011年实地调查的结果,主要利用2010年和2011年春季同期的环境与灾害监测预报小卫星星座HJ－A/B CCD影像对比分析,从宏观上掌握旱情对洪湖水面覆盖变化的影响。

报告中所采用的主要数据源为2010年4月23日、2011年5月9日和2011年5月27日,三景编号分别为L20000289454、L20000533732和L20000545123的HJ－B星CCD2数据,经过辐射纠正与几何纠正等基本图像处理步骤后,其中5月27日的影像如图4-11所示。

根据洪湖湿地旱情分析的需要,结合地面调查结果利用目视解译方法将整个洪湖划分为陆地/渔场、水面及出露洲滩三类。提取结果见图4-12。

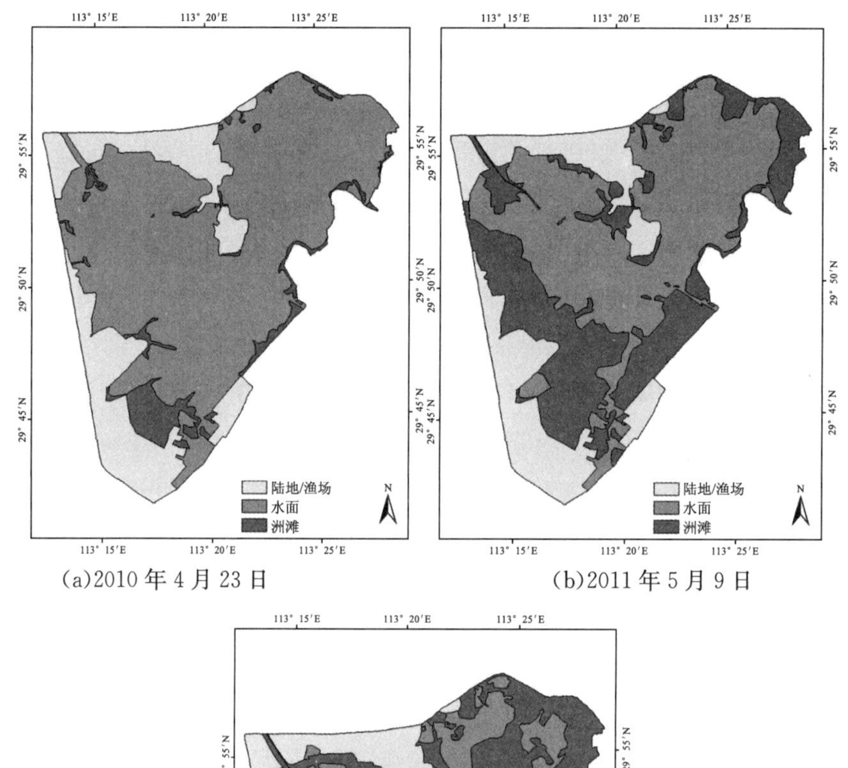

(a)2010年4月23日　　(b)2011年5月9日

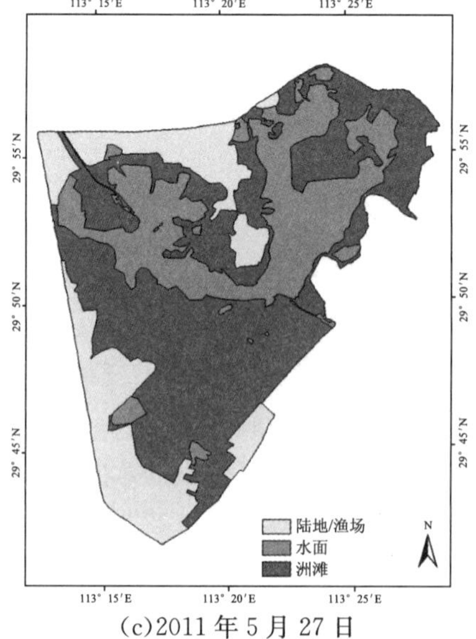

(c)2011年5月27日

图4-12　遥感影像解译结果

统计 3 个不同时相遥感影像提取的结果，制作了水面面积变化表，如表 4-3 所示。从表 4-3 中可以看出与去年同期相比，今年 5 月初水面面积减少了 109 km^2。整个旱情的形成，从气象过程来看，6 个月的干旱造成了 1/3 湖水面的减少。到 5 月中下旬后，一直没有出现强降水过程，使得旱情进一步升级，而且后期水面面积减少的速度比前期更加迅速，短短的 20 天左右，水面面积又迅速减少了 86 km^2。从水面的分布来看，除了湖心较低处仍有部分水体外，蓝田及周边相对封闭的子湖区由于涵闸或堤坝控制都保留了大部分的水面。从这也可以看出由于旱情的产生，使得周边农业及鱼池从洪湖的取水量迅速增加，是最终洪湖水面迅速萎缩的另一个重要原因。

表 4-3 不同时期洪湖水面变化表

日期	水面面积(km^2)
2010 年 4 月 23 日	307.37
2011 年 5 月 9 日	197.90
2011 年 5 月 27 日	111.84

4.2.3 洪湖湿地植被分布及旱情对植被的潜在影响

水生高等植物不仅是水生生态系统的重要初级生产者，而且是水环境的重要调节者，可为鱼类提供觅食产卵育肥栖息场所、为浮游动物提供避难所，所以大型水生植物有利于提高湖泊生态系统的生物多样性和稳定性。根据 2010 年洪湖植被调查结果，目前洪湖湿地敞水区有水生植物 11 种，在春季以菹草占绝对优势(优势度为 76.5%；优势度=(相对频度+相对生物量)/2)，其次为红线草和黄丝草，再次为黑藻、金鱼藻、穗状狐尾藻和马来眼子菜，而轮藻、菹草、菱和苦草少见。在秋季以黄丝草占绝对优势(优势度为 71.4%)，如果不计菹草石芽，则其次为金鱼藻、黑藻、马来眼子菜和穗状狐尾藻，而红线草、轮藻、光叶眼子菜、苦草和茨藻则很少见。整个敞水区的 Margalef 物种丰富度指数、Shannon－Weiner 多样性指数和 Simpson 指数见表 4-4。

表 4-4 洪湖湿地敞水区不同季节物种多样性比较表

季节	Margalef 物种丰富度指数	Shannon－Weiner 多样性指数	Simpson
春季(4 月)	0.773235005	0.4944	0.6177
秋季(9 月)	0.8761927	0.3432	0.3581

植被群落主要包括沉水植物群落、浮叶植物群落、漂浮植物群落、挺水植物群落四种类型。沉水植物群落又包括菹草群落、菹草＋红线草群落、菹草＋黄丝草群落、黄丝草＋金鱼藻＋黑藻群落、菹草＋黄丝草＋狐尾藻群落、菹草＋红线草＋马来眼子菜群落、金鱼藻群落、马来眼子菜群落、黄丝草群落和黄丝草＋菹草＋金鱼藻群落。浮叶植物群落以菱群落、荇菜、睡莲为主。挺水植物群落则包括莲群落、菰群落、菰＋莲群落。图 4-13 为 2010 年 9 月洪湖湿地植被分布图。结合图 4-12 旱情造成的水面减少区域，则可以发现这次旱情出露的湖

面区主要是黄丝草、金鱼藻等沉水植被的分布区。沉水植物是湖泊生态系统的重要组成部分，能吸收水体中的氮磷等营养元素，对维护湖泊生态系统，控制湖泊富营养化具有重要生态价值；不仅影响着水中的鱼类、浮游生物、底栖动物的组成和分布，而且可以起到净化水质的作用。湖泊见底在短期内可能会使沉水植物大量减少，使生态系统中食物链变短，食物网简化，物种多样性降低，从而使整个生态系统变得较为脆弱。对于挺水植物而言，受旱情影响水位降低，其分布面积有增加的趋势。但在2010年洪灾与2011年旱灾的双重影响下，挺水植物中莲群落受到了严重影响，分布面积迅速萎缩，目前洪湖大湖内已难以看到成片的荷花。菰群落相对而言，其耐受性较强，因而影响相对较小。

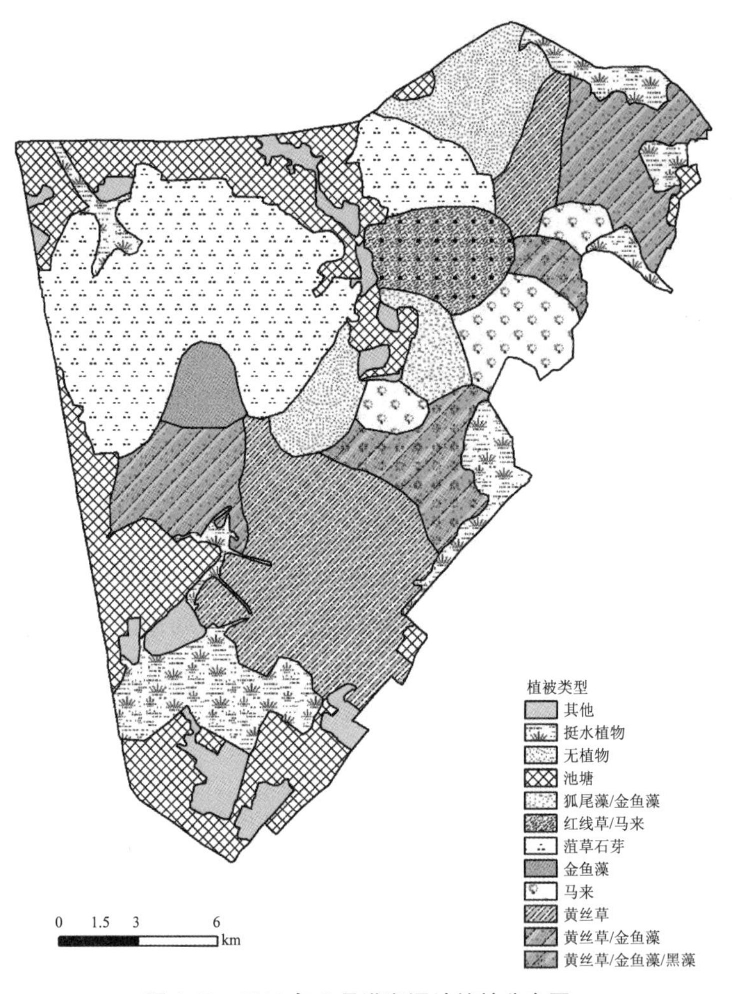

图4-13 2010年9月洪湖湿地植被分布图

受2010年洪水及2011年旱灾的影响，洪湖湿地的挺水植被及沉水植被都受到了不同程度的影响，从目前调查结果来看，沉水植物已有部分恢复迹象，但要恢复到灾前的情况所需要的时间，需要进一步详细的种子资源分析，通过萌发实验检验植被的恢复能力。挺水植物受2010年洪灾的影响恢复的速度较慢，这次旱灾进一步减缓了植被的恢复速度，亟需深入分析其恢复机理，采取措施修复挺水植被。在气候变化的大背景下，极端气候的发生频率将逐年增加，为了有效提高洪湖湿地生态系统的适应能力，需要充分考虑极端气候的场景，建立合理的水文调控方案及生态系统恢复策略。

参考文献

[1] 刘可群，陈正洪，张礼平. 湖北省近 45 年降水气候变化及其对旱涝的影响[J]. 气象，2007，33(11)：58-64.

[2] 郑景云，葛全胜，郝志新. 气候增暖对中国近 40 年植物物候迁移与入侵[J]. 科学通报，2002，23(3)：347-356.

[3] 杨洪. 武汉东湖碳循环过程和碳收支研究[D]. 武汉：中国科学院测量与地球物理研究所，2004.

[4] Gorham E. Northern peatland：role in the carbon cycle and probable responses to climate change[J]. Ecological applications，1991，1(2)：182-195.

[5] 王慧亮，王学雷，厉恩华. 气候变化对洪湖湿地的影响[J]. 长江流域资源与环境，2010，6(19)：653-657.

[6] 王晓艳. 两湖平原气候变化及其对湿地的影响研究[D]. 武汉：中国科学院测量与地球物理研究所，2011.

[7] 王晓艳，王学雷，邓帆. 1961—2008 年洪湖湿地区域气候变化特征分析[J]. 华中师范大学学报(自然科学版)，2008，45(2)：24-28.

第五章 洪湖湿地水环境演变

湿地水环境作为复杂湿地生态系统中最重要的部分，是湿地生态系统中各种生物生存和演化的基础。近年来，随着四湖流域地区工农业废水、生活污水的大量排放以及水产养殖规模的大幅度增大，洪湖开始向富营养化的趋势演变，其水环境和生态系统功能的发挥受到制约，严重威胁了湿地生态环境健康。本章节基于搜集的和野外调查的数据，研究了 1990－2015 年洪湖水环境的年际变化特征。并在对研究区进行分区的基础上，分析了 2011－2015 年洪湖水环境因子的时空演变过程，并对洪湖水环境变化的驱动力进行了探究。

5.1 水环境演变背景

20 世纪 50 年代以前，洪湖是一个通江的敞水湖泊，湖泊面积约为 760 km^2。中华人民共和国成立以后，随着人口和经济的不断发展，大规模的围湖造田、筑堤建垸以及兴修水利严重改变了洪湖湖区的土地利用/土地覆被类型，导致湖泊水面面积锐减。1950－1974 年是江汉平原围垦活动的顶峰时期，也是洪湖湖面面积急剧减少的时期。20 世纪 90 年代以后，在湖北省各级政府的共同努力下，洪湖湖泊湿地的面积减少趋势得到了遏制，湖泊面积已经基本趋于稳定。2012 年湖面面积为 308 km^2，面积仅为 1950 年的 40.5％。

据洪湖挖沟子水文站 1951－2012 年水位资料记载，洪湖多年最高水位在 24.58～27.87 m 之间(1952 年和 1954 年特大洪水时洪湖最高水位分别为 28.09 m、32.15 m)，多年最低水位在 22.20～24.09 m，多年平均水位 24.31 m，一般年份洪湖水位变幅在 24.0～26.5 m。年水位变幅可达 1～4 m。由于江湖隔断，洪湖水位变化趋向平缓，一般年份的水位差在 2 m 左右，而在出现严重洪涝年份，水位在 27 m 以上，年内水位差则超过 3 m。水位调控为洪湖水资源的开发利用提供了便利条件。

洪湖大湖面的围垦不仅导致湖面面积的缩减，还直接或间接导致了水质的恶化以及人类对鱼类和鸟类的过度捕捞。从图 5-1 可以看出，多年来洪湖水体 pH 值均高于 8.0，呈弱碱性。从 20 世纪 60 年代到 21 世纪，溶解氧含量从 13.8 mg/L 降低到 6.73 mg/L，高锰酸钾指数、铵态氮、硝态氮、磷酸盐等营养盐浓度逐年递增，水质总体呈下降趋势。中华人民共和国成立以来洪湖水质变化的总体趋势是由中营养化向富营养化过渡，近年来这种演化趋势又有些微的波动。为了遏制洪湖湿地生态环境退化，逐步恢复洪湖的自然环境和生态面貌，洪湖从 2005 年 7 月起开始实施“洪湖湿地保护和恢复示范工程项目”，主要包括核心区禁渔工程、湿地水生植被恢复工程、湿地生境改造和恢复工程和江湖连通工程[1]。

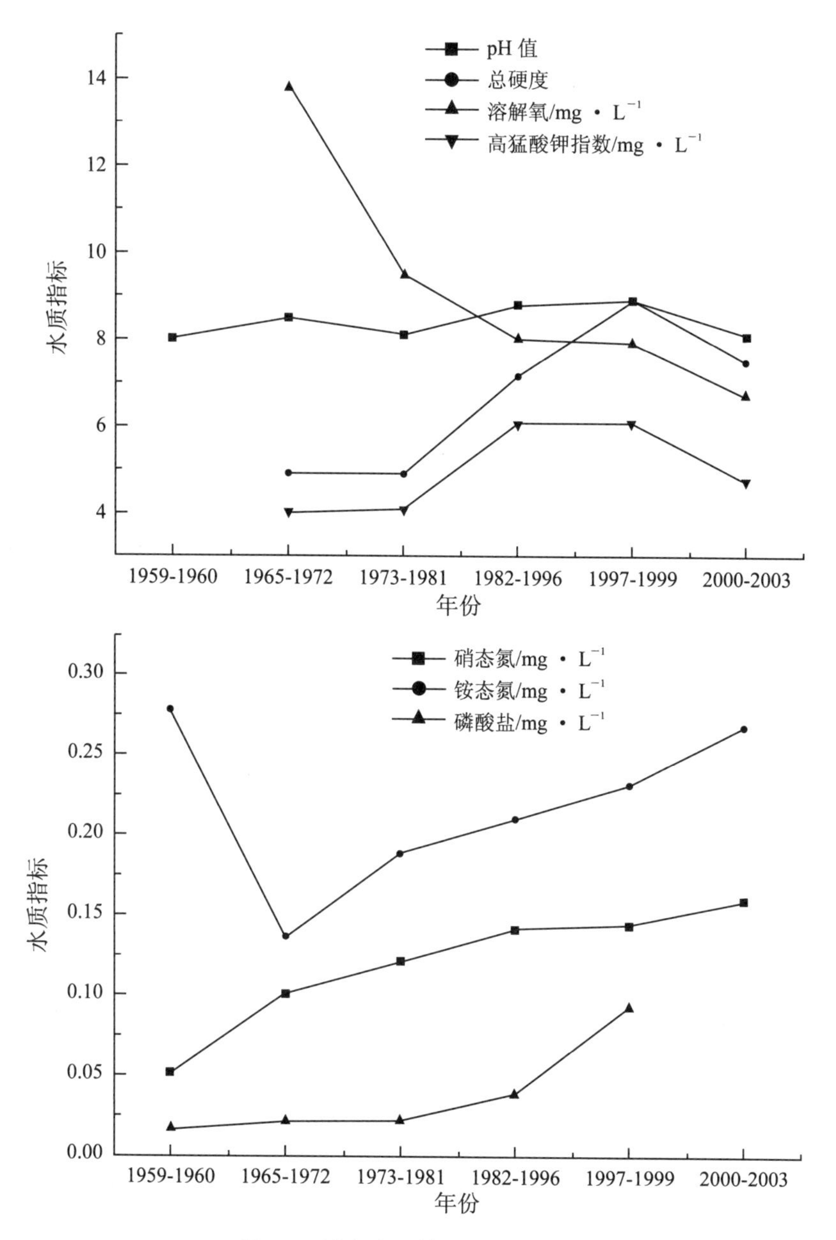

图 5-1 洪湖水环境历史演变状况

洪湖是湖北省地表水环境质量监控站的重点监控站点之一。本节所采用的 1990—2010 年铵态氮、总氮、总磷、高锰酸钾指数等水质指标年均值主要来源于湖北省环境监测中心站的历年监测数据。2011—2015 年，中国科学院江汉平原小港湿地生态试验站每年春秋两季对洪湖水环境进行综合考察，采样时间综合考虑洪湖水文环境的稳定性。调查过程主要对洪湖大湖面水体 23 个采样点进行现场测试和取样，以及实验室分析工作（图 5-2）。并对每个采样点采集了 10 个 20 cm×20 cm 沉水植物样方，现场对沉水植物种进行分类后称湿重。现场测试的理化指标包括水深、透明度、水温、pH 值、电导率、叶绿素 a、溶解氧 7 个指标。其中透明度采用塞氏圆盘测定；水温、pH 值、电导率、叶绿素 a、溶解氧 5 个指标采用便携式水质仪（Hydrolab DS5）测定。采用聚乙烯塑料瓶对每个调查点采取水样 550 mL，当场用浓硫酸进行酸化处理，带回实验室后于 4℃下储存，并分析总氮、总磷、高锰酸钾指数、铵态氮、硝态氮和亚硝态氮 6 个化学指标。

总氮的分析采用碱性过硫酸钾消解紫外分光光度法（HJ636－2012）测定；总磷的分析采用钼酸铵分光光度法（GB11893－89）测定；高锰酸钾指数的分析采用国标规定的方法测定（GB11892－89）；铵态氮的分析采用纳氏试剂分光光度法（HJ535－2009）测定；硝态氮的分析采用紫外分光光度法（HJ/T346－2007）测定；亚硝态氮的分析采用国标规定的分光光度法（GB7493－87）测定。

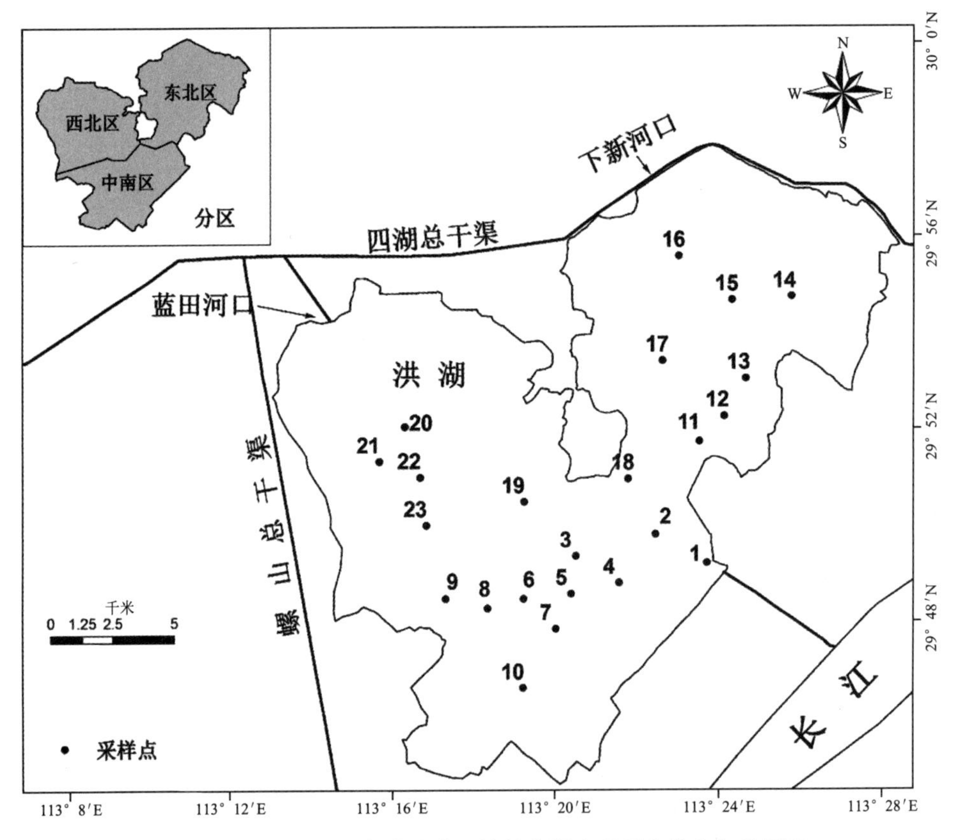

图 5-2　2011－2015 年洪湖水环境综合调查采样点分布与分区图

5.2　灰色模式识别模型

水环境系统是一个多因素耦合的复杂系统，各因素间关系错综复杂，将信息论中的灰色系统理论应用于水质评价有助于解决水环境系统的不确定性。杨继东等[2]、夏军等[3]分别提出了水环境质量灰色关联度评价方法，该方法相比模糊综合评判法计算方法简便、可行，评价结果直观、可靠，且强调各污染因子的综合效应。但利用灰色关联度确定水质级别存在不足之处：一方面受关联系数两级级差的影响，评价值趋于均化，分辨率较低，两级级别间的差异较难区分；另一方面划归为同一水质级别的不同样本污染程度的高低难以精确比较。史晓新等[4]提出了一种新的水环境质量评价灰色模式识别模型，该模型在灰色关联度的基础上引入了加权关联差异度的概念，采用模糊识别的思想得出最优权系数——灰色从属度，然后利用综合指数法得到水质综合指数。该模型克服了灰色关联度分析方法的上述问题，能够更精确地反映污染程度的高低，广泛应用于河流、湖泊等地表水水环境质量的综合评价研究[5~7]。具体评价过程包括以下步骤。

5.2.1 数据的归一化处理

设有待分级评价的 n 个水质监测样本，每个样本有 m 项污染指标监测值 x，根据国家规定的 m 项指标评价等级数 c 和水质标准浓度值 s，得到国家水质标准矩阵 $\boldsymbol{S}$ 和水质监测矩阵 $\boldsymbol{X}$：

$$\boldsymbol{S}_{m\times c}=(s_{it})_{m\times c} \tag{5-1}$$

$$\boldsymbol{X}_{m\times c}=(x_{ij})_{m\times c} \tag{5-2}$$

式中：$i=1,2,\cdots,m$；$t=1,2,\cdots,c$；$j=1,2,\cdots,n$。

在实际工作中，考虑到各种水质指标的量级可能不完全相同，各个水质指标的单位也不尽一样，因此在评价之前，有必要将标准矩阵和样本矩阵中的元素归一化，转变为[0, 1]区间内取值数。为了达到此目的，不妨规定Ⅰ级水水质标准浓度在标准矩阵(1)中对应的元素为 1；c 级水(最高级) 水质标准浓度在标准矩阵中对应元素为 0；1 与 c 级水之间的水质标准浓度在矩阵中对应的元素均在[0, 1] 之间。采取的归一化方法可以用分段线性变换，具体如下：

对于 BOD、重金属毒物等指标，有数值愈大污染愈严重的特点，可采用下列两式确定 $\boldsymbol{S}$、$\boldsymbol{X}$ 矩阵元素的变换：

$$b_{it}=\frac{s_{ic}-s_{it}}{s_{ic}-s_{i1}} \tag{5-3}$$

$$a_{ij}=\begin{cases}1, & x_{ij}\leqslant s_{i1}\\ \dfrac{s_{ic}-x_{ij}}{s_{ic}-s_{i1}}, & s_{i1}>x_{ij}>s_{ic}\\ 0, & x_{ij}\geqslant x_{ic}\end{cases} \tag{5-4}$$

对于 DO 等水质指标数值愈大，污染程度愈轻的因素，可采用下列变换方法：

$$b_{it}=\frac{s_{it}-s_{ic}}{s_{i1}-s_{ic}} \tag{5-5}$$

$$a_{ij}=\begin{cases}1, & x_{ij}\geqslant s_{i1}\\ \dfrac{x_{ij}-s_{ic}}{s_{i1}-s_{ic}}, & s_{ic}<x_{ij}<s_{i1}\\ 0, & x_{ij}\leqslant x_{ic}\end{cases} \tag{5-6}$$

对于 pH 值,则可按两个状态变换,即

$$b_{it}=\begin{cases}1, & 6.5\leqslant x_{ij}\leqslant 8.5\\ 0, & x_{ij}<6.5, x_{ij}>8.5\end{cases} \tag{5-7}$$

$$a_{ij}=\begin{cases}1, & 6.5\leqslant x_{ij}\leqslant 8.5\\ 0, & x_{ij}<6.5, x_{ij}>8.5\end{cases} \tag{5-8}$$

统一记 **S** 和 **X** 矩阵归一化后的标准矩阵和实测样本矩阵为:

$$\mathrm{B}_{m\times c}=(b_{it})_{m\times c} \tag{5-9}$$

$$\mathrm{A}_{m\times c}=(a_{ij})_{m\times c} \tag{5-10}$$

5.2.2 计算灰色关联度

将第个水体监测样本向量 $a_{ij}=a_{1j}, a_{2j}, \cdots, a_{mj}(j=1,2,\cdots,n)$ 取为参考序列,对于固定的,将级水质标准向量 $b_{it}=a_{1t}, a_{2t},\cdots, a_{mt}(t=1,2,\cdots,c)$ 分别组成被比较序列,进行关联分析计算,则 a_j 与 b_t 第 i 个指标的关联系数表示为:

$$N_{it}(j)=\frac{\min_t\min_t|a_{ij}-b_{it}|+\rho\max_t\max_i|a_{ij}-b_{it}|}{a_{ij}-b_{it}+\rho\max_t\max_i|a_{ij}-b_{it}|} \tag{5-11}$$

式中,ρ 为分辨系数,$0<\rho<1$,通常取 $\rho=0.5$。

将关联系数加权求和得到关联度 R_{jt},w_{ij} 为各水质指标的权重,权重的设置遵循水质指标污染程度越严重,权重越大的原则[5],采用公式(5-13)进行计算。

$$R_{jt}=\sum_{i=1}^{m}w_{ij}N_{it}(j) \tag{5-12}$$

$$w_{ij}=\frac{1-a_{ij}}{\sum\limits_{i=1}^{m}(1-a_{ij})} \tag{5-13}$$

5.2.3 计算灰色从属度,判断水质等级

为了进一步提高评价决策的分辨率,引入关联差异度的概念,待评价水体样本 a_j 与第 b_t 级水质标准的加权关联差异度为:

$$d(a_j,b_t)=u_{jt}[1-R_{jt}] \tag{5-14}$$

其中,权系数 u_{jt} 与模糊数学中模糊隶属度的概念类似,定义为第 j 个水体样本从属于第 t 级水的灰色从属度。该权系数满足两个约束条件,一是 $\sum\limits_{t=1}^{c}u_{jt}=1, j=1,2,\cdots,n$;二是 $\sum\limits_{t=1}^{n}u_{jt}>0, t=1,2,\cdots,c$。采用模糊识别的思想,构造目标函数使得所有水体样本与各级水质标准之间的加权关联差异度平方和最小。根据约束函数和目标函数生成拉式函数,并求解出最优灰色从属度。根据从属度的定义,待评价的样本应归化 u_{jt} 最大的级别。

$$u_{jt}=\frac{1}{(1-R_{jt})^2\times\sum\limits_{t=1}^{c}\frac{1}{(1-R_{jt})^2}} \tag{5-15}$$

5.2.4 计算水质综合指数

为了比较从属于同一级别的水质样本之间污染程度的差异,进一步引入综合指数法,计

算水质评价灰色识别模式的综合指数：

$$GC_j = \sum_{t=1}^{c} \times u_{jt} \tag{5-16}$$

根据《地表水环境质量标准(GB3838—2002)》，水质标准级别为 1，2，…，5。可知 GC 的取值在 1～5 之间，最小值为 1，最大值为 5。只有当各指标都达到一级水要求时，GC=1；当所有指标都超过或等于 5 级水质标准时，GC=5，其余情况，1 < GC < 5。

该方法可以充分利用环境监测数据，计算出洪湖不同时期、不同监测点的水质综合指数，因此在对洪湖水质进行评价时，能够更精确地反映各监测点的水质状况，便于综合比较分析各监测点水质时空变异情况。

5.3 1990—2015 年洪湖水质年际变化分析

5.3.1 主要污染物单指标

影响洪湖水质的污染物指标主要有营养盐类指标总氮和总磷，以及有机物污染指标高锰酸钾指数。洪湖水体中的含氮营养盐以无机氮为主，主要形态有铵态氮、硝态氮和亚硝态氮，其中以铵态氮为主，可占总氮含量的 41.49%[8]。结合国家环保部的《地表水环境质量标准(GB3838—2002)》对污染项目标准限值的规定，本节主要对总氮、铵态氮、总磷和高锰酸钾指数四个污染物单指标进行年际变化分析。

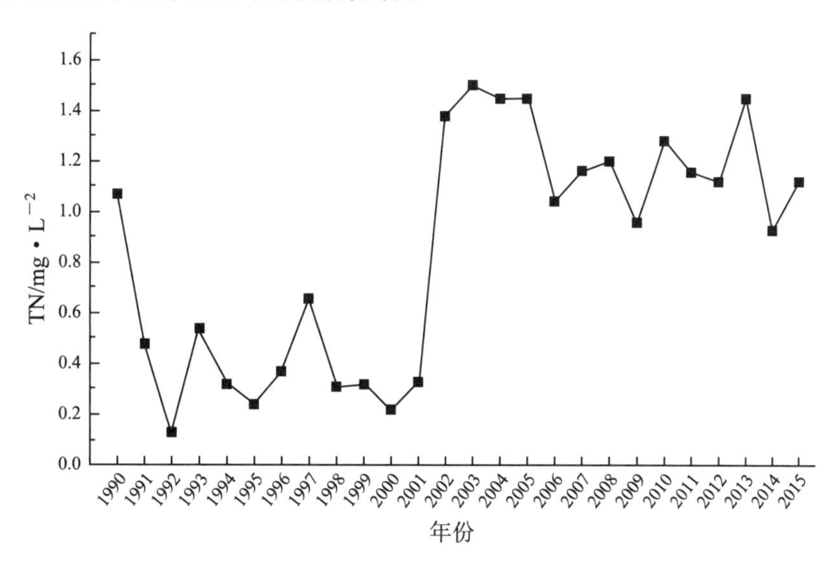

图 5-3 1990—2015 年洪湖水体总氮浓度年均值变化

总氮和总磷作为表征地表水水质的主要指标，也是评价湖泊水体富营养化程度的重要指标。1990—2015 年，洪湖水体总氮浓度上升趋势变化比较明显(图 5-3)，其演变过程主要可以分为三个阶段。1990—2001 年，洪湖水体总氮浓度波动幅度较小，整体浓度较低，基本上都低于Ⅱ类地表水水质标准限值0.5 mg/L。2002—2005年，水体总氮浓度大幅度上升，浓度值接近Ⅳ类地表水水质标准限值1.5 mg/L。2006—2015年，随着“洪湖湿地保护和恢复示范工程项目”的实施，洪湖水体总氮浓度有小幅度下降，浓度值在Ⅲ类地表水水质标准(1.0 mg/L)左右波动变化，但仍远高于20世纪90年代水体总氮浓度。

1990—2015年，洪湖水体总磷浓度呈总体波动上升的变化趋势(图5-4)，其变化过程可以分为以下四个阶段。1990—2002年，除1990年、1991年和1995年外，其余年份总磷浓度都低于Ⅲ类地表水水质标准限制(0.05 mg/L)。2003—2004年，总磷浓度明显上升，浓度值接近Ⅳ类地表水水质标准限值0.1 mg/L。2005—2011年，随着生态恢复项目的实施，除2009年总磷浓度超标严重外，其他年份都有明显下降趋势。2012—2015年，总磷浓度值呈现明显的上升趋势，且高于2003—2004年围网养殖扩张严重的阶段。

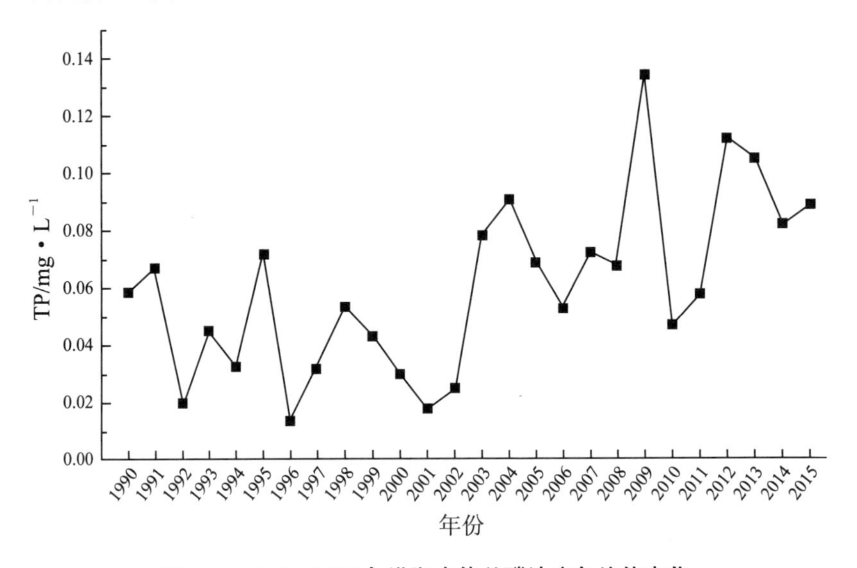

图5-4 1990—2015年洪湖水体总磷浓度年均值变化

1990—2015年，洪湖水体铵态氮浓度的变化过程与总氮基本上保持一致，可以分为以下四个阶段(图5-5)。1990—2001年洪湖水体铵态氮浓度整体较低，都低于Ⅱ类地表水水质标准限值0.5 mg/L。除1993年偏高达到0.41 mg/L外，其余年份基本上都在Ⅰ类地表水水质标准限值0.15 mg/L左右波动。2002—2005年，水体铵态氮浓度呈现上升趋势，2005年铵态氮浓度最高达到0.69 mg/L，其余年份浓度值仍低于Ⅱ类地表水水质标准。2006—2010年，水体铵态氮浓度呈现明显的下降趋势，2009—2010年已恢复到20世纪90年代的平均水平。2011—2015年，随着围网养殖活动的再度加剧，铵态氮浓度明显回升。总的说来，洪湖水体铵态氮浓度普遍较低，除少数年份外，25年来水体铵态氮浓度基本上能达到Ⅱ类地表水的水质标准。铵态氮是水体中的主要耗氧污染物，高浓度铵态氮水体对鱼类和某些水生生物有毒害作用。

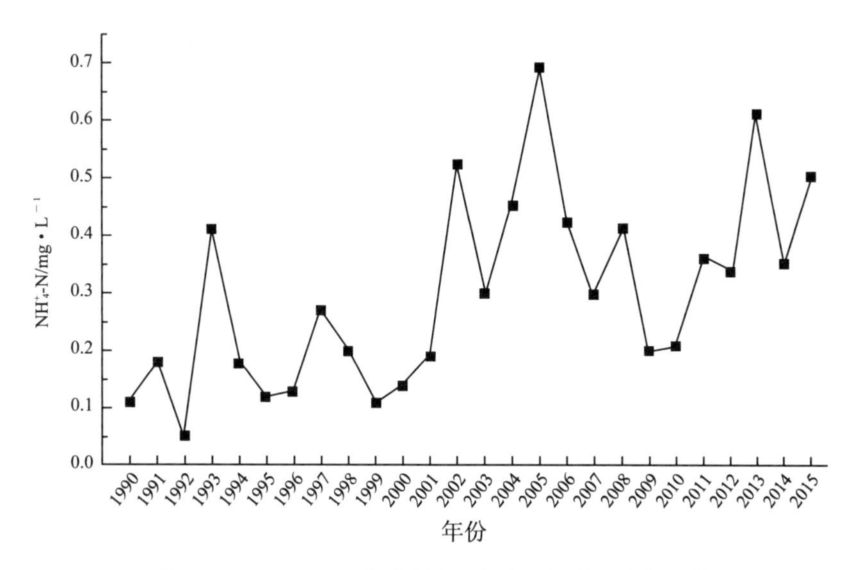

图 5-5 1990—2015 年洪湖水体铵态氮浓度年均值变化

1990—2015 年,洪湖水体高锰酸钾指数整体保持在较高的浓度水平,其变化过程呈现波动上升的趋势,可以分为以下四个阶段(图 5-6)。1990—1999 年,除 1994 年外,其余年份高锰酸钾指数浓度都低于Ⅲ类地表水水质标准限制(6.0 mg/L)。2000 年和 2005 年,高锰酸钾指数浓度显著上升,出现两个高峰值,浓度分别达到 7.49 mg/L 和 7.52 mg/L,接近Ⅳ类地表水水质标准限值 8 mg/L,说明高锰酸钾指数相比其他营养盐指标对围网养殖等人类活动的响应时间要早。这两个年份之间的 2002 年,高猛酸钾指数浓度出现低值,2006—2010 年,高锰酸钾指数浓度大幅度下降,2008 年最低接近Ⅱ类地表水的水质标准(4.0 mg/L)。2011—2015 年,高锰酸钾指数浓度持续上升,2015 年浓度已上升到 6.96 mg/L。

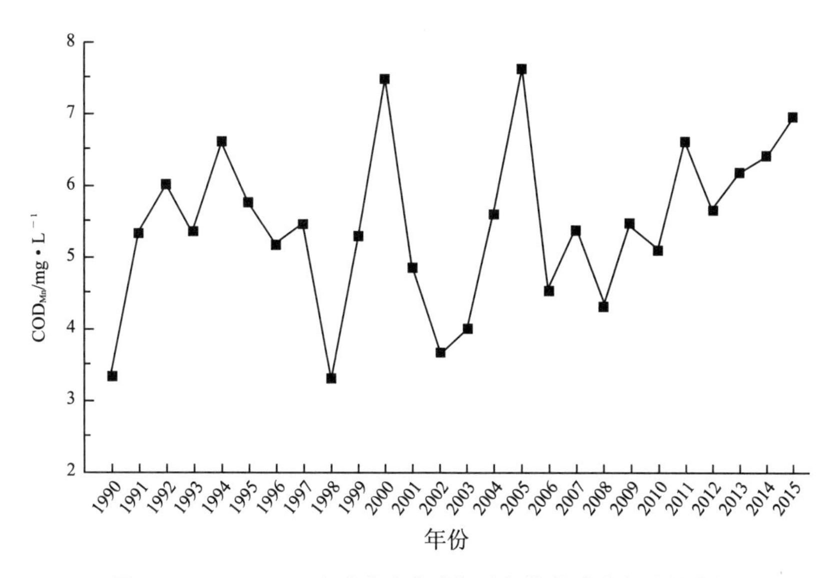

图 5-6 1990—2015 年洪湖水体高锰酸钾指数浓度年均值变化

5.3.2 水质综合评价结果

为了更全面地分析洪湖水质的变化状况，本研究采用灰色模式识别模型的水质综合评价方法，得到水质综合等级的定性分级以及水质综合指数的定量计算结果。根据实际监测数据的完整性、可得性以及评价指标的代表性，主要选取总氮、总磷、高锰酸钾指数和铵态氮四项指标来综合评价洪湖水质，评价标准采用国家环保部《地表水环境质量标准(GB3838—2002)》。

水质综合评价结果显示(图 5-7、表 5-1)，1990－2001 年，洪湖全湖平均水质类别属于Ⅱ类和Ⅲ类的灰色从属度。这一阶段洪湖水质综合指数值 GC 呈波动变化趋势，GC 最大值出现在 1992 年，为 2.97；GC 最小值出现在 2001 年，为 2.08。全湖平均水质类别属于Ⅲ类的年份中，1995 年和 2000 年 TP 和高锰酸钾指数分别超标严重，已接近地表水Ⅳ类的标准限值，是造成水质综合指数值较高的主要原因。

2002－2005 年，洪湖全湖平均水质演变为Ⅳ类，水质综合指数呈显著上升趋势。2003 年和 2004 年水质综合指数都超过了 3.5，分别达到了 3.58 和 3.54。这一阶段是 1990－2015 年间水质最差的时期。总氮和总磷浓度超标严重，尤其是总氮浓度已达到了地表水Ⅴ类，总磷浓度也已接近Ⅳ类水限值，是造成洪湖水质综合状况恶化的主要因素。

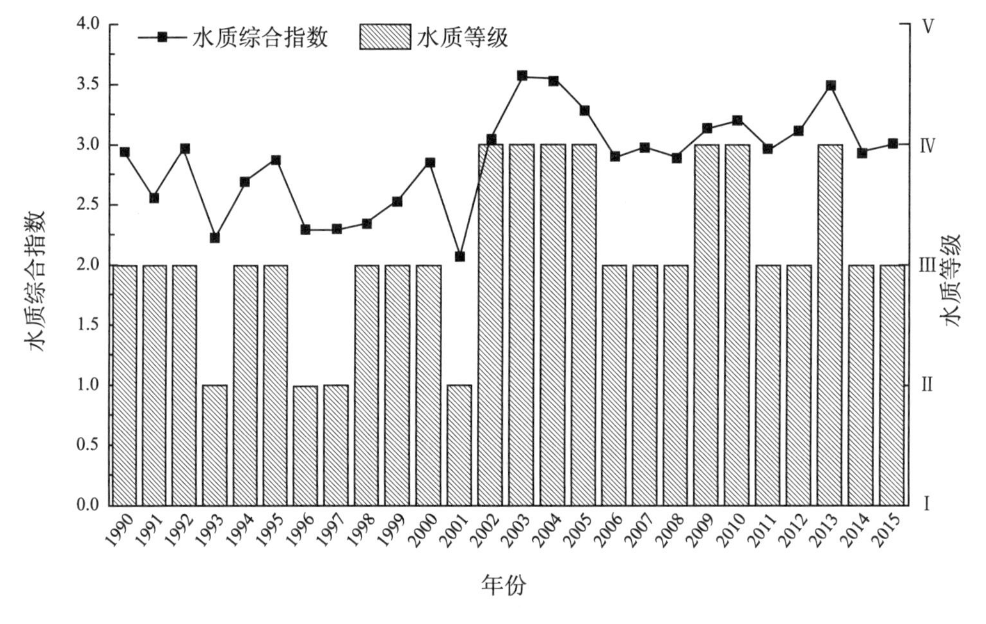

图 5-7 1990－2015 年洪湖水质综合指数和综合等级年均值变化

表 5-1 1990－2015 年洪湖水质综合指数和综合等级

年份	1990	1991	1992	1993	1994	1995	1996	1997	1998
水质综合指数	2.94	2.56	2.97	2.23	2.69	2.87	2.29	2.30	2.34
水质综合等级	Ⅲ	Ⅲ	Ⅲ	Ⅱ	Ⅲ	Ⅲ	Ⅱ	Ⅱ	Ⅲ

续表

年份	1999	2000	2001	2002	2003	2004	2005	2006	2007
水质综合指数	2.54	2.86	2.08	3.05	3.58	3.54	3.30	2.91	2.97
水质综合等级	Ⅲ	Ⅲ	Ⅱ	Ⅳ	Ⅳ	Ⅳ	Ⅳ	Ⅲ	Ⅲ
年份	2008	2009	2010	2011	2012	2013	2014	2015	
水质综合指数	2.89	3.14	3.20	2.97	3.12	3.50	2.93	3.01	
水质综合等级	Ⅲ	Ⅳ	Ⅳ	Ⅲ	Ⅲ	Ⅳ	Ⅲ	Ⅲ	

2006—2008年，随着2005年7月开始实施的围网拆除行动，洪湖水质开始呈现好转趋势，全湖平均水质由上一阶段的Ⅳ类下降为Ⅲ类，水质综合指数也都下降到了3.0以下。这一阶段铵态氮和高锰酸钾指数浓度分别已达到Ⅱ类和Ⅲ类地表水质量标准，总体水质状况好转的原因主要体现在总氮和总磷浓度的下降，由上一阶段的Ⅳ类和Ⅴ类下降至Ⅲ类。

2009—2015年，随着围网养殖现象的回暖和人类活动的持续影响，洪湖水质状况有进一步恶化的趋势，全湖平均水质类别基本上在Ⅲ类和Ⅳ类之间趋于波动变化。水质综合指数略有上升，基本上处于3.0以上，2013年甚至上升至3.5。2013年高锰酸钾指数超过了Ⅲ类标准；总氮浓度为1.45 mg/L，接近Ⅳ类标准限值；总磷更是下降为Ⅴ类，成为该年水质恶化的主导因素。

5.4 2011—2015年洪湖水环境因子时空差异分析

为了更直接地分析洪湖水环境因子和沉水植被在空间上分布规律，根据洪湖的地理位置、采样点的分布、水文边界条件和植被保护利用情况，将研究区大体上分为三个区域（图5-8）：中南区（MS，包括采样点1～10）、东北区（NE，包括采样点11～18）和西北区（NW，包括采样点19～23）。其中中南区主要为洪湖湿地自然保护区的核心区，离入湖径流较远，其生态系统受人为破坏性干扰较少；西北区与四湖总干渠蓝田入口直接相连，为接纳四湖流域上游污水的主要湖区，且分布有大面积围网养殖区；东北区与下新河入口直接相连，同时接纳四湖总干渠和下新河的来水，也受一定的人类活动干扰。

对2011—2015年洪湖水体各理化指标时空差异分析采用方差分析方法，运用国际通用的软件PASW (SPSS) Statistics 18.0进行分析。分别对洪湖13个水环境理化指标以及水质综合评价结果进行分区统计，并采用方差分析对不同区域和春秋两季的统计结果进行差异性分析。同时，将洪湖湖体三个片区的统计结果与四湖总干渠蓝田入湖口的监测值进行比较分析。其误差棒统计图在Origin软件环境下成图。

5.4.1 水环境因子单因子时空分析

5.4.1.1 水深和透明度

2011—2015年洪湖水体水深最大值出现在2013年秋季，中南区、东北区和西北区均值分别为 1.89 m、2.33 m、2.04 m；最小值出现在 2015 年春季，中南区、东北区和西北区均值分别为 0.96 m、1.24 m、1.09 m(图 5-8a)。2011—2015 年洪湖水体透明度中南区最大值出现在 2012 年秋季，为 1.59 m；东北区和西北区最大值出现在 2012 年春季，均值分别为 1.26 m，1.03 m；各区域透明度最小值出现在 2015 年秋季，中南区、东北区和西北区均值分别为 0.81 m、0.43 m、0.49 m(图 5-8b)。水深和透明度方差分析(ANOVA)结果显示，中南区、东北区和西北区之间水深和透明度的区域差异性显著(p=0.000)。LSD 多重比较结果显示，洪湖水体东北区水深实测值显著高于中南区和西北区(p 值分别为 0.000 和 0.034)，中南区和西北区空间差异不显著(p=0.101)；中南区透明度显著高于东北区和西北区(p=0.000)，东北区和西北区空间差异不显著(p=0.286)。春秋两季比较结果显示，洪湖水体春季水深显著低于秋季(p=0.000)；透明度春秋两季差异性不显著(p=0.411)。

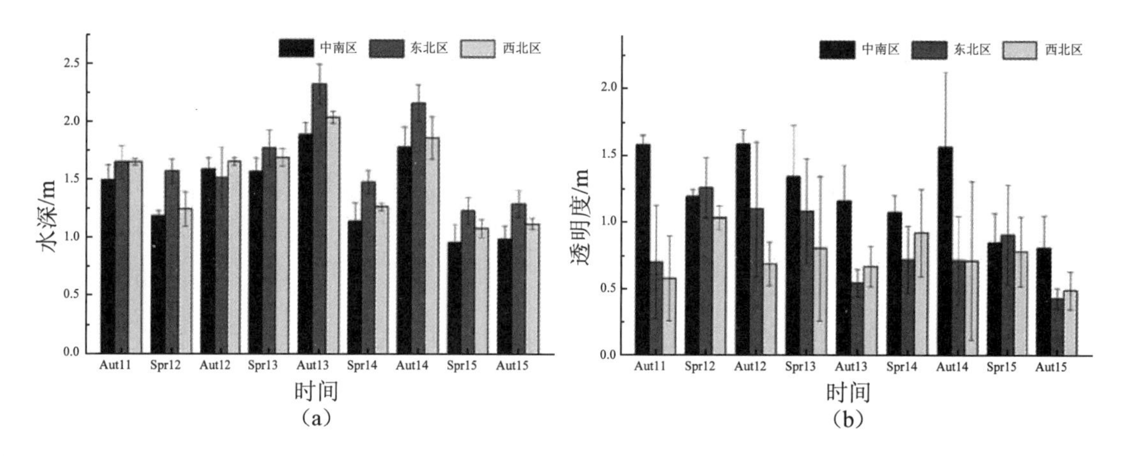

图 5-8　2011—2015 年洪湖水体水深(a)和透明度(b)在不同区域的变化

5.4.1.2　pH 值、水温和溶解氧

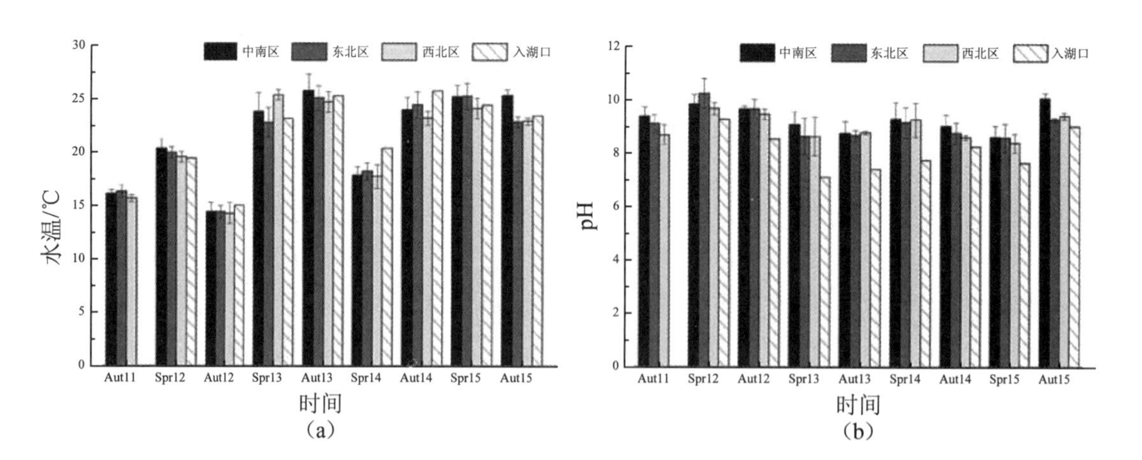

图 5-9　2011—2015 年洪湖水体水温(a)和 pH (b)不同区域变化

2011—2015 年洪湖水体 pH 值中南区最大值出现在 2015 年秋季，为 10.08；东北区和西北区最大值出现在 2012 年春季，均值分别为 10.26、9.70；各区域 pH 值最小值出现在 2015 年春季，中南区、东北区和西北区均值分别为 8.63、8.60、8.40(图 5-9)。2011—2015 年洪湖水体溶解氧浓度中南区和西北区最大值出现在 2015 年秋季，均值分别为 12.89 mg/L 和 11.49 mg/L；东北区最大值出现在 2014 年秋季，为 10.00 mg/L；各区域溶解氧浓度最小值出现在 2014 年春季，中南区、东北区和西北区均值分别为 6.98 mg/L、5.64 mg/L、6.98 mg/L(图 5-10)。

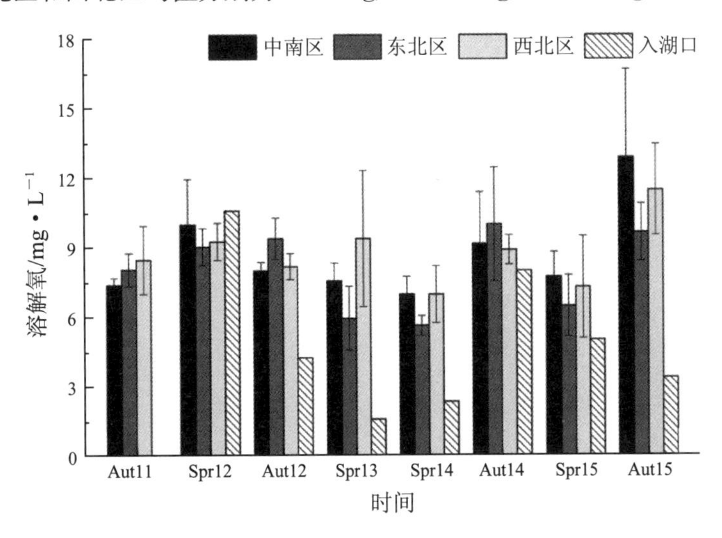

图 5-10　2011—2015 年洪湖溶解氧不同区域变化

水温、pH 值、溶解氧浓度的方差分析结果显示，中南区、东北区和西北区之间的区域差异性不显著(p 值分别为 0.470、0.075、0.105)。LSD 多重比较结果显示，洪湖中南区水体 pH 值显著高于西北区($p=0.026$)。春秋两季比较结果显示，水温和 pH 值春秋两季差异性不显著(p 值分别为 0.182、0.290)，洪湖水体春季溶解氧浓度显著低于秋季($p=0.000$)。2012—2015 年四湖总干渠蓝田入湖口的监测数据显示，入湖口的 pH 值最大值为 9.28，最小值为 7.12，同期入湖口 pH 值显著小于洪湖湖体；入湖口的溶解氧浓度最大值为 10.60 mg/L，最小值为 1.59 mg/L，同期入湖口溶解氧浓度也显著小于洪湖湖体。

5.4.1.2　电导率和叶绿素

2011—2015 年洪湖水体中南区电导率最大值出现在 2011 年秋季，为 328.07 μS/cm；最小值出现在 2015 年春季，为 271.27 μS/cm。东北区电导率最大值出现在 2015 年秋季，为 435.26 μS/cm；最小值出现在 2014 年春季，为 314.61 μS/cm。西北区电导率最大值出现在 2012 年秋季，为 428.33 μS/cm；最小值出现在 2013 年秋季，为 335.10 μS/cm(图 5-11a)。2011—2015 年中南区叶绿素 a 浓度最大值出现在 2015 年春季，为 9.19 μg/L；最小值出现在 2012 年秋季，为 3.28 μg/L。东北区叶绿素 a 浓度最大值出现在 2015 年秋季，为 25.49 μg/L；最小值出现在 2014 年春季，为 8.49 μg/L。西北区叶绿素 a 浓度最大值出现在 2013 年春季，为 44.79 μg/L；最小值出现在 2014 年春季，为 10.07 μg/L(图 5-11b)。

电导率和叶绿素 a 浓度的方差分析结果显示，中南区、东北区和西北区之间的区域差异性显著(p=0.000)。Tamhane's 多重比较结果显示，洪湖水体中南区电导率和叶绿素 a 浓度显著低于东北区(p=0.000)，东北区显著低于西北区(p 值分别为 0.044、0.030)。春秋两季比较结果显示，洪湖水体春季电导率显著低于秋季(p=0.005)，叶绿素 a 含量春秋两季差异性不显著(p=0.677)。2012—2015 年四湖总干渠蓝田入湖口的监测数据显示，入湖口的电导率最大值为 687.33 μS/cm，最小值为 436.08 μS/cm，同期入湖口电导率显著大于洪湖湖体；入湖口的叶绿素 a 浓度最大值为 10.60 μg/L，最小值为 1.59 μg/L，同期入湖口的叶绿素 a 浓度与洪湖湖体各片区浓度值相比较，规律变化不明显。

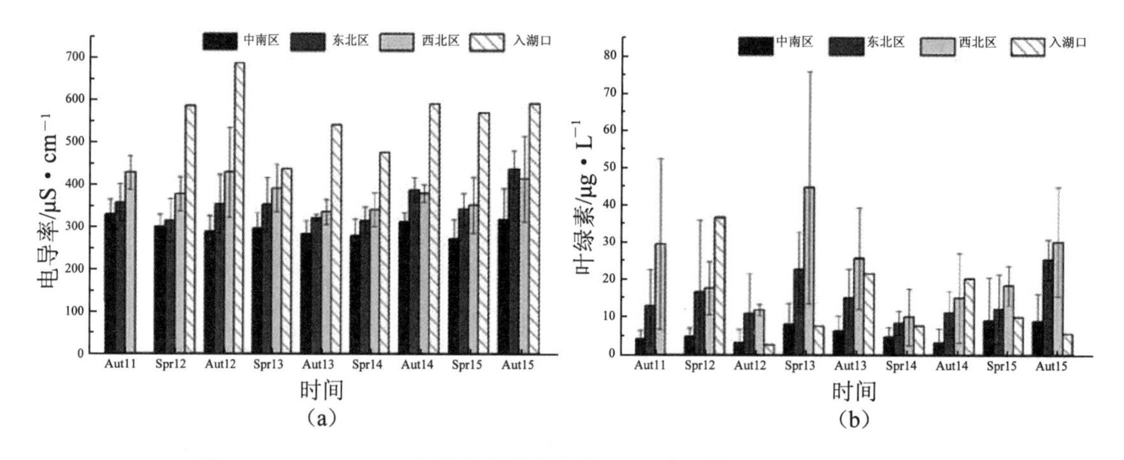

图 5-11 2011—2015 年洪湖水体电导率(a)和叶绿素 a(b)不同区域变化

5.4.1.3 总氮、铵态氮、硝态氮和亚硝态氮

2011—2015 年洪湖水体中南区总氮浓度最大值出现在 2015 年秋季，为 1.07 mg/L；最小值出现在 2012 年秋季，为 0.51 mg/L(图 5-12a)。东北区总氮浓度最大值出现在 2015 年秋季，为 1.51 mg/L；最小值出现在 2015 年春季，为 0.79 mg/L。中南区和东北区的总氮浓度值在Ⅲ类地表水水质标准(1.0 mg/L)左右稳定波动。西北区总氮浓度最大值出现在 2013 年春季，为 2.44 mg/L，已经超过了 V 类的地表水标准；最小值出现在 2014 年秋季，为 0.90 mg/L。总氮浓度的方差分析结果显示，各区域总氮浓度之间差异性显著(p=0.000)。Tamhane's 多重比较结果显示，中南区总氮浓度显著低于东北区和西北区(p 值分别为 0.004 和 0.000)。东北区和西北区之间差异性不显著(p=0.102)。春秋两季比较结果显示，洪湖水体总氮含量春秋两季差异性不显著(p=0.564)。2012—2015 年四湖总干渠蓝田入湖口的监测数据显示，入湖口的总氮浓度较高，最大值为 5.95 mg/L，最小值为 2.37 mg/L，同期入湖口总氮浓度显著大于洪湖湖体。

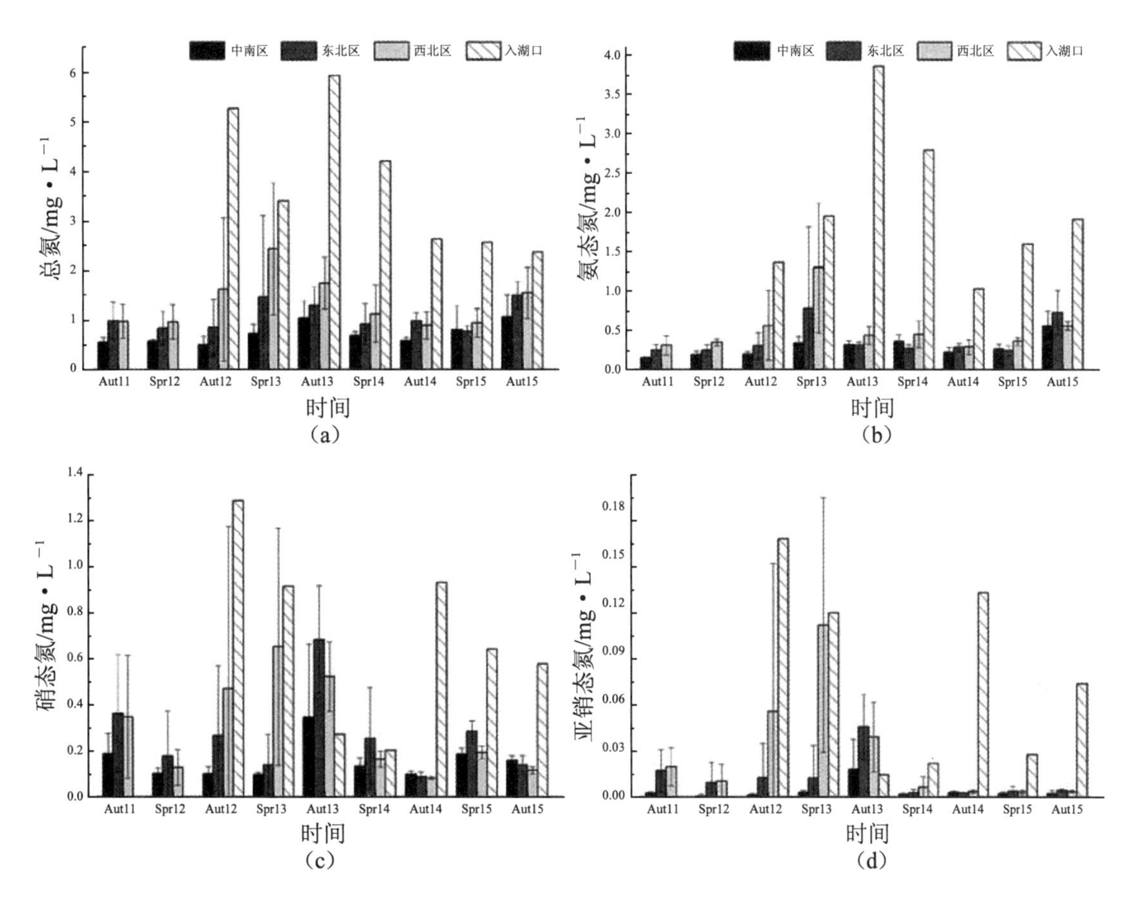

图 5-12　2011—2015 年洪湖水体总氮(a)、铵态氮(b)、硝态氮(c)、亚硝态氮(d)不同区域变化

2011—2015 年洪湖水体铵态氮浓度中南区最大值出现在 2015 年秋季，为 0.56 mg/L(图 5-12b)；最小值出现在 2011 年秋季，为 0.16 mg/L。东北区铵态氮浓度最大值出现在 2013 年春季，为 0.78 mg/L；最小值出现在 2015 年春季，为 0.24 mg/L。西北区总氮浓度最大值出现在 2013 年春季，为 1.30 mg/L；最小值出现在 2014 年秋季，为 0.29 mg/L。铵态氮浓度的方差分析结果显示，各区域铵态氮浓度之间差异性显著($p=0.002$)。Tamhane's 多重比较结果显示，中南区铵态氮浓度显著低于西北区($p=0.005$)。其他区域之间差异性不显著(p 值分别为 0.513 和 0.160)。春秋两季比较结果显示，洪湖水体铵态氮含量春秋两季差异性不显著($p=0.360$)。2012—2015 年四湖总干渠蓝田入湖口的监测数据显示，入湖口的铵态氮浓度较高，最大值 3.87 mg/L，最小值为 1.03 mg/L，同期入湖口铵态氮浓度显著大于洪湖湖体。

2011—2015 年洪湖水体硝态氮浓度中南区和东北区最大值出现在 2013 年秋季，均值分别为 0.35 mg/L 和 0.69 mg/L(图 5-12c)；最小值出现在 2014 年秋季，均值分别为 0.10 mg/L和 0.09 mg/L。西北区硝态氮浓度最大值出现在 2013 年春季，为 0.65 mg/L；最小值也出现在 2014 年秋季，为 0.08 mg/L。硝态氮浓度的方差分析结果显示，各区域硝态氮浓度之间差异性显著($p=0.005$)。Tamhane's 多重比较结果显示，中南区硝态氮浓度显著低于东北区和西北区(p 值分别为 0.008 和 0.040)。东北区和西北区之间差异性不显著

(p=0.953)。春秋两季比较结果显示,洪湖水体硝态氮含量春秋两季差异性不显著(p=0.139)。2012—2015年四湖总干渠蓝田入湖口的监测数据显示,入湖口的硝态氮浓度较高,最大值为1.29 mg/L,最小值为0.20 mg/L,同期入湖口硝态氮浓度显著大于洪湖湖体。

2011—2015年洪湖水体亚硝态氮浓度中南区最大值出现在2013年秋季,为0.017 mg/L(图5-12d);最小值出现在2012年春季,为0.0005 mg/L。东北区铵态氮浓度最大值出现在2013年秋季,为0.043 mg/L;最小值出现在2014年秋季,为0.0027 mg/L。西北区亚硝态氮浓度最大值出现在2013年春季,为0.107 mg/L;最小值出现在2015年春季,为0.0031 mg/L。亚硝态氮浓度的方差分析结果显示,各区域亚硝态氮浓度之间差异性显著(p=0.000)。Tamhane's多重比较结果显示,中南区亚硝态氮浓度显著低于东北区和西北区(p值分别为0.006和0.013)。东北区和西北区之间差异性不显著(p=0.164)。春秋两季比较结果显示,洪湖水体亚硝态氮含量春秋两季差异性不显著(p=0.546)。2012—2015年四湖总干渠蓝田入湖口的监测数据显示,入湖口的亚硝态氮浓度较高,最大值为0.16 mg/L,最小值为0.01 mg/L,同期入湖口亚硝态氮浓度显著大于洪湖湖体。

5.4.1.4 高锰酸钾指数和总磷

2011—2015年洪湖水体各分区高锰酸钾指数最大值出现在2015年秋季,中南区、东北区和西北区均值分别为6.82 mg/L、8.35 mg/L、7.71 mg/L(图5-13a)。高锰酸钾指数中南区最小值出现在2012年春季,为5.11 mg/L;东北区最小值出现在2013年秋季,为5.06 mg/L;西北区最小值出现在2011年秋季,为5.61 mg/L。高锰酸钾指数的方差分析结果显示,中南区、东北区和西北区之间的区域差异性显著(p=0.000)。LSD多重比较结果显示,洪湖水体中南区高锰酸钾指数显著低于东北区(p=0.029),东北区高锰酸钾指数显著低于西北区(p=0.016)。春秋两季比较结果显示,洪湖水体高锰酸钾指数春秋两季差异性不显著(p=0.438)。2012—2015年四湖总干渠蓝田入湖口的监测数据显示,入湖口的高锰酸钾指数浓度呈先增加后减小的变化趋势,2012年秋季至2013年春季期间,高锰酸钾指数增大到8.27 mg/L,高于洪湖湖体均值;2013年春季至2015年秋季,高锰酸钾指数值减小到4.73 mg/L,低于洪湖湖体均值。

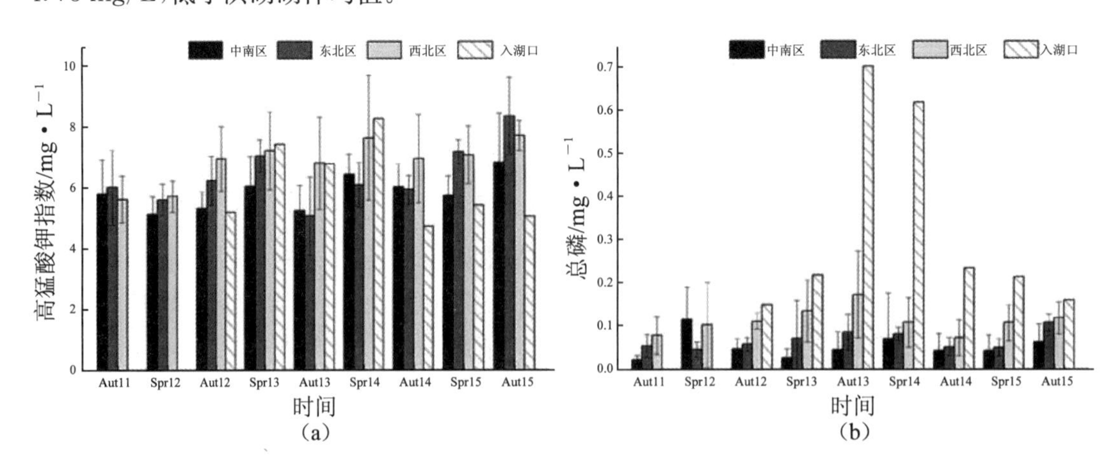

图5-13 2011—2015年洪湖水体高锰酸钾指数(a)和总磷(b)不同区域变化

2011—2015 年洪湖水体中南区总磷浓度最大值出现在 2012 年春季，为 0.12 mg/L；最小值出现在 2011 年秋季，为 0.02 mg/L(图 5-13b)。东北区总磷浓度最大值出现在 2015 年秋季，为 0.11 mg/L；最小值出现在 2012 年春季，为 0.05 mg/L。西北区总磷浓度最大值出现在 2013 年秋季，为 0.17 mg/L；最小值出现在 2014 年秋季，为 0.07 mg/L。西北区总磷浓度变化趋势和总氮基本上保持一致。总磷浓度的方差分析结果显示，中南区、东北区和西北区之间的区域差异性显著($p=0.000$)。Tamhane's 多重比较结果显示，中南区和东北区总磷浓度显著低于西北区($p=0.000$)，中南区和东北区之间总磷浓度无显著性差异($p=0.099$)。春秋两季比较结果显示，洪湖水体总磷含量春秋两季差异性不显著($p=0.845$)。2012—2015 年四湖总干渠蓝田入湖口的监测数据显示，入湖口的总磷浓度较高，最大值为 0.70 mg/L，最小值为 0.16 mg/L，同期入湖口总磷浓度显著大于洪湖湖体。

5.4.2 水质综合评价结果时空分析

2011—2015 年洪湖水体中南区水质综合指数最大值出现在 2012 年春季，为 3.11；最小值出现在 2011 年秋季，为 2.38(图 5-14)。通过对综合水质等级百分比的统计发现，中南区综合水质等级基本上为Ⅱ～Ⅲ类(图 5-15)。东北区水质综合指数最大值出现在 2015 年秋季，为 3.58；最小值出现在 2012 年春季，为 2.68。东北区综合水质等级基本上为Ⅲ～Ⅳ类，反映了全湖水体水质的平均水平。西北区水质综合指数最大值出现在 2013 年春季，为 3.95；最小值出现在 2014 年秋季，为 2.82。西北区综合水质等级不同采样时间波动较大，介于Ⅲ～Ⅴ类之间，其中 2013 年水质状况最差，春季和秋季综合水质等级为Ⅴ类的采样点分别占该区域的 60%和 40%，主要由于该区域主要污染物总氮总磷浓度明显升高，成为综合水质下降的主导因素。

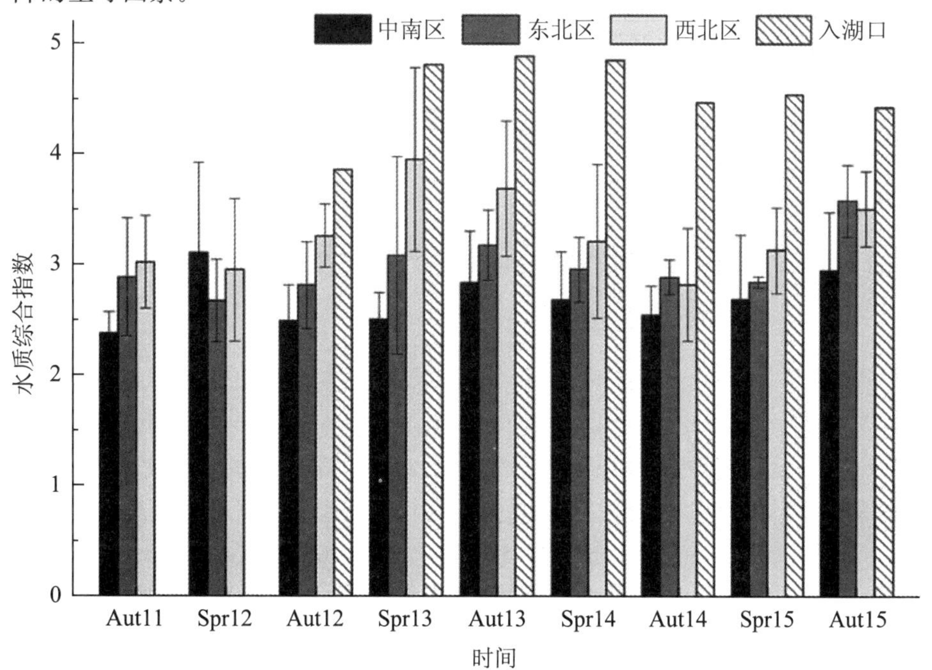

图 5-14 2010—2015 年洪湖水体水质综合指数不同区域变化

水质综合指数的方差分析结果显示，中南区、东北区和西北区之间的区域差异性显著（$p=0.000$）。Tamhane's 多重比较结果显示，洪湖水体中南区水质综合指数显著低于东北区（$p=0.001$），东北区水质综合指数显著低于西北区（$p=0.013$）。春秋两季比较结果显示，洪湖水体水质综合指数春秋两季差异性不显著（$p=0.773$）。2012—2015 年四湖总干渠蓝田入湖口的综合评价结果显示，入湖口水质等级多年来属于劣五类，水质综合指数最高可达到 4.89(2013 年秋季)。

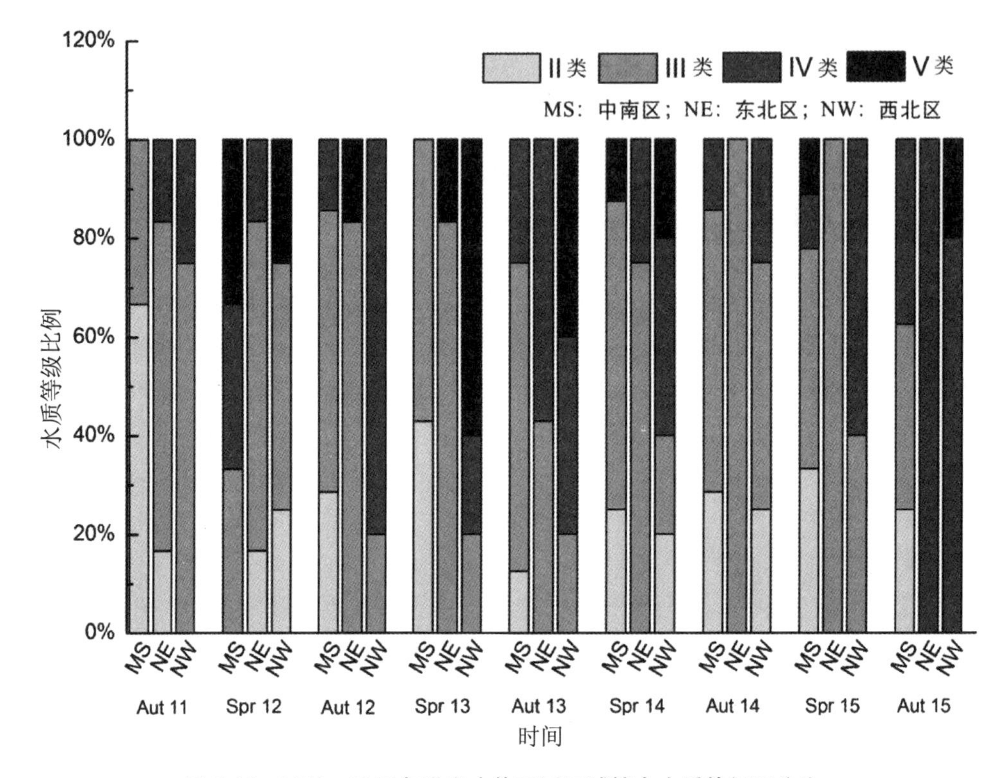

图 5-15　2011—2015 年洪湖水体不同区域综合水质等级百分比

5.5　洪湖水环境变化驱动力分析

通过对洪湖水质年际变化分析以及对水环境和沉水植被的空间变化分析结果显示，1990—2015 年，在对洪湖开发利用以及实施恢复措施的影响下，洪湖水环境年际变化显著；近五年来洪湖水质整体呈现出西北区最差、东北区次之，中南区最好的分布规律；沉水植被生物量和多样性指数中南区显著高于东北区和西北区。基于此将影响洪湖水环境的因素主要概括为以下三个方面：一是通过地表径流携带的入湖污染物；二是湖泊水产养殖等活动带来的污染物排放；三是职业渔民的非法操作，大规模绞草、拖螺以及水葫芦等外来物种的大量繁殖等对洪湖水环境也造成了一定的影响。

5.5.1 地表径流入湖

洪湖的径流入湖污染主要来自四湖流域上游的工业废水、城镇和农村生活污水，以及农业面源污染，这些污水主要经过四湖总干渠汇入洪湖。随着湖区人口的增加，工农业生产规模的扩大，污水不经处理地大量排放，部分区域已超出了洪湖正常的自净能力范围。近年，洪湖周边乡镇企业数量增多，部分企业的污染废水的超标排放加剧了水质污染程度。在农业生产中对饵料、化肥、农药等化学物质用量逐年增加，未被有效利用的化肥和农药随地表径流进入湖泊，加剧了湖泊的富营养化。2004－2005 年洪湖污染水入湖量统计结果显示，由地表径流携带的总氮入湖量每年可达到 3547.6 t，占总氮输入总量的 51.0%；总磷入湖量可达到 407.7 t，占总磷输入总量的 62.0%；CODMn 入湖量可达 10 172.4 t，占 CODMn 输入总量的 76.3%[9]。径流入湖污染负荷导致养殖围网拆除后洪湖总体水质较难恢复到 20 世纪 90 年代的平均水平，尤其是靠近蓝田河口处的西北区，水质常年处于Ⅳ类(图 5-15)。

5.5.2 围网养殖

20 世纪 80 年代末开始的围网养殖是影响洪湖水环境的重要因素。一方面随着围网养殖面积的扩大，投放的饲料及鱼类排泄物剧增，使水体中的有机物和营养物质含量上升；另一方面大规模的围栏会阻滞水流，使活水变成死水，降低了湖水的更新速度；再者，湖泊中的水草被鱼蟹等大量消耗和渔民过度打捞，资源枯竭，从而降低了水草对湖水的净化功能，加剧了水体污染状况的恶化。

1995 年以前，围网养殖发展缓慢，水质整体可以达到Ⅱ～Ⅲ类。1996－2004 年，围网养殖发展迅速，洪湖水质迅速恶化。尤其是 2000 年以后，洪湖围网养殖开始失控，非法围养、过度开发的现象屡禁不止。据洪湖湿地保护区管理局测量统计，截至 2004 年底，洪湖水域内圈养面积达到 71%，围网面积达 25 133 hm^2，大大超过了湖泊自身的生物承载能力。2004－2005年洪湖污染水入湖量统计结果显示，洪湖每年大湖围网和湖周精养输入的总氮量为 3047.7 t，占总氮输入总量的 43.8%；输入的总磷量为 241.6 t，占总磷输入总量的 36.8%；CODMn 入湖量可达 1914.8t，占 CODMn 输入总量的 14.4%[9]。随着 2005 年开始核心区禁渔工程的开展，到 2006 年 6 月底，洪湖的围网面积已减少到全湖面积的 20%左右；核心区植被覆盖率恢复到 90%以上，洪湖大湖沉水植被覆盖率由不到 40%恢复到近 60%[10]，洪湖水质状况也从之前的Ⅳ类恢复到Ⅲ类，局部区域达到Ⅱ类水。2009 年以后，围网养殖现象的回升导致水质略有下降，水质变化为Ⅲ ～ Ⅳ类(图 5-7)[11]。

5.5.3 其他因素

除了入湖污染和围网养殖外，洪湖大规模绞草、拖螺等人类活动对洪湖水质产生了不可估量的影响。洪湖水生植物有净化水体、吸收水体中的营养物质、减小水流流速、抑制浮游植物繁殖、缓解水体富营养化风险等多种功能。大规模绞草一方面降低了湿地植物净化水质的功能；另一方面扰动了底泥，可能促进了沉积物再悬浮，导致水体透明度的下降。大面积拖螺等非法作业，打破了底泥与水体营养物质平衡，使底泥与水体营养元素交换频繁，同时使水草在鱼蟹消耗和渔民打捞的基础上遭到更严重的破坏，湖水自净能力减弱，水体浑浊，加剧了洪湖水质的恶化。另外，洪湖存在大面积外来入侵物种水葫芦、水花生等。这些入侵物种的大量繁殖也有可能造成洪湖水生态环境的破坏。2015 年下半年，洪湖西北部水葫芦繁殖迅速，洪湖水体水质大部分已降为Ⅳ类(图 5-15)。水葫芦的大面积繁殖不仅阻断了水流，还会降低水体的溶解氧含量，再加上水葫芦根系对悬浮物的捕获以及水葫芦的腐烂会造成水质的下降[12]。

参考文献

[1] 王学雷. 湖北湿地保护与管理实践[M]. 武汉：湖北科学技术出版社，2014：133-139.

[2] 杨继东，侯晓军. 灰色关联分析在环境质量评价中的应用[J]. 环境工程，1993，(3)：58-61.

[3] 夏军. 区域水环境质量灰关联度评价方法的研究[J]. 水文，1995，(02)：4-10.

[4] 史晓新，夏军. 水环境质量评价灰色模式识别模型及应用[J]. 中国环境科学，1997，(2)：127-130.

[5] 芦云峰，谭德宝，王学雷. 基于灰色模式识别模型的洪湖水质评价初探[J]. 长江科学院院报，2009，26(5)：58-61.

[6] 水艳. 太湖流域平原地区水质综合评价与水资源价值评价研究[D]. 南京：河海大学，2006.

[7] 赵秀春. 灰关联分析法在大沽河青岛段水质评价中的应用[J]. 水生态学杂志，2009，(5)：115-118.

[8] ZHANG L，DU Y，WU S，et al. Characteristics of nutrients in natural wetland in winter：a case study [J]. Environmental Monitoring & Assessment，2012，184(9)：5487-5495.

[9] 李涛. 洪湖水环境变化及驱动机制研究[D]. 武汉：武汉大学，2008.

[10] 陈家宽，雷光春，王学雷. 长江中下游湿地自然保护区有效管理十佳案例分析[M]. 上海：复旦大学出版社，2010.

[11] 张婷. 洪湖水环境变化机制及其与沉水植被响应关系研究[D]. 武汉：中国科学院测量与地球物理研究所，2016.

[12] 王智，张志勇，韩亚平，等. 滇池湖湾大水域种养水葫芦对水质的影响分析[J]. 环境工程学报，2012，6(11)：3827-3832.

第六章 洪湖水环境演变的数值模拟

湖泊具有广阔的水域、缓慢的流速和风浪大等显著特点，湖泊水质模型中源和汇比较复杂，反映了湖泊水体中进行复杂的化学和生物作用[1]。洪湖作为四湖流域的集水区和一个养殖型湖泊，径流负荷和围网养殖负荷的排放是影响洪湖水质优劣的主要驱动力因子。对于调蓄型湖泊而言，地形、流量和气象是影响湖泊流场的重要因素。

本章基于实际的水动力和水质边界条件，利用二维水质模拟软件 MIKE21 对洪湖一个养殖周期内的水动力和水质变化过程进行了模拟，对洪湖水质变化的驱动力因素进行了探讨。

6.1 模型简介和原理

MIKE21 是丹麦水力研究所开发的平面二维数学模型，是一个专业的工程软件包，用于模拟河流、湖泊、水库、河口、海湾、海岸及海洋的流场问题，以及基于流场下的波浪、泥沙运移和环境问题，如污染物平流扩散、富营养化和重金属等。模拟结果主要取决于边界条件、污染源负荷以及外部作用力，如温度、太阳辐射、盐度等[2]。MIKE21 曾在丹麦、埃及、澳大利亚等国家及中国香港、台湾地区得到成功应用，在平面二维自由表面流数值模拟中具有强大的功能。MIKE21 的边界条件中可以灵活地设置开边界和闭边界，对开边界可以自由选择流量过程或水位过程，对于水文条件复杂的湖泊水动力过程的模拟具有较好的适用性。对流扩散模块中包含降雨和蒸发的污染物浓度输入，可采用该工具对研究区面源围网养殖负荷进行定量化[3]。

6.1.1 水动力模块原理

MIKE21 中水动力学模块(HD)是软件中最核心的基础模块，模拟由于各种作用力的作用而产生的水位及水流变化。它包括了广泛的水力现象，可用于任何忽略分层的二维自由表面流的模拟。该模块为泥沙运移和环境模拟提供水动力学的计算基础。模型利用交替方向隐式差分法(ADI)二阶精度的有限差分法对动态流的连续方程和动量守衡方程求解[4]。模型是基于三向不可压缩和 Reynolds 值均布的 Navier—Stokes 方程，并服从于 Boussinesq 假定和静水压力的假定。描述风生湖流的平面二维非恒定浅水基本方程组，见式 6－1、式

6—2和式 6—3[5]。

$$\frac{\partial \zeta}{\partial t}+\frac{\partial p}{\partial x}+\frac{\partial q}{\partial y}=\frac{\partial d}{\partial t} \tag{6-1}$$

$$\frac{\partial p}{\partial t}+\frac{\partial}{\partial x}(\frac{p^2}{h})+\frac{\partial}{\partial x}(\frac{pq}{h})+gh\frac{\partial \zeta}{\partial x}+\frac{gp\sqrt{p^2+q^2}}{C^2 \cdot h^2}-\frac{1}{\rho_w}[\frac{\partial}{\partial x}(h\tau_{xx})+\frac{\partial}{\partial y}(h\tau_{xy})]-$$

$$\Omega_q-fVV_x+\frac{h}{\rho_w}\frac{\partial}{\partial x}(P_a)=0 \tag{6-2}$$

$$\frac{\partial q}{\partial t}+\frac{\partial}{\partial y}(\frac{q^2}{h})+\frac{\partial}{\partial x}(\frac{pq}{h})+gh\frac{\partial \zeta}{\partial y}+\frac{gp\sqrt{p^2+q^2}}{C^2 \cdot h^2}-\frac{1}{\rho_w}[\frac{\partial}{\partial y}(h\tau_{yy})+\frac{\partial}{\partial x}(h\tau_{xy})]-$$

$$\Omega_q-fVV_y+\frac{h}{\rho_w}\frac{\partial}{\partial xy}(P_a)=0 \tag{6-3}$$

式中:$h(x,y,t)$为水深(m);

$d(x,y,t)$为随时间变化的水深(m);

$\zeta(x,y,t)$为水位(m);

$p(x,y,t)$, $q(x,y,t)$分别为 x 和 y 方向上的流量密度($m^3 \cdot s^{-1}/m$),$(p,q)=(uh, vh)$,u 和 v 分别为 x 和 y 方向上的平均流速(m/s);

$C(x,y)$为 Chezy 阻力系数($m^{1/2}/s$);

g 为重力加速度(m/s^2);

$f(V)$为风摩擦系数;

V,V_x,V_y 分别为风速及 x,y 方向上的分速度(m/s);

$\Omega(x,y)$为 Coriolis 系数,等于 $2 \cdot \omega \cdot \sin\Psi$,$\omega$ 为地球自转角速度,Ψ 为研究区所处纬度;

$P_a(x,y,t)$为大气压力($kg \cdot m^{-1}/s^2$);

ρ_w 为水密度(kg/m^3);

x,y 为空间坐标;

t 为时间(s);

τ_{xx}, τ_{xy}, τ_{yy}为有效剪应力的组成部分。

6.1.2 对流扩散模块原理

对流扩散模块(AD)描述水体中溶解物由于对流和扩散作用的传输过程,该过程的平面二维控制方程式如式 6—4 所示。

$$\frac{\partial hC}{\partial t}+\frac{\partial uhC}{\partial x}+\frac{\partial vhC}{\partial y}=\frac{\partial}{\partial x}(D_h\frac{\partial C}{\partial x})+\frac{\partial}{\partial y}(D_h\frac{\partial C}{\partial y})-k_phC+C_sS \tag{6-4}$$

式中:C 为污染物浓度(mg/L),标量;

h 为水深(m),由水动力学模块提供;

u,v 分别为 x 和 y 方向上的水平速度分量(m/s),由水动力学模块提供;

D_h 为 x 和 y 方向上的平流扩散系数(m^2/s);

k_p 为一阶线性衰减系数(sec^{-1});

C_s 为源汇处的污染物浓度(mg/L);

S 为源汇处流量($m^3 \cdot s^{-1}/m^2$)。

6.1.3 模型数值解法

1. 空间离散

计算区域的空间离散是用有限体积法 FVM(Finite Volume Method),将计算区域划分成一系列连续但互不重叠的单元,单元可以是任意形状的多边形,但在这里只考虑三角形和四边形单元。使每个单元包围一个网格点,以网格点上的因变量数值为未知数,假定各变量在网格点间的变化规律,将待解的微分方程对每一个网格点积分,得出一组离散方程,结合边界条件和初始条件求得数值解[6]。

浅水方程组的通用形式一般可以写成:

$$\frac{\partial U}{\partial t}+\nabla \cdot F(U)=S(U) \tag{6-5}$$

式中:U 为守恒型物理向量;F 为通量向量;S 为源项。

在笛卡尔坐标系中,二维浅水方程组可以写为:

$$\frac{\partial U}{\partial t}+\frac{\partial(F_x^I-F_x^V)}{\partial x}+\frac{\partial(F_y^I-F_y^V)}{\partial y}=S \tag{6-6}$$

式中:上标 I 和 V 分别为无粘性的和粘性的通量。各项分别如下:

$$U=\begin{bmatrix} h \\ hu \\ hv \end{bmatrix},F_x^I=\left[hu^2+\frac{1}{2}g(h^2-d^2)\right],F_x^V=\begin{bmatrix} 0 \\ hA(2\frac{\partial u}{\partial x}) \\ hA(\frac{\partial u}{\partial y}+\frac{\partial v}{\partial x}) \end{bmatrix},$$

$$F_y^I=\begin{bmatrix} hv \\ huv \\ hv^2+\frac{1}{2}g(h^2-d^2) \end{bmatrix},F_y^V=\begin{bmatrix} 0 \\ hA(\frac{\partial u}{\partial y}+\frac{\partial v}{\partial x}) \\ hA(2\frac{\partial v}{\partial x}) \end{bmatrix},$$

$$S=\begin{bmatrix} 0 \\ g\eta\frac{\partial d}{\partial x}+fvh-\frac{h}{\rho_0}\frac{\partial P_a}{\partial_x}-\frac{gh^2}{2\rho_0}\frac{\partial \rho}{\partial x}-\frac{1}{\rho_0}(\frac{\partial s_{xx}}{\partial x}+\frac{\partial s_{xy}}{\partial y})+\frac{\tau_{sx}}{\rho_0}-\frac{\tau_{bx}}{\rho_0}+h\mu_s \\ g\eta\frac{\partial d}{\partial y}+fuh-\frac{h}{\rho_0}\frac{\partial P_a}{\partial_y}-\frac{gh^2}{2\rho_0}\frac{\partial \rho}{\partial y}-\frac{1}{\rho_0}(\frac{\partial s_{yx}}{\partial x}+\frac{\partial s_{yy}}{\partial y})+\frac{\tau_{sy}}{\rho_0}-\frac{\tau_{by}}{\rho_0}+hv_s \end{bmatrix} \tag{6-7}$$

对方程(6-7)第 i 个单元积分,并运用 Gauss 原理重写可得出:

$$\int_{A_i}\frac{\partial U}{\partial t}d\Omega+\int_{\Gamma_i}(F\cdot n)ds=\int_{A_i}S(U)d\Omega \tag{6-8}$$

式中:A_i 为单元Ω_i 的面积;Γ_i 为单元的边界;ds 为沿着边界的积分变量。这里使用单点求积法来计算面积的积分,该求积点位于单元的质点,同时使用中点求积法来计算边界积分,方程(6-9)可以写为:

$$\frac{\partial U_i}{\partial t}+\frac{1}{A_i}\sum_{j}^{NS}F \cdot n\Delta\Gamma_j=S_i \tag{6-9}$$

式中：U_i 和 S_i 分别为第 i 个单元的 U 和 S 的平均值，并位于单元中心；NS 是单元的边界数；$\Delta\Gamma_j$ 为第 j 个单元的长度。

一阶解法和二阶解法都可以用于空间离散求解。对于二维的情况，近似的 Riemann 解法可以用来计算单元界面的对流流动。使用 Roe 方法时，界面左边的和右边的相关变量需要估计取值。二阶方法中，空间准确度可以通过使用线性梯度重构的技术来获得。而平均梯度可以用由 Jawahar 和 Kamath 于 2000 年提出的方法来估计，为了避免数值振荡，模型使用了二阶 TVD 格式。

有限体积法可以认为是一种结合有限元方法改进的有限差分法，在网格点间变量分布时，借鉴了有限元的思想，在离散过程中应用的仍然是有限差分的方法。在网格布置时，往往采用交错网格，将不同的物理量布置在不同的节点上。有限体积法无论网格尺度大小，离散方程组均能很好地满足守恒定律，具有较好的计算精度；网格剖分灵活，几何误差小，便于处理复杂边界条件，对于不同的网格很容易同时使用[7]。

2. 时间积分

方程的一般形式为式(6-10)。

$$\frac{\partial U}{\partial t}=G(U) \tag{6-10}$$

对于二维模拟，浅水方程的求解有两种方法：一种是低阶方法，另一种是高阶方法。低阶方法即低阶显式的 Euler 方法，见式(6-11)。

$$U_{n+1}=U_n+\Delta t G(U_n) \tag{6-11}$$

式中：Δt 为时间步长。

高阶的方法使用了二阶的 Runge Kutta 方法，见式(6-12)。

$$U_{n+1/2}=U_n+\frac{1}{2}\Delta t G(U_n)$$

$$U_{n+1}=U_n+tG(U_{n+1/2}) \tag{6-12}$$

3. 模型的稳定性条件

为了保持模型计算的稳定性，模拟中时间步长的设定必须保证 CFL 数(Courant－Friedrich Levy) 小于 1，为保证所有网格点 CFL 数均满足该限制条件，模型中时间步长的取值采用浮动范围的方式。因此模型中用户需设定最小和最大时间步长范围，相应扩散方程的时间步长在模型的计算过程中自动与主时间步长相匹配。对于笛卡尔坐标下的浅水方程式，CFL 数定义为式(6-13)。

$$\mathrm{CFL}_{HD}=(\sqrt{gh}+|u|)\frac{\Delta t}{\Delta x}+(\sqrt{gh}+|v|)\frac{\Delta t}{\Delta y} \tag{6-13}$$

式中：h 为总水深；u 和 v 分别为流速在 x 和 y 方向上的水平速度分量；g 是重力加速度；Δx 和 Δy 是计算单元上 x 和 y 方向的特征长度；Δt 是时间间距。Δx 和 Δy 近似于三角形格网中的最小边长，水深和流速值为三角形网格中心的取值。

对流扩散方程在笛卡尔坐标上的 CFL 数定义为式(6-14)。

$$\mathrm{CFL}_{AD}=|u|\frac{\Delta t}{\Delta x}+|v|\frac{\Delta t}{\Delta y} \tag{6-14}$$

6.2 围网养殖氮磷污染负荷估算

6.2.1 围网养殖污染负荷估算研究方法

近年来，洪湖的淡水养殖业发展迅速，养殖面积和生产规模不断扩大。在养殖过程中，养殖户为追求高产，往往投放过量的饵料，鱼类进食后留下的残饵以及排泄物的量也随之增大，导致大量的氮、磷营养成分进入水环境[8]。溶解态的氮磷使得水体中的氮磷浓度增加，非溶解态的氮磷在养殖区底泥中沉积。人为因素影响下养殖水环境的氮、磷循环发生了很大改变[9]。国内外学者对淡水养殖污染负荷估算模型主要是计算氮和磷的负荷量，目前主要采用的方法有化学分析法、竹内俊郎法、物料平衡法等。

1. 化学分析法

化学分析法根据封闭水域内测定的进水和排水中的污染物质总量，以及养殖过程中的总外排水量来确定养殖活动向水环境排放的污染物质总量[10]。其计算公式为：

$$M=Q\times(C_{\mathrm{out}}-C_{\mathrm{in}}) \tag{6-15}$$

式中：M 为污染物排放总负荷；Q 为排出的水量；C_{out} 为出水口的污染物浓度；C_{in} 为进水口的污染物浓度。

2. 竹内俊郎法

竹内俊郎法的原理是从投喂饵料的营养成分中，扣除蓄积在养殖生物体内的量，剩余的就是环境负荷量。该方法是通过养殖过程中污染物质输入输出平衡方程间接推算的，是物料平衡法的简化[11]。计算公式为：

$$\begin{aligned}M_{\mathrm{N}}&=(C\times F_{\mathrm{N}}-B_{\mathrm{N}})\times 10^3\\ M_{\mathrm{P}}&=(C\times F_{\mathrm{P}}-B_{\mathrm{P}})\times 10^3\end{aligned} \tag{6-16}$$

式中：C 为饵料系数(又称增肉系数)；F_{N} 和 F_{P} 为饵料中氮、磷的含量(%)；B_{N} 和 B_{P} 分别为生物体内的氮、磷含量(%)。

3. 物料平衡法

物料平衡法是根据饵料投喂量、生物量和营养物质在养殖生物体内的氮磷含量来计算污染负荷量的[12]。该方法认为饵料是养殖系统内直接产生营养物质的唯一来源，因此通过投喂饵料的总量与被养殖生物体所利用部分的差值来计算总的污染负荷量，通过一系列的物质平衡关系式计算污染物排放量。养殖水体中氮或磷的污染负荷可由养殖生态系统输入的氮或磷减去养殖生态系统输出的氮或磷得到[13]。

张玉珍等[14]的研究结果发现，化学分析法只考虑水体中溶解态和悬浮态的氮、磷浓度，未考虑底泥中的氮磷污染物量，对养殖氮、磷负荷量的计算结果偏小；竹内俊郎法从偏安全的角度计算的养殖产生的氮、磷环境负荷量，计算结果偏大；物料平衡法遵循物质平衡原理，即养殖水体内输入的总氮(总磷)量等于投入中各种物质的总氮(总磷)量和养殖生物体内总氮(总磷)量之和,其计算结果介于化学分析法和竹内俊郎法之间,比较符合实际。因此,本章选用物料平衡法对洪湖围网养殖总氮和总磷负荷进行估算。

6.2.2 洪湖围网养殖区提取

对湖泊围网养殖区识别的方法主要有人工目视解译和采用多光谱遥感数据源,基于比值指数分析、对应分析、空间结构分析和面向对象的信息提取等。由于围网养殖区和自然水体光谱特征比较接近,利用多光谱区分湖泊围网养殖区和其他水体类型很容易混淆。而目视解译是遥感应用最常用、最基本的方法之一。它根据遥感图像的目标及周围的影像特征(色调、位置、形状、大小、阴影、纹理、图形及影像上目标的空间组合规律等),与多种非遥感信息资料相结合,运用解译者的专业知识、区域知识和遥感知识,采用对照分析的方法从遥感图像中获取需要的专题信息。目视解译方法简单易行,具有较高的信息提取精度。

本章采用目视解译法,结合 RTK(Real-time kinematic)动态实时定位测量结果对洪湖围网养殖区信息进行提取。由于 2012 年没有 Landsat8 的遥感影像数据,本章节采用遥感影像数据为 2013 年 6 月 13 日 Landsat8 OLI 第 8 波段 15m 分辨率全色波段数据。据了解,2012—2013 年洪湖没有大面积的拆围行动,因此可以假设 2012—2013 年围网养殖面积区没有发生变化。影像数据来源于地理空间数据云(http://www.gscloud.cn/)。

解译结果如图 6-1 所示,洪湖围网养殖区面积为 121.6 km²,占全湖面积的 40%。其中东北区围网养殖区面积包括 47.6 km²,占总围网养殖区面积的 39.1%;西北区围网养殖区面积包括 53.3 km²,占总围网养殖区面积的 43.8%;中南区围网养殖区面积包括 20.8 km²,占总围网养殖区面积的 17.1%。

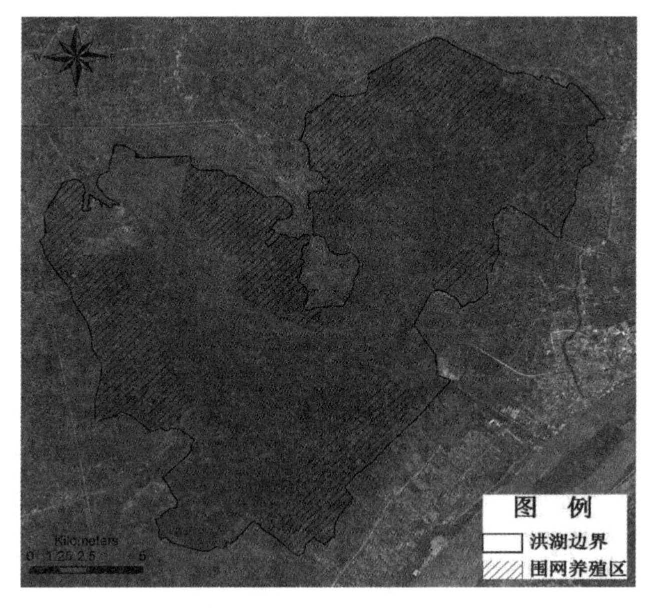

图 6-1 围网养殖区域遥感目视解译结果(2013 年)

6.2.3 洪湖围网养殖氮磷负荷估算结果

调查资料显示，洪湖围网养殖区主要的养殖品种为河蟹，养殖周期大多在每年的4月至11月。基于对河蟹苗种投放量、移植水草量、投放饵料量及河蟹产量的调查结果，本章选用物料平衡法，采用如下估算模型（式6-17）对洪湖围网养殖区氮磷负荷进行估算。

$$M_{i-\text{Load}}=M_{i-\text{Feed}}+M_{i-\text{Juvenile Crabs}}+M_{i-\text{Atmosphere Deposition}}+M_{i-\text{Sediment Release}}-M_{i-\text{Craps Production}}-M_{i-\text{Sediment Depositon}} \tag{6-17}$$

式中：i 为 TN 或 TP；

$M_{i-\text{Load}}$ 为总氮或总磷的围网养殖区负荷量；

$M_{i-\text{Feed}}$ 为投入的水草和饵料的总量；

$M_{i-\text{Juvenile Crabs}}$ 为幼蟹的总氮或总磷含量；

$M_{i-\text{Craps Production}}$ 为收获成蟹的总氮或总磷含量；

$M_{i-\text{Atmosphere Deposition}}$ 为大气沉降总量；

$M_{i-\text{Sediment Release}}$ 和 $M_{i-\text{Sediment Depositon}}$ 分别为底泥释放和沉积的总量。

通过对洪湖西北区示范区附近的围网养殖户的实地调查情况可知，该养殖户养殖面积为100亩（约6.67 hm^2，1亩≈666.67 m^2），养殖的品种为河蟹，4月初投放幼蟹苗数量为500 kg，平均400只/亩（0.012～0.014 kg/只）。投放的水草微齿眼子菜、伊乐藻等，数量约为5000 kg/周。投放的饵料为小杂鱼，数量约为40 kg/天。11月中旬开始收获，收获成蟹为4000 kg。通过计算可得，该养殖周期内养殖区投放幼蟹规模为74.96 kg/hm^2，投放的水草规模为23 452.56 kg/hm^2，投放的饵料规模为1313.34 kg/hm^2，收获成蟹规模为599.70 kg/hm^2。

通过文献资料可知，河蟹、水草和小杂鱼的N含量分别为22.4 g/kg、2.6 g/kg、27.5 g/kg，P含量分别为1.45 g/kg、0.39 g/kg、4.1 g/kg。计算可得幼蟹、水草、饵料和成蟹的总氮负荷分别为1.68 kg/hm^2、60.98 kg/hm^2、36.12 kg/hm^2、13.43 kg/hm^2，总磷负荷分别为0.11 kg/hm^2、9.15 kg/hm^2、5.38 kg/hm^2、0.87 kg/hm^2，如表6-1所示。

表6-1 洪湖围网养殖过程各输入输出项氮磷负荷估算

类别	幼蟹	水草	小杂鱼	收获成蟹
重量(kg/hm^2)	74.96	23452.56	1313.34	599.70
含氮量 (g/kg)	22.4	2.6	27.5	22.4
含磷量 (g/kg)	1.45	0.39	4.1	1.45
总氮负荷 (kg/hm^2)	1.68	60.98	36.12	13.43
总磷负荷 (kg/hm^2)	0.11	9.15	5.38	0.87

根据《洪湖水污染防治规划》的估算结果，洪湖来自干湿沉降的氮磷污染物入湖量分别为360 t/a和7.9 t/a。郑丹楠等[15]利用区域空气质量模式Model－3/CMAQ对我国2010年氮沉降的模拟结果显示，湖北省的总氮排放通量约为20 kg/(hm^2·a)。Ma等[16]对湖北省三峡地区大气沉降氮磷浓度估算结果分别为1.65 mg/L和0.05 mg/L。根据上述结果的

分析估算得到洪湖一个养殖周期内大气沉降总氮和总磷的排放通量分别为 11.74 kg/hm² 和 0.26 kg/hm²。

由于缺乏洪湖氮磷底泥沉积和释放的数据和资料，本章假设洪湖总氮和总磷的底泥沉积量和底泥释放量相同。根据物料平衡法的估算模型(式 6-17)，得到洪湖一个养殖周期内，围网养殖活动对水体总氮和总磷的污染负荷量计算为 97.08 kg/hm² 和 14.03 kg/hm²(图 6-2)。

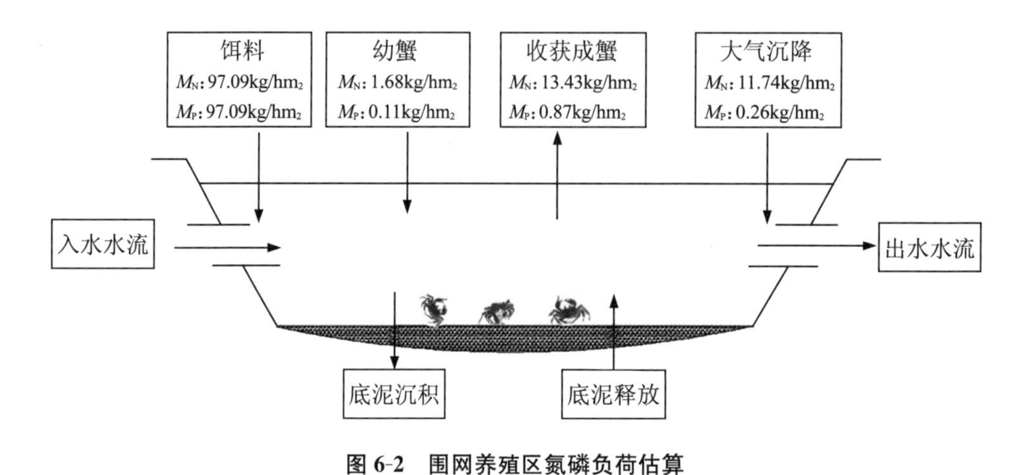

图 6-2　围网养殖区氮磷负荷估算

6.3　水动力模型的建立、率定和验证

6.3.1　模拟时间

结合洪湖的养殖周期和实测的水环境理化数据，本研究将模型初始时间设置为 2012 年 4 月 7 日 8 时，时间间隔设定为 3600 s。率定时间段设定为 2012 年 4 月 7 日 8 时至 2012 年 8 月 21 日 8 时，时间步数为 3264 步；模型验证时间段设为 2012 年 8 月 21 日 8 时至 2012 年 11 月 12 日 8 时，时间步数为 1992 步。

6.3.2　地形文件的建立

对洪湖遥感影像运用 Arcmap 对洪湖水体边界进行矢量化，转成 MIKE21 可操作的 xyz 文件(所采用 MIKE 软件为 2007 版本)。运用网格生成器工具在 MIKE21 里生成洪湖的陆地边界，即陆地和水之间的边界。洪湖的出入口数量多，水文条件比较复杂。本章节在所掌握的水文资料的基础上，主要考虑蓝田和下新河两个入水口，小港、张大口和新堤三个出水口，在以上主要出入水口的位置(图 6-3)设置了 5 个开边界，其余为闭边界。如图 6-4 所示数字所指点位开边界处理结果，其中，1 和 2 分别代表蓝田和下新河；3、4、5 分别代表小港、张大口和新堤。开边界可以指定为流量过程或者是水位过程。沿着闭边界所有垂直于边界流动的变量为 0(如图 6-4 除数字所指的其他点位所示)。由于边界复杂且不规则的特点，采用非结构三角网格对计算区域进行网格划分，对空间上进行离散化。经平滑处理后，得到 4058 个计算网格和 2208 个计算节点。

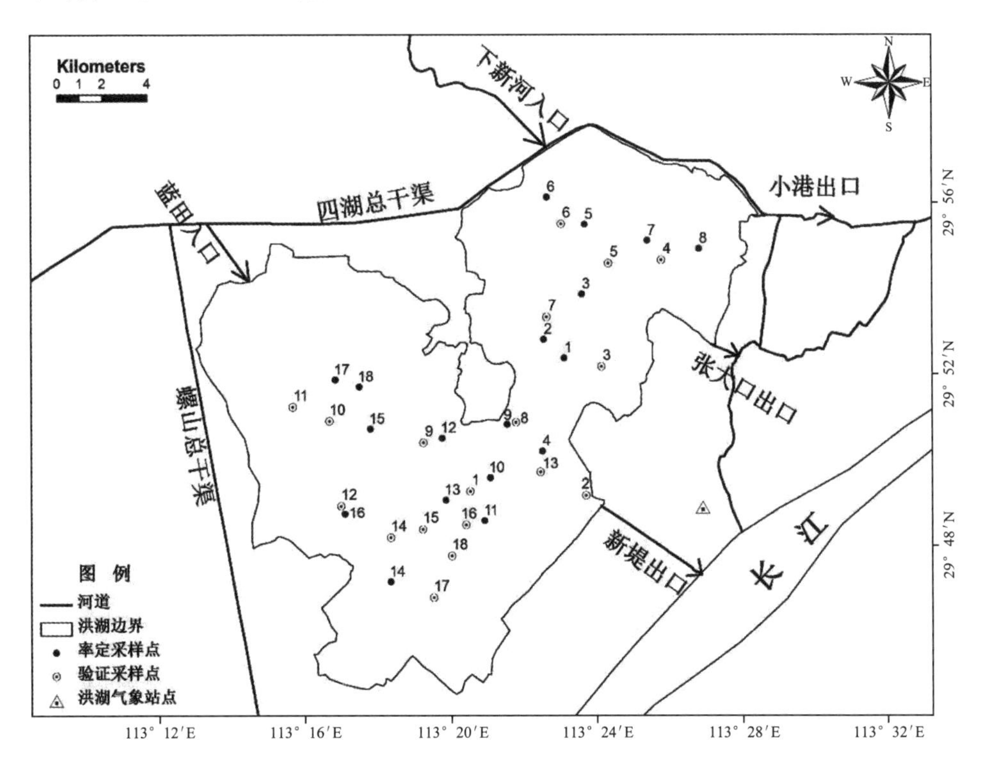

图 6-3 洪湖水质模型率定和验证阶段水质采样点、气象站点及出入水口位置

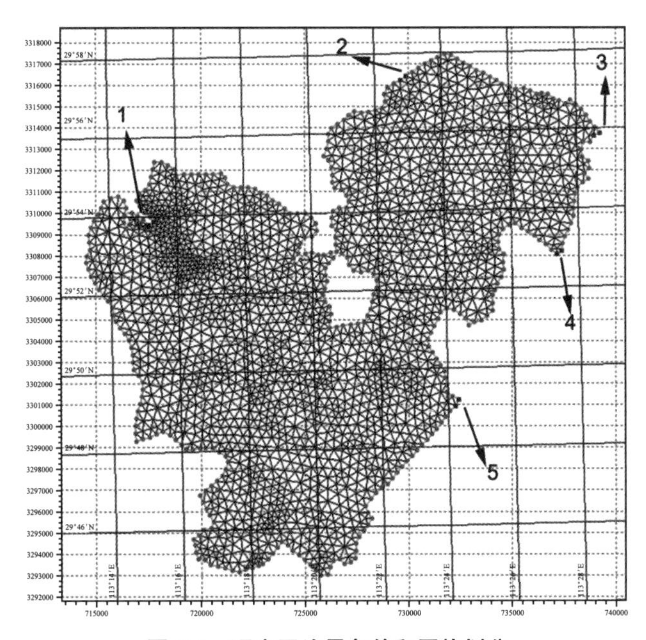

图 6-4 研究区边界条件和网格划分

运用2012年4月7日的实测水深数据和当日挖沟子站的水位值，计算得到洪湖水下地形的散点数据，在网格生成的基础上导入该散点数据，运用自然领域法(natural neighbor)做插值处理，得到研究区的水下地形，如图6-5所示。

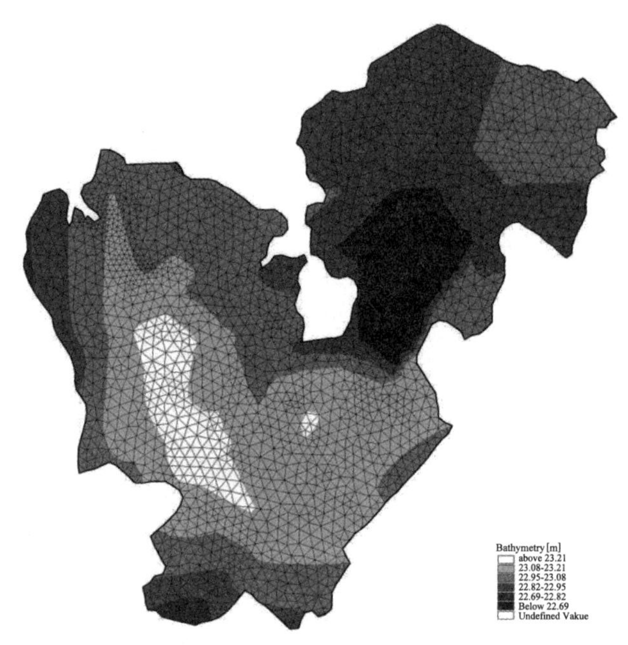

图6-5　2012年4月7日实测数据生成的研究区地形

6.3.3　模型求解

在所模拟的物理过程中，如果对流作用占优势，则应选择较高阶的空间离散格式。如果扩散作用占优势，则较低阶的空间离散格式就可以满足模拟所需精度。一般来说，时间积分和空间离散方法应选择同样的计算精度格式。本研究的时空离散选择低阶的求解格式。水动力学模块CFL数默认设置为0.8。最小和最大时间步长分别默认设置为0.01 s和30 s。

6.3.4　边界条件

模型选用流量过程作为开边界的边界条件，并采用干湿边界处理方法来处理模拟区域中存在的显著的干湿交替区域，避免模型计算中出现的计算失稳问题。

洪湖周围主要的进出水节制闸包括上游四湖总干渠相连接的福田寺防洪闸，与洪排河相连的子贝渊渠上的子贝渊闸以及下新河渠上的下新河闸，与下内荆河相连的小港闸，与蔡家河和老闸河相连的张大口闸，与长江相连的新堤闸。模拟时段内洪湖周边各进出水节制闸的日流量过程如图6-6所示，数据源自荆州水情分中心网站(http://hbjzsw.com/slj/)。模型流量边界数据输入过程中，蓝田边界的流量是将福田寺闸和子贝渊闸的流量之作为输入数据。

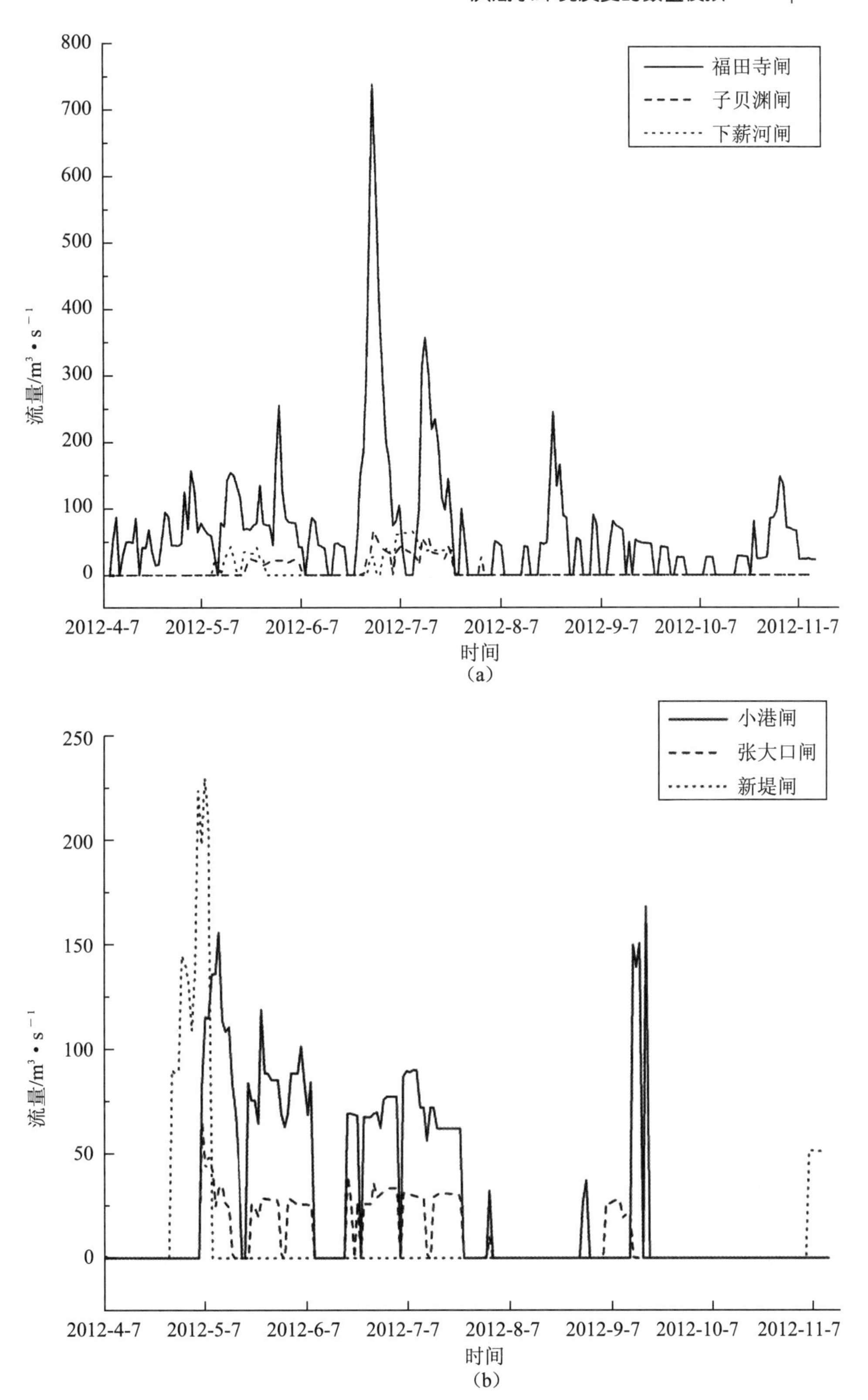

(a)

(b)

图 6-6　模拟时段内洪湖周边各进出水节制闸日流量

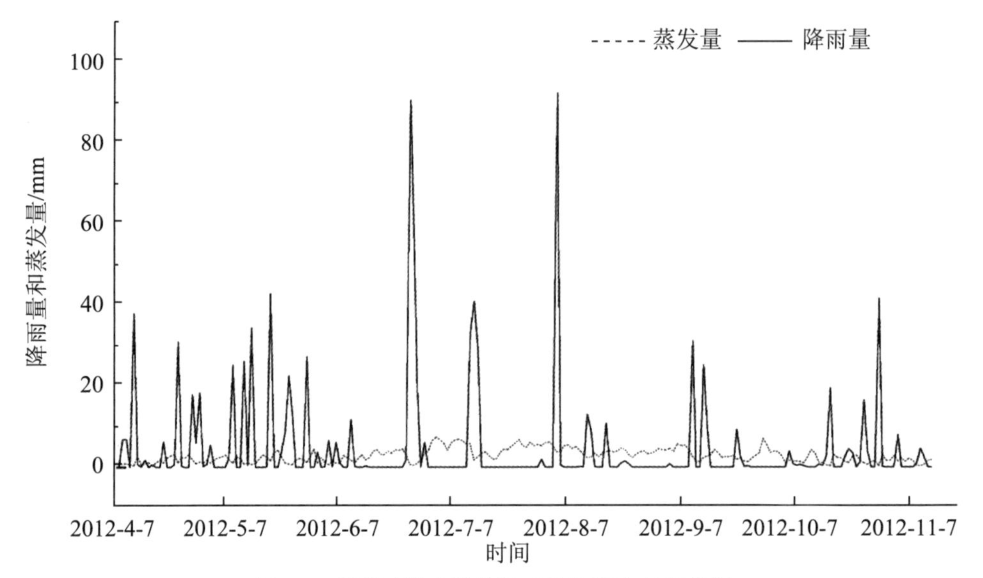

图 6-7　模拟时段内洪湖站日降雨量和日蒸发量

水动力模型中将降雨量和蒸发量作为重要边界条件输入，日蒸发和降雨数据源自中国气象科学数据共享服务网(http://data.cma.cn/)洪湖气象站(图 6-7)的地面气象资料，如图 6-7 所示。模拟时段内降雨量波动较大，日最大降雨量发生在 8 月 4 日，为 92.6 mm。日蒸发量波动较小。

6.3.5　风速和风向等作用力

模拟中主要考虑的外部作用力为风速和风向，采用以日为单位的时间序列数据，其过程如图 6-8 所示。数据同样源自中国气象科学数据共享服务网(http://data.cma.cn/)洪湖气象站的地面气象资料。风场摩擦力设置为常数，为模型默认值 0.001225。

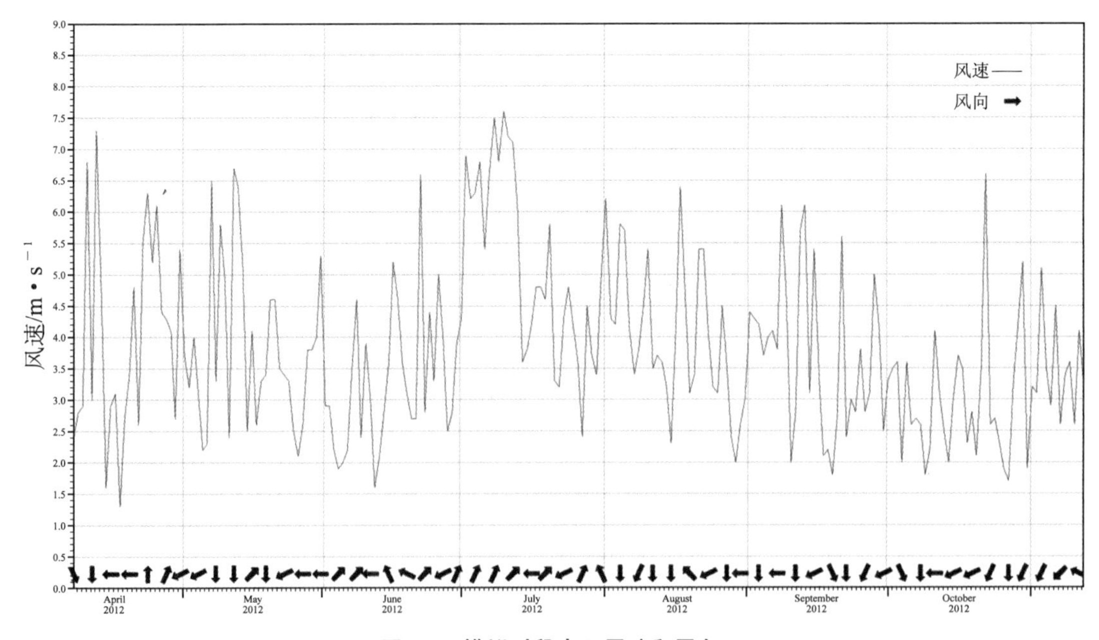

图 6-8　模拟时段内日风速和风向

模型中密度选择正压模型。程序中假定水体密度的变化仅取决于盐度和温度的变化。在正压模式下，温度和盐度作为常数处理，水体密度在整个计算过程中保持恒定不变。科氏力选择在模型范围内设定不同的数值，根据地形文件的坐标信息进行计算。水动力模拟过程中不考虑冰盖、引潮势和波浪辐射应力的作用。

6.3.6 水动力模型率定

利用模拟结果进行参数率定的一般步骤：选择参数初始值，然后利用设置好的模型进行模拟，将模拟值与实测数据进行对比分析，如果两组数据差别较大则需要进行参数的调整，再进行模型的率定，直到获得满意的结果或误差在合理的范围为止，将获得的一组参数作为率定结果。模型参数的准确程度不仅关系到模型模拟结果的准确性，直接反映建立的模型是否能够适用于研究区域。由于不同区域都对应不同的参数集，因此模型具有唯一性和适用性。

本研究采用平均相对误差（Mean Relative Error，MRE）、均方根误差（Root-mean-square Error，RMSE）以及皮尔森相关性系数（R）三个指标对模型的精度进行评价。计算公式分别为：

$$\mathrm{RMSE}=\sqrt{\frac{\sum(S-JM)^2}{n}} \tag{6-18}$$

$$\mathrm{MRE}=\frac{|S-M|}{M\times n}\times 100\% \tag{6-19}$$

$$R=\frac{\sum_{i=1}^{n}(S_i-\overline{S})(M_i-\overline{M})}{\sqrt{\sum_{i=1}^{n}(S_i-\overline{S})^2\sum_{i=1}^{n}(M_i-\overline{M})^2}} \tag{6-20}$$

式中：S 为模拟值；M 为实测值；n 为数据个数。

RMSE 是最常用的衡量模型误差的统计量；MRE 使用百分比来表达模型误差，结果更直观且不受原始数据取值范围的影响；R 可以反映两个数据集之间的线性相关性。采用以上三个指标对模型精度进行评价，能更全面的反映模拟值和实测值之间的误差信息。

本研究利用 MIKE21 中提取数据功能（Data Extraction）从模拟的流场中提取出对应实测数据坐标的模拟数据。利用 2012 年 4 月 7 日至 8 月 21 日实测的五个水文站的日水位实测数据和模拟数据对比来率定水动力模型的参数，包括涡粘系数和曼宁数，日序列水位数据源自荆州水情分中心网站（http://hbjzsw.com/slj/）。

1. 涡粘系数

涡粘系数描述时间上和空间上的不确定性物理过程，程序中将相关预报变量分解成为一个平均值项和一个紊动项，这种处理方式表现在控制方程中即为相应附加应力项。而当引入涡粘系数的概念后，这些物理过程可以通过涡粘系数和平均值项的梯度来体现。因此，在动量方程中的有效切应力包括层流应力和雷诺应力（紊流）。

本章中洪湖二维水动力模型选择 Smagorinsky 公式，通过设定模拟区域内保持不变的涡粘系数常数 Cs 来求解水平涡粘参数（单位：m^2/s）。Smagorinsky 概念式是一个随时间变化的局部流场梯度函数，Smagorinsky 公式见式(6-21)。涡粘系数 Cs 的取值范围为 0.25～1.0。

$$E=C_s^2\cdot\Delta^2\cdot\left[\left(\frac{\partial U}{\partial x}\right)^2+\frac{1}{2}\cdot\left(\frac{\partial U}{\partial y}+\frac{\partial V}{\partial y}\right)^2+\left(\frac{\partial V}{\partial y}\right)^2\right] \tag{6-21}$$

2. 曼宁数

MIKE21 通过设定模拟区域内保持不变的曼宁数 M 来求解底部摩擦力 $\vec{\tau}=(\tau_{bx},\tau_{by})$。底部摩擦力的计算公式为：

$$\frac{\vec{\tau}_b}{\rho_0}=c_f\vec{u}_b|\vec{u}_b| \tag{6-22}$$

式中：c_f 为阻力系数；$\vec{u}_b=(u_b,v_b)$ 为平均水深下的水流速度。c_f 可以通过曼宁数的公式计算，公式见式(6-23)。曼宁数的取值范围为 20～$40^{1/3}$/s。

$$c_f=\frac{g}{(Mh^{1/6})^2} \tag{6-23}$$

模型率定的参数结果为：涡粘系数为 0.6 m^2/s，曼宁数为 20 $m^{1/3}$/s。模型率定阶段各水文站的误差统计结果如表 6-2 所示。五个水文站中，挖沟子站水位的模拟值和实测值拟合结果最好，误差值最小。平均相对误差可达到 0.27%，均方根误差可达到 0.09 m，相关系数可达到 0.937。从水位模拟值和实测值的对比(图 6-9)可以看出，五个水文站水位模拟值曲线和实测值曲线的吻合程度较好。少数几个时间点上模拟水位值和实测水位值之间产生较大偏差，如 5 月 15—23 日，五个水文站点都显示出模拟值低于实测值，7 月 7—12 日，模拟值要高于实测值。分析其原因，一方面可能是由于洪湖复杂的水文环境造成的模拟水位值在时间序列上的误差。洪湖作为重要的工农业水源地，周边分布着许多电灌站和电排站。如 7 月 7—12 日正处于洪湖地区灌溉排水活动比较频繁的季节，许多用于灌溉和排水的取水口没有充分考虑到模型的边界条件中来，使得水位模拟值高于实测值。另一方面，降雨和蒸发等边界条件的设置采用的是时间上变化而区域上不变的设置方式，对大面积研究区的概化可能产生了一定的误差。

表 6-2　各水文站水位率定结果

误差	水文站				
	挖沟子站	新堤站	小港站	下新河站	张大口站
平均相对误差（%）	0.27	0.32	0.30	0.32	0.33
均方根误差（m）	0.090	0.103	0.102	0.108	0.108
相关系数	0.937	0.929	0.904	0.889	0.887

6.3.7　水动力模型验证

在对水动力模型参数率定的基础上，采用相同的参数设置对模型进行验证。利用 2012 年 8 月 21 日—11 月 12 日实测的五个水文站的日水位实测值和模拟值对比来验证水动力模型的模拟效果。模型验证阶段各水文站的误差统计结果如表 6-3 所示。五个水文站中，新堤站水位的模拟值和实测值拟合结果最好，误差值最小。平均相对误差可达到 0.11%，均方根误差可达到 0.035 m，相关系数可达到 0.990。小港站的模拟水位值和实测水位值误差高于其他几个水位站，平均相对误差为 0.52%，均方根误差可达到 0.142 m。从图 6-9 中水位模拟值和实测值的对比可以看出，小港站的模拟水位值要低于实测水位值。挖沟子站和新堤站的模拟值曲线和实测值曲线的吻合程度较好。验证结果说明该水动力模型的参数选择是合理的。

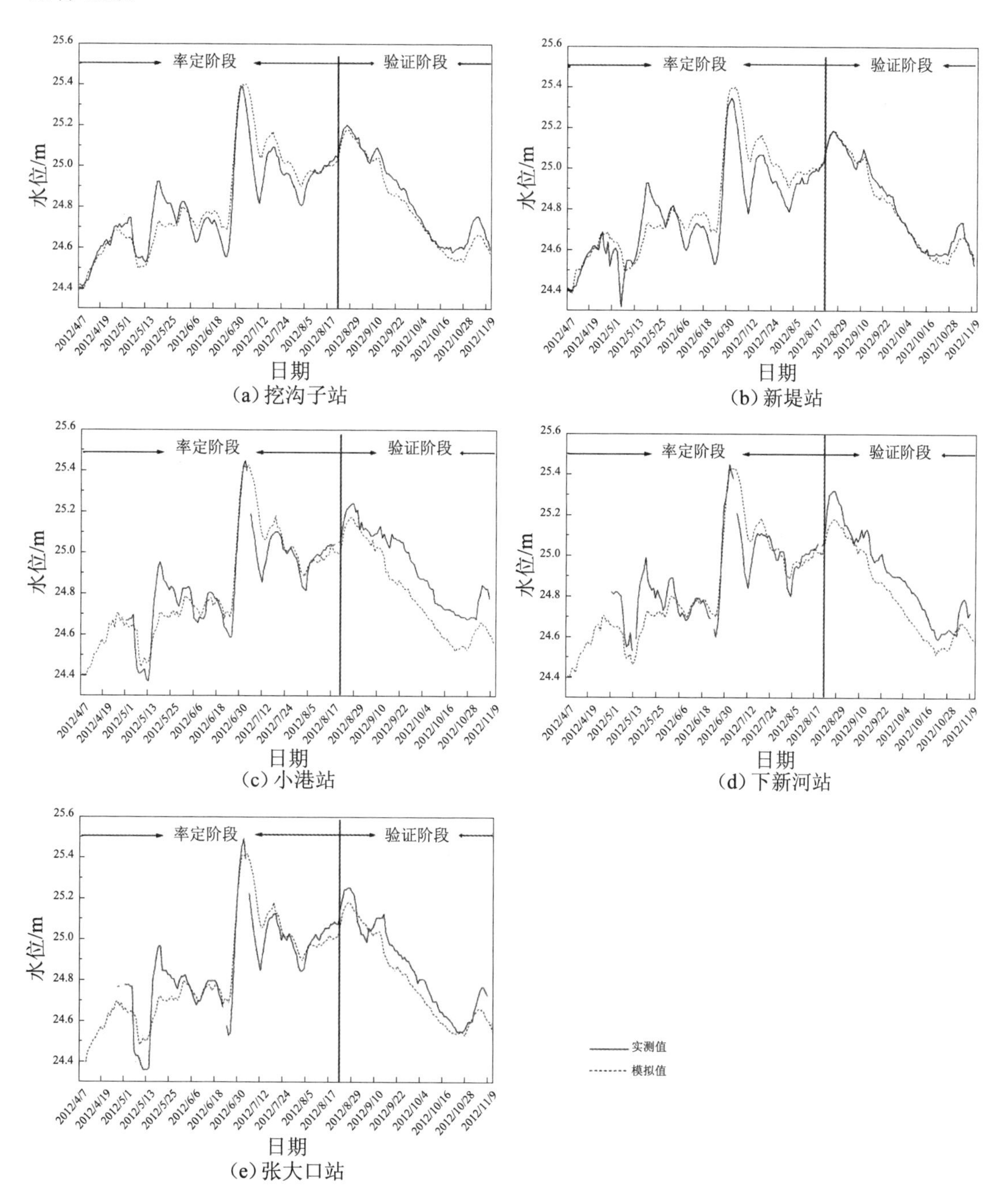

图 6-9 模型率定和验证阶段水位模拟值和实测值的对比

表 6-3 各水文站水位验证结果

误差	水文站				
	挖沟子站	新堤站	小港站	下新河站	张大口站
平均相对误差（%）	0.16	0.11	0.52	0.40	0.27
均方根误差（m）	0.048	0.035	0.142	0.108	0.075
相关系数	0.991	0.990	0.971	0.979	0.975

6.4 水质模型的建立、率定和验证

在水动力模型验证的基础上，添加对流扩散模块（Transport Module）建立洪湖水质模型。根据对洪湖水质因子时空变化的分析，选取总氮、总磷、铵态氮和高锰酸钾指数作为主要的模拟污染物因子。模型的模拟时间、模拟时间间隔、时间步数、时间步长、CFL 数以及时空离散的求解格式都与水动力模型的设置保持一致。

6.4.1 水质因子初始浓度场

在网格生成的基础上导入 2012 年 4 月 7 日实测的散点水质数据，运用自然领域法（natural neighbor）做插值处理，得到水质模型的初始水质浓度场。

6.4.2 径流边界和大气沉降

由于缺乏洪湖入口污染物浓度的时间序列数据，本研究采用多次采样测量的平均值作为常数输入，总氮、总磷、铵态氮和高锰酸钾指数在蓝田入口和下新河入口处的多次测量平均值如表 6-4 所示。

表 6-4 径流边界污染物指标浓度输入值

污染物指标	蓝田入口浓度值(mg/L)	下新河入口浓度值(mg/L)
TN	3.761	2.644
TP	0.285	0.239
NH_4^+-N	1.574	1.203
COD_{Mn}	6.146	4.232

根据对洪湖一个养殖周期内大气沉降总氮和总磷的排放通量的估算，结合降雨量数据得到随降雨输入模型的总氮和总磷浓度分别为 1.18 mg/L、0.03 mg/L。研究显示，我国氮沉降总量中，化学组成上以 NH_x-N（包括 NH_3、NH_4^+ 中的氮）为主，平均占 2/3 以上，据此

估算铵态氮随降雨输入的浓度为 0.79 mg/L。COD_{Mn}随降雨输入的浓度基于《洪湖水污染防治规划》中干湿沉降的估算结果，结合降雨量数据计算得到，为 4.07 mg/L。

6.4.3 围网养殖负荷输入

围网养殖负荷作为研究区面源污染源在水质模型中采用不随时间和空间变化的形式输入。空间上，假设所有围网区域的负荷量是相同的，我们运用 MIKE21 对流扩散模块中通过降雨量输入污染物的形式，将围网养殖负荷量结合降雨量换算成空间分布的污染物浓度场，非围网区域污染物浓度为零。时间上，我们假设一个养殖周期内负荷量在时间上是不变的，将负荷量以日为时间步长输入。

6.4.4 水质模型的率定

通常情况下，污染物在水中迁移转化过程十分复杂，在资料较为缺乏的情况下，考虑太多因素对于提高模型的精度可能并不能起到作用。因此如果建立的多个水质模型具有同等程度的可靠性，通常选择参数较少的水质模型。MIKE21 水质模型中包含的参数包括扩散系数和衰减参数。本研究利用 MIKE21 中提取数据功能(Data Extraction)从模拟的水质场中提取出对应实测数据坐标的模拟数据。利用湖北大学资源环境学院于 2012 年 8 月 21 日实测的 18 个水质实测数据和模拟数据对比来率定水质模型的参数，水质采样点分布如图 6-10 所示。

1. 扩散系数

扩散项主要用来描述不确定的物理过程引起的输移问题，分为平流扩散和垂向扩散。平流扩散现象主要由不确定的涡流引起，而垂向扩散现象主要由近底紊流引起。本研究中洪湖二维水质模型只考虑平流扩散，采用涡粘系数类比公式的方法进行设置，设定涡粘系数比例因子参数，该参数的取值一般接近于 1，本研究将该比例因子参数设定为程序默认值 1.1。

2. 衰减系数

除了对流和扩散等物理过程外，污染物在水体中还会发生一系列重要的生物和化学过程，包括藻类和大型植被的吸收，底泥沉积和大气释放等过程。以铵态氮为例，在实际水环境系统中，铵态氮含量的减少除了由硝化作用引起之外，水生植物的光合作用和呼吸作用、泥沙吸附和挥发作用也是重要因素。

污染物随着时间的衰减用线性过程表示，计算方法如式(6-24)所示。

$$\frac{\partial c}{\partial t}=-kc \tag{6-24}$$

式中：c 为污染物浓度；k 为衰减系数(s^{-1})。

各污染物模拟指标衰减系数的初始值结合文献中实验数据确定，初始值和参考值的对比情况如表 6-5 所示。

表 6-5　各污染物指标衰减系数参考范围和初始值选取

污染物指标	初始值(s^{-1})	参考值(s^{-1})
TN	3.14×10^{-7}	$2.03\times10^{-7}-3.63\times10^{-7}$[17] 3.44×10^{-7}[18]
TP	3.47×10^{-7}	3.09×10^{-7}以上[17]　　3.85×10^{-7}[18]
NH_4^+-N	2.98×10^{-7}	$2.83\times10^{-7}-3.13\times10^{-7}$[17]
COD_{Mn}	1.99×10^{-7}	1.99×10^{-7}[18]

衰减系数的率定过程为，设定好各污染物衰减系数初始值，保持其他参数和边界条件不变，增大或减小衰减系数 1/8 或 1/4，将污染物浓度模拟值与实测值进行对比分析，计算两者之间的平均相对误差、均方根误差和相关系数。如果两组数据误差较大则需要进一步进行进行参数的调整，直到误差在合理的范围内为止，将获得的一组参数作为率定结果。

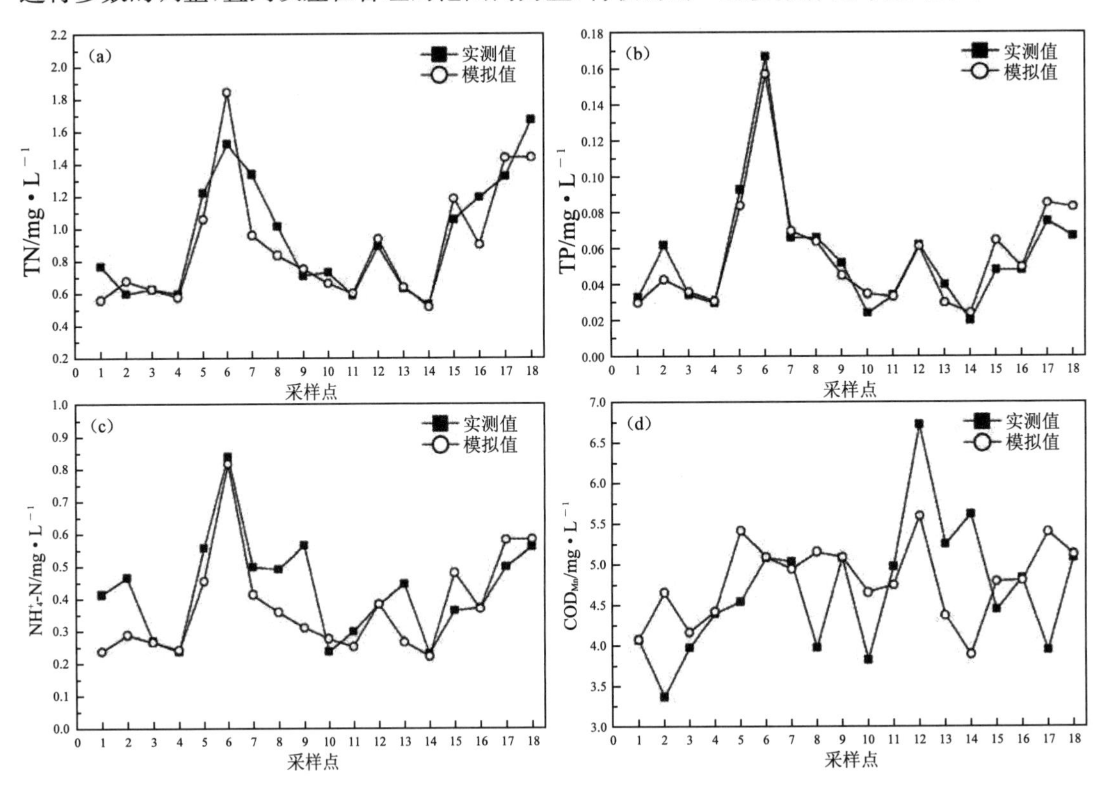

图 6-10　模型率定过程 TN (a)、TP (b)、NH_4^+-N (c)、COD_{Mn} (d) 浓度模拟值和实测值的对比

6.4.5　水质模型的验证

在对水质模型参数率定的基础上，采用相同的参数设置对模型进行验证。利用 2012 年 11 月 12 日实测的 18 个水质采样点(图 6-10)的污染物实测值和模拟值对比来验证水质模型的模拟精度。模型验证的误差统计结果如表 6-6 所示。总氮、总磷和铵态氮的平均相对误

差分别为 15.9%、18.5%和 18.5%，均高于率定阶段的误差值，但仍然在合理的范围内（小于 20%）；均方根误差分别为 0.191 mg/L、0.020 mg/L 和 0.079 mg/L，其中总磷的均方根误差偏大；皮尔森相关系数分别为 0.86、0.85 和 0.80，均高于或等于 0.80，说明氮磷营养盐浓度模拟值和实测值的线性相关性较高。

表 6-6　水质模型验证结果误差统计

误差	污染物指标			
	TN	TP	NH_4^+-N	COD_{Mn}
平均相对误差（%）	15.9	18.5	18.5	8.7
均方根误差（mg/L）	0.191	0.020	0.079	0.689
相关系数	0.86	0.85	0.80	0.78

图 6-11 显示出了 18 个水质采样点 4 个污染物指标模拟值和实测值的对比结果。总氮和铵态氮浓度的模拟值和实测值的吻合程度较好（图 6-11a、图 6-11c）；9、10、12 号采样点位于洪湖西北区，总磷的模拟值与实测值相比偏低（图 6-11b），可能与上文提到的衰减系数值空间上不变的设置对植被覆盖面积较小的区域影响有关。4、5、11、12 号采样点位于洪湖围网养殖区周围，COD_{Mn}浓度的模拟值与实测值相比偏低（图 6-11d）。但总体来看，误差统计结果显示高锰酸钾指数模拟结果的平均相对误差为 8.7%，均方根误差为 0.689 mg/L，皮尔森相关系数可以达到 0.78（表 6-6），说明该水质模型的参数选择是合理的，可以达到模拟精度的要求。

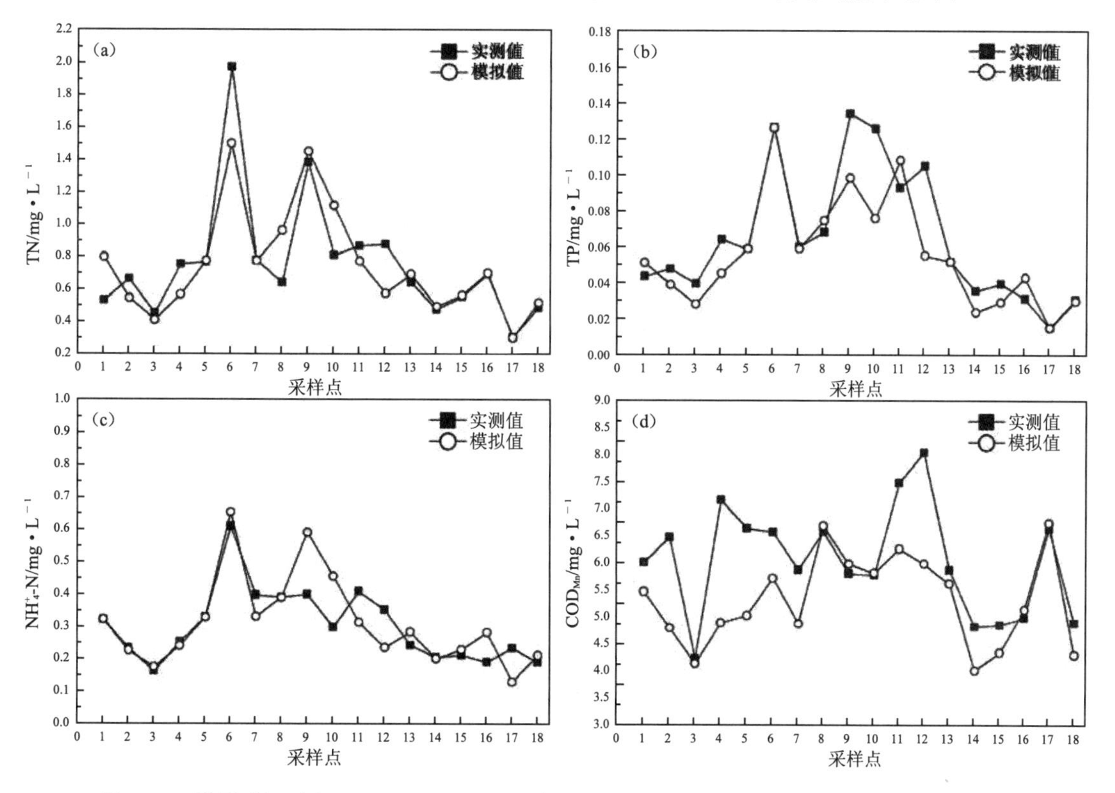

图 6-11　模型验证过程 TN (a)、TP (b)、NH_4^+-N (c)、COD_{Mn} (d) 浓度模拟值和实测值的对比

6.5 洪湖水环境污染总量控制

随着水污染问题的日益严峻,水环境管理体系已由单一浓度控制转变为污染物总量和浓度双向控制的阶段,计算水环境纳污能力是实施污染物总量控制的基础。本章首先运用水环境纳污能力模型对洪湖总氮、总磷和高锰酸钾指数的水域纳污能力进行估算。然后借鉴流域管理中常用的最大日负荷量(TDML)计划的管理模式,对洪湖不同水质标准控制下水域纳污能力的污染负荷进行等比例分配。最后通过对洪湖不同污染源现状排放负荷量与TDML计划所得污染负荷分配量进行比较分析,得到不同水质标准控制下洪湖各污染源的削减量。

6.5.1 水环境纳污能力

水环境纳污能力的概念类似于水环境容量[19],即在设计水文条件下,满足计算水域的水质目标要求时,该水域所能容纳的某种污染物的最大数量(《水域纳污能力计算规程(GB/T25173—2010)》)。"纳污能力"概念及其计算方法的提出为定量化某一水域最大污染物排放量、保护水体水质起到了重要作用。它包括存储容量、输移容量和自净容量。存储容量为由于稀释和沉积作用,污染物逐渐分布于水和底泥之中,使浓度达到基准值时水体所能容纳的污染物量;输移容量为污染物进入流动的水体之中,随着水体向下游移动,表示水体输移污染物的能力;自净容量表示水体对污染物进行降解的能力[20]。存储容量和输移容量主要反映水体的物理稀释作用,自净容量主要反映水体的生物化学作用[21]。

从水资源角度出发,水环境纳污能力又可衍生为水资源的承载能力,指一定流域或区域内水资源量和水环境两者的承载能力,即水体能够继续被使用且仍保持良好生态系统时所能容纳污水及污染物的最大能力[22]。

计算水环境纳污能力的方法最便捷有效的方法是公式法,以水功能管理目标和水质模型作为基础[23]。即基于水环境纳污能力定义及水环境数学模型,推导出一定条件下的水环境纳污能力计算公式。基于水动力模型和水质模型计算水环境纳污能力公式中所需各项参数,将参数代入公式计算水环境纳污能力。故公式法又叫水环境纳污能力模型法。

6.5.2 水污染总量控制

随着水环境污染的日趋严重,世界各国从总量控制的角度制定了各种改善水质的措施,如欧盟莱茵河总量控制管理,美国最大日负荷总量(Total Maximum Daily Loads ,TDML)和日本东京湾的流域水污染总量控制计划等。TMDL是美国环保局(US Environmental Protection Agency,USEPA)在1972年修正的《清洁水法》中提出的。TMDL以流域整体为研究对象,将点源和非点源污染控制相结合,其任务是在满足水质标准的前提下,估算水体所能容纳某种污染物的总量,并将TMDL总量在各污染源之间分配,通过制定和实施相

关措施促使污染水体达标或维护达标水体的水环境状况。它的表示方式为

$$TDML = \sum WLA + \sum LA + MOS \tag{6-25}$$

式中:WLA 为允许的现存和未来点源的污染负荷。LA 为允许的现存和未来非点源的污染负荷。MOS 为安全临界值,即污染负荷和受纳水体水质之间的不确定数量,即在水质达标的前提下,在可供分配的环境容量中设定的数值[24]。

针对特定的目标水域,制定 TDML 计划包括以下 5 个步骤:

(1)主要污染物筛选;

(2)目标水域纳污能力估算;

(3)通过各种途径排入目标水域的污染物总量估算;

(4)水体污染的预测性分析,确定水体允许的污染负荷总量;

(5)在保证水体达到水质标准的前提下,同时考虑安全临界值,将水体允许的污染负荷分配到各个污染源。

6.5.3 基于 TMDL 计划的水污染总量控制

6.5.3.1 水质保护目标

水环境纳污能力是针对一定的水质保护目标而言的,计算水环境纳污能力,首先要确定水质的保护目标。水质保护目标的确定,主要是根据水域的功能和环境管理的要求,确定其在不同目标年所要达到的水质标准。对于洪湖而言,要保证洪湖湿地发挥工、农业供水和生活景观生态环境用水等多种功能以及湖区社会、经济、环境协调可持续发展,结合《洪湖湿地自然保护区总体规划(2016—2025)》可确定,洪湖水环境质量近期目标(2015－2020)应综合控制在《地面水环境质量标准》(GB3838—2002)Ⅲ类或Ⅲ类水以下,远期目标(2021－2025)是让水质达到Ⅱ类水质标准。

6.5.3.2 洪湖水环境纳污能力计算

根据对洪湖水质的时空分析以及对洪湖水质的模拟和估算结果,选择总氮、总磷和高锰酸钾指数作为主要的控制性指标,分布选择富营养化模型和有机物模型来进行洪湖纳污能力的计算。

1. 氮磷纳污能力模型

由于面积小、封闭性强,四周污染源多的小湖或大湖湖湾,氮、磷等污染物进入水体后在湖流和风浪作用下,出现湖水均匀混合的现象,这类湖泊可看成完全混合的体系。氮磷营养盐的水环境纳污能力,可采用氮磷负荷估计湖内氮磷浓度的经验模型来表示。常用的有 Vollenweider 模型、Dillion 模型、OECD 模型和合田健模型等。Vollenweider 模型是由加拿大著名专家 Vollenweider 于 1976 年最早提出来,认为磷负荷与水体中藻类生物量存在一定关系,模型假设湖泊是完全混合的,且富营养化状态只与湖泊的营养负荷有关[25]。Dillion 和 Rigler 收集了南安大约 18 个湖泊的数据发展了一个磷负荷模型,该模型在 Vollenweider 模型的基础上[26],将营养盐沉积和水力冲刷作用重新定义为滞留系数,克服了营养盐沉降系数不确定性的困难[27]。国际经济协作与开发组织(OECD)在浅水湖泊总磷变化规律的研

究工作中，提出了湖水平均总磷浓度的预测模型。

根据《水域纳污能力计算规程(GB/T25173—2010)》规定(以下简称《计算规程》)，对于富营养化湖泊或水库，宜采用狄龙模型计算氮磷的水域纳污能力。Dillion 模型的计算如公式(6-25)所示。

$$M_N = L_s \cdot A \tag{6-25}$$

$$L_s = \frac{P_s h Q_s}{(1-R_p)V} \tag{6-27}$$

$$R_p = 1 - \frac{W_{out}}{W_{in}} \tag{6-28}$$

式中：M_N为氮或磷的水域纳污能力(t/a)；

L_s为单位湖(库)面积，氮或磷的水域纳污能力($mg/m^2 \cdot a$)；

A 为湖(库)水面积(m^2)；

P_s为湖(库)中氮或磷的年平均控制浓度(g/m^3)；

Q_s为湖(库)年出流水量(m^3/a)；

h 为湖(库)平均水深(m)；

R_p为氮或磷在湖(库)中的滞留系数；

V 为设计水文条件下的湖(库)容积(m^3)；

W_{out}为出湖(库)的氮、磷量(t/a)；

W_{in}为入湖(库)的氮、磷量(t/a)。

根据第四章水质模型中基于一个养殖周期内得到的水文特征和水质模型参数，本章计算氮磷的水域纳污能力时，采用湖泊面积为水质模型中研究区边界面积 304 km^2。氮或磷的平均控制浓度分布为Ⅲ类水质标准(TN：1.0mg/L；TP：0.5mg/L)和Ⅱ类水质标准(TN：0.5 mg/L；TP：0.025 mg/L)。湖泊出流水量为小港站、张大口站和新堤站的出流量之和，为 1.25×10^9 m^3。平均水深为模型计算得到的一个养殖周期内随时空变化水深平均值 1.81m。氮或磷在湖体的滞留系数从机制上说是各种物理、化学、生物作用下水体中污染物减少的速率。不少研究者采用 Kitchner－Dillon 等建立的经验公式(式 6－29)[28]，《计算规程》中主要通过上下游断面实测浓度反推得到(式 6－28)，使得该系数的计算并无明确的物理意义，不能揭示造成水体中污染物数量减少的具体途径，难以为针对性的水环境管理提供技术支持。研究发现，该滞留系数计算原理与第五章中总氮和总磷滞留率的简单计算模型是一致的。本文采用第五章中基于营养物质平衡计算的滞留率结果代替纳污能力计算模型中的滞留系数，即总氮和总磷的滞留系数分别为 0.714 和 0.77。由于该滞留率的计算结果与简单模型相比更符合实际情况，因此采用该滞留系数能提高该纳污能力计算的准确性。

$$R_p = 0.426 \times \exp\left(-0.271 \times \frac{Q_{in}}{A}\right) + 0.574 \times \exp\left(-0.00949 \times \frac{Q_{in}}{A}\right) \tag{6-29}$$

将上述模型参数赋值代入模型，计算出满足不同水质目标下总氮和总磷的水环境纳污能力。按Ⅲ类地表水标准来计算，一个养殖周期内洪湖总氮和总磷的水环境纳污能力为 4368.7 t、271.7 t。按Ⅱ类地表水标准来计算，一个养殖周期内洪湖总氮和总磷的水环境纳污能力为 2184.3 t、135.6 t。

2.有机物纳污能力模型

考虑到洪湖是一个面积较大的浅水湖泊，其湖区蒸发量与降水量大致相等，进出水量相近，因此，有机物水环境容量采用进、出湖水量相等，均匀混合易降解的水质数学模型进行计算，其质量平衡方程如式(6-30)所示[20]。

$$V\frac{dc}{dt}=W_0-Q_sC_s-KVC_s \tag{6-30}$$

当把湖体看成是一个稳态系统时，即$\frac{dc}{dt}=0$，那么上式经变换后得到水环境容量的数学式：

$$W_0=Q_sC_s+KVC_s \tag{6-31}$$

式中：V 为设计水文条件下的湖(库)容积(m^3)；

Q_s为湖(库)年出流水量(m^3/a)；

K 为有机物 COD，BOD5 的降解系数(1/d)；

C_s为湖泊中有机污染物的质量浓度(mg/L)；

W_0为有机物的水域纳污能力(t)。

有机物的降解参数计算方法包括现场调查资料计算法、室内试验法、经验系数法等[29]。前人研究多采用简单的经验系数法，参照国内外文献资料，求得高锰酸钾指数降解系数的经验数值。本文基于第四章中洪湖水质数值模型建立过程中衰减系数的率定过程，采用高锰酸钾指数衰减系数的率定值作为降解系数参数输入，其值换算为 0.011/d。该模型其他参数赋值参照上文氮磷纳污能力模型，计算出满足不同水质目标下高锰酸钾指数的水环境纳污能力。按Ⅲ类地表水标准来计算，一个养殖周期内洪湖高锰酸钾指数的水环境纳污能力为 7523.3 t。按Ⅱ类地表水标准来计算，一个养殖周期内洪湖高锰酸钾指数的水环境纳污能力为 5015.6 t。

6.5.3.3 现状污染负荷

根据第四章和第五章中模型边界条件概化的结果，对洪湖主要污染源主要归纳为三个部分，分别为上游工业废水、生活污水、农业种植和畜禽养殖形成的入湖地表径流，围网养殖和大气沉降。统计计算得到洪湖一个养殖周期内各污染源总氮、总磷和高锰酸钾指数的污染负荷量，如表 6-7 所示。

表 6-7 洪湖一个养殖周期内现状污染负荷输入量

来源	TN		TP		COD_{Mn}	
	负荷量(t)	占总输入量比例	负荷量(t)	占总输入量比例	负荷量(t)	占总输入量比例
地表径流	3611.5	72.2%	295.2	62.2%	5852.4	8.5%
围网养殖	1037.7	20.7%	167.4	35.5%	7264.0	40.9%
大气沉降	355.3	7.1%	9.0	1.9%	1225.5	50.6%
合计	5004.5	100%	471.6	100%	14341.9	100%

4.污染负荷分配和削减

当排入湖泊内的污染物负荷总量大于水质目标下的允许纳污能力时，湖泊水体的水质将不能维持这一水质目标，因而实际排入量超过允许纳污能力的部分就应该削减，实际排入量值减去允许纳污量为削减总量。因此，对于不同水质目标下的削减量也会不同。为达到对洪湖水域功能区划的要求，洪湖近期水环境质量应综合控制在《地面水环境质量标准》(GB3838－2002)Ⅲ类或Ⅲ类以下，远期目标是控制在Ⅱ类水质标准。因此相应的消减量也分近期削减量和远期削减量。

进行安全临界值的确定，目前国内大多依据经验确定安全临界值的范围，通常情况下取水体最大纳污量的5%～10%。本文考虑洪湖的污染负荷量大大超出了洪湖的水环境纳污能力，因此取最小的安全临界值5%。

本文采用等比例分配方法进行负荷分配，即按照各分配对象的现状排放量在总排放量中所占的比例为权重进行分配。近期目标和远期目标控制下洪湖允许负荷分配结果分别如表6-8、表6-9所示。通过对表6-7统计出的洪湖现状污染负荷量与不同控制目标下的允许负荷分配结果进行比较分析，得到洪湖近期和远期水质目标控制下TN、TP和COD_{Mn}的削减量和削减率(表6-10、表6－11)。

表6-8　近期水质目标控制下洪湖允许负荷分配表

分配项	TN(t)	TP(t)	COD(t)
地表径流	2994.8	161.2	2916.5
围网养殖	860.8	91.4	3620.0
大气沉降	294.7	4.9	610.7
MOS	218.4	13.6	376.2
TMDL	4368.7	271.7	7523.3

表6-9　远期水质目标控制下洪湖允许负荷分配表

分配项	TN(t)	TP(t)	COD(t)
地表径流	1497.4	80.6	1944.3
围网养殖	430.4	45.7	2413.3
大气沉降	147.3	2.5	407.1
MOS	109.2	6.8	250.8
TMDL	2184.3	135.6	5015.6

表6-10　近期目标下洪湖污染负荷削减表

	地表径流	围网养殖	大气沉降	总量	
	削减量	削减量	削减量	削减量	削减率
TN	616.7 t	176.9 t	60.6 t	854.2 t	17.1%
TP	134.0 t	76.0 t	4.1 t	214.1 t	45.4%
COD_{Mn}	2935.9 t	3644.0 t	614.8 t	7194.6 t	50.2%

表 6-11　远期目标下洪湖污染负荷削减表

	地表径流	围网养殖	大气沉降	总量	
	削减量	削减量	削减量	削减量	削减量
TN	2114.4 t	607.3 t	208.0 t	2929.4 t	58.5%
TP	214.6 t	121.7 t	6.6 t	342.9 t	72.7%
COD_{Mn}	3908.0 t	4850.7 t	818.3 t	9577.0 t	66.8%

由表 6-9 洪湖污染负荷削减表可知，为达到洪湖近期水质保护目标，TN 的削减量应为 854.2 t，削减率为 17.1%；TP 和 COD_{Mn}的现状污染负荷已大大超过允许负荷量，分别需要削减 214.1 t 和 7194.6 t，削减率分别高达 45.4%和 50.2%。表 6-5 的削减量结果显示，为达到洪湖水质保护目标的远期要求，洪湖 TN、TP 和 COD_{Mn}的总体削减量应分别为 2929.4 t、342.9 t 和 9577 t，削减率分别为 58.5%、72.7%和 66.8%。

通过借鉴流域管理中常用的最大日负荷量（TDML）计划的管理模式，对洪湖不同水质标准控制下水域纳污能力的污染负荷进行等比例分配；对洪湖不同污染源现状排放负荷量与 TDML 计划所得污染负荷分配量进行比较分析，得到不同水质标准控制下洪湖各污染源的削减量，该结果为指导洪湖水环境管理实践提供污染治理和富营养化控制措施制定的科学依据。

参考文献

[1] Bellin A, Majone B, Cainelli O, et al. A continuous coupled hydrological and water resources management model [J]. Environmental Modelling & Software, 2016, 75: 176-192.

[2]Zhang T, Ban X, Wang X, et al. Analysis of nutrient transport and ecological response in Honghu Lake, China by using a mathematical model[J]. Science of the Total Environment, 2017, 575:418.

[3]Asaeda T, Trung VK, Manatunge J. Modeling the effects of macrophyte growth and decomposition on the nutrient budget in shallow lakes[J]. Aquatic Botany, 2000, 68: 217-237.

[4]Ban X, Wu Q, Pan B, et al. Application of Composite Water Quality Identification Index on the water quality evaluation in spatial and temporal variations: a case study in Honghu Lake, China[J]. Environmental monitoring and assessment, 2014, 186: 4237-4247.

[5]Beklioglu M, Moss B. Existence of a macrophyte-dominated clear water state over a very wide range of nutrient concentrations in a small shallow lake[J]. Hydrobiologia, 1996, 337:93-106.

[6]Billen G, Lancelot C, Meybeck M, et al. N, P and Si retention along the aquatic continuum from land to ocean[J]. Ocean Margin Processes in Global Change, 1991:19-44.
[7]Bini L M, Thomaz S M, Murphy K J, et al. Aquatic macrophyte distribution in relation to water and sediment conditions in the Itaipu Reservoir, Brazil[J]. Biology, Ecology and Management of Aquatic Plants: Springer; 1999,415(1):147-154.
[8]房英春，刘广纯，田春，等.养殖水体污染对养殖生物的影响及水体的修复[J]. 水土保持研究，2005，12:198-200.
[9]Hargreaves K. A new and sensitive method for measuring thermal nociception in cutaneous hyperalgesia[J]. Pain, 1988, 32:77-88.
[10]陈家长，胡庚东，瞿建宏，等. 太湖流域池塘河蟹养殖向太湖排放氮磷的研究[J]. 生态与农村环境学报，2005，21(1):21-23.
[11]辛玉婷，陈卫，孙敏，等. 淡水养殖污染负荷估算方法刍议[J]. 水资源保护，2007，23(6):19-22.
[12]Páez-Osuna F, Piñón-Gimate A, Ochoa-Izaguirre M J, et al. Dominance patterns in macroalgal and phytoplankton biomass under different nutrient loads in subtropical coastal lagoons of the SE Gulf of California[J]. Marine Pollution Bulletin, 2013, 77(1-2):274.
[13]Funge S, Simon J. Ionic aspects of the physiology and biology of Macrobrachium rosenbergii (De Man) 1879[D]. University of Stirling, 1991.
[14]张玉珍，洪华生，陈能汪，等. 水产养殖氮磷污染负荷估算初探[J]. 厦门大学学报(自然科学版)，2003，42:223-227.
[15]郑丹楠，王雪松，谢绍东，等. 2010 年中国大气氮沉降特征分析[J]. 中国环境科学，2014，34(5):1089-1097.
[16]Ma X, Li Y, Zhang M, et al. Assessment and analysis of non-point source nitrogen and phosphorus loads in the Three Gorges Reservoir Area of Hubei Province, China.[J]. Science of the Total Environment, 2011: 154-161.
[17]季高华，徐后涛，王丽卿，等. 不同水层光照强度对 4 种沉水植物生长的影响[J]. 环境污染与防治，2011，33(10):29-32.
[18]宋福，陈艳卿，乔建荣，等. 常见沉水植物对草海水体(含底泥)总氮去除速率的研究[J]. 环境科学研究，1997，10(4):47-50.
[19]张永良. 水环境容量基本概念的发展[J]. 环境科学研究，1992,(3):59-61.
[20]张永良，刘培哲.水环境容量手册[M].北京:清华大学出版社，1991.
[21]毛晓文. 水域纳污能力计算的不确定性及其定量控制[J]. 南京师范大学学报(工程技术版)，2009，9(3):83-87.
[22]左其亭. 城市水资源承载能力[M]. 北京:化学工业出版社，2005.

[23]李家科. 博斯腾湖水环境容量及污染物排放总量控制研究[D]. 西安:西安理工大学，2004.

[24]柯强，赵静，王少平，等. 最大日负荷总量(TMDL)技术在农业面源污染控制与管理中的应用与发展趋势[J]. 生态与农村环境学报，2009，25(1):85-91.

[25]Vollenweider R A. Input-output models with special reference to the phosphorus loading concept in limnology[J]. Schweizerische Zeitschrift Für Hydrologie，1975，37:53-84.

[26]Vollenweider R A. Möglichkeiten und Grenzen elementarer Modelle der Stoffbilanz von Seen [J]. Archiv für Hydrobiologie，1969，66:1-36.

[27]Dillon P J，Rigler F H. A Test of a Simple Nutrient Budget Model Predicting the Phosphorus Concentration in Lake Water [J]. Journal of the Fisheries Research Board of Canada，1974，31(11):1771-1778.

[28]夏菁，张翔，朱志龙，等. TMDL 计划在长湖水污染总量控制中的应用[J]. 环境科学与技术，2015(7).

[29]舒金华. 制定湖泊水污染物排放标准的原则和方法探讨(一)[J]. 湖泊科学，1993(3):261-268.

第七章 洪湖湿地沉水植被的时空演变

洪湖作为一个大型浅水草型湖泊，湿地水生植被既是一类独特的自然景观，也是构成湖泊湿地生态系统的基本要素。洪湖水生植物群落的分布具有一定的规律性，由浅水到深水依次为挺水植物带、浮叶植物带和沉水植物带(图 7-1)，它们的演替系列首先是沉水植物群落大量繁生，继之浮叶植物群落出现，使沉水植物群落得不到光照条件而消失或迁移到较深的水域中去。近五十年来，洪湖水文、水质条件发生了改变以及人类对水生植被的开发利用等，使得洪湖水生植被群落发生了显著的演替变化。

受植被数据条件及历史资料的限制，本章节主要讨论洪湖沉水植被的时空演替过程，并结合前述章节水环境的时空演变，对水环境因子和沉水植被分布相关性进行分析。

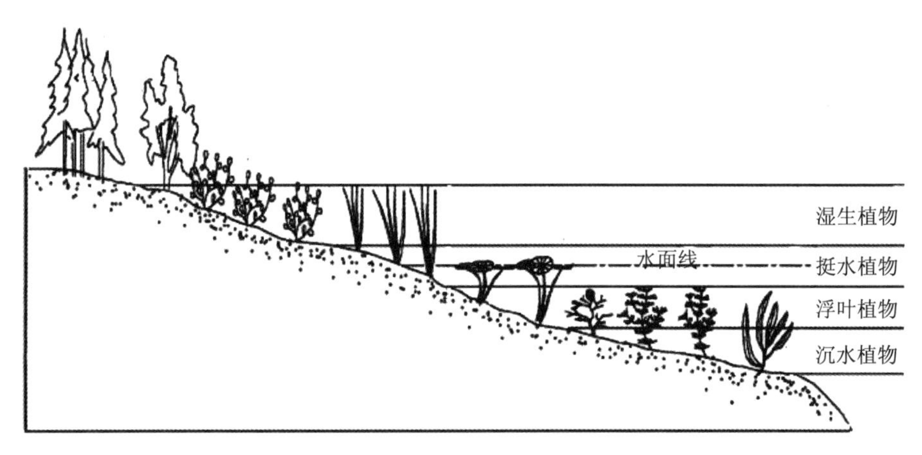

图 7-1 洪湖水生植被带剖面分布图

7.1 总体变化特征

20 世纪 60 年代初，洪湖面积 600 km^2，分布最广的水生植物是菱、竹叶眼子菜、苦草、黑藻等。水生植被明显地分为湿生植被带、挺水植被带、浮叶植被带和沉水植被带，并以浮叶植被带面积为最大。全湖总生物量为 1.92×10^9 kg，平均单位面积生物量为 3193 g/m^2。主要的植物群落有 11 种，包括苔草群落、苔草＋黑藻群落、菱＋微齿眼子菜群落、菱＋竹叶眼子菜＋穗花狐尾藻群落等[1]。20 世纪 80 年代初，洪湖面积约 355 km^2，组成洪湖植被的优势种类是微齿眼子菜、穗状狐尾藻、金鱼藻、黑藻和菰五种。水生植被分布较为明显的只有挺水植被带和沉水植被带，20 世纪 60 年代初分布面积最大的浮叶植被带已不明显，湿生植被带基本消失。60 年代的主要优势种类菱、竹叶眼子菜、苦草、篦齿眼子菜、莲、菹草已大为减少，而微齿眼子菜和穗花孤尾藻则成为全湖的优势种。全湖总生物量为 1.31×10^9 kg，平均单位面积生物量为 3693 g/m^2。优势群落主要有 6 种，分别为穗状狐尾藻＋金鱼藻群落、金鱼藻＋黑藻群落、穗状狐尾藻＋微齿眼子菜群落、微齿眼子菜群落、莲＋菰群落、菰群落[2]。至 20 世纪 90 年代初，围湖圈养经济鱼类的加速发展，水生植被开发利用强度不断加大，挺水植物菰的面积不断减小，微齿眼子菜和穗状狐尾藻成为了洪湖水生植物中的绝对优势种，并遍布全湖，其次为金鱼藻、黑藻、菹草、轮藻和光叶眼子菜。浮叶植物菱等的分布零散，未能形成大面积的群落，生物量也有所减少。优势群落增至 18 个，且大多数为新增的优势群落。主要植物群落有微齿眼子菜群落、微齿眼子菜＋穗状狐尾藻＋轮藻群落、金鱼藻＋菹草＋穗状狐尾藻群落、穗状狐尾藻＋微齿眼子菜＋金鱼藻群落、莲＋菰群落、菰群落等[3~7]。2000 年，组成洪湖植被的优势种包括微齿眼子菜、篦齿眼子菜、穗状狐尾藻和菹草。全湖总生物量为 0.5×10^9 kg，平均单位面积生物量为 1449 g/m^2。主要的植物群落有二十几种，包括微齿眼子菜群落、篦齿眼子菜群落、穗状狐尾藻＋微齿眼子菜群落、莲群落、菰群落等。2011 年，洪湖挺水植物群落主要包括分布于保护区茶坛－阳柴湖的莲群落、三八湖－茶坛周边－金潭湖的菰＋莲群落、阳柴胡－瞿家湾湿地范围内的菰群落①。洪湖湿地敞水区沉水植被群落主要包括微齿眼子菜＋黑藻＋穗状狐尾藻群落、马来眼子菜群落、金鱼藻－篦齿眼子菜群落、苦草－金鱼藻群落、篦齿眼子菜群落、黑藻－金鱼藻－微齿眼子菜群落等 11 个群落类型②。

从优势物种组成上来看，洪湖主要优势沉水植被如穗状狐尾藻群落、微齿眼子菜群落、金鱼藻群落、黑藻群落等自 20 世纪 50 年代以来也发生了显著的改变。

1. 穗状狐尾藻群落

穗状狐尾藻群落自 1950－2014 年经历了一个由急剧上升转而急剧下降、而近年来又迅速恢复的过程(图 7-2)。20 世纪 50 年代穗状狐尾藻呈环带状分布于挺水植物菰和莲群落的内侧区域，面积约 41 km^2，占洪湖面积的 6％。随后迅速向中心扩展，至 20 世纪 90 年代分布范围进一步扩大至几乎整个湖区，面积增加至 230 km^2 达到 65％。20 世纪 90 年代之后穗状狐尾藻群落分布范围急剧萎缩，2000 年仅分布于洪湖东北一隅约 47 km^2 的范围内，2010 年急剧下降至约 2％，到 2014 年，穗状狐尾藻群落分布于洪湖东北角和湖心附近，面积为 48 km^2，为洪湖面积的 15％。

---

①资料源自《第二次全国湿地资源调查—湖北省湿地资源调查报告》。

②资料源自《湖北洪湖国际重要湿地监测报告(2011 年度)》。

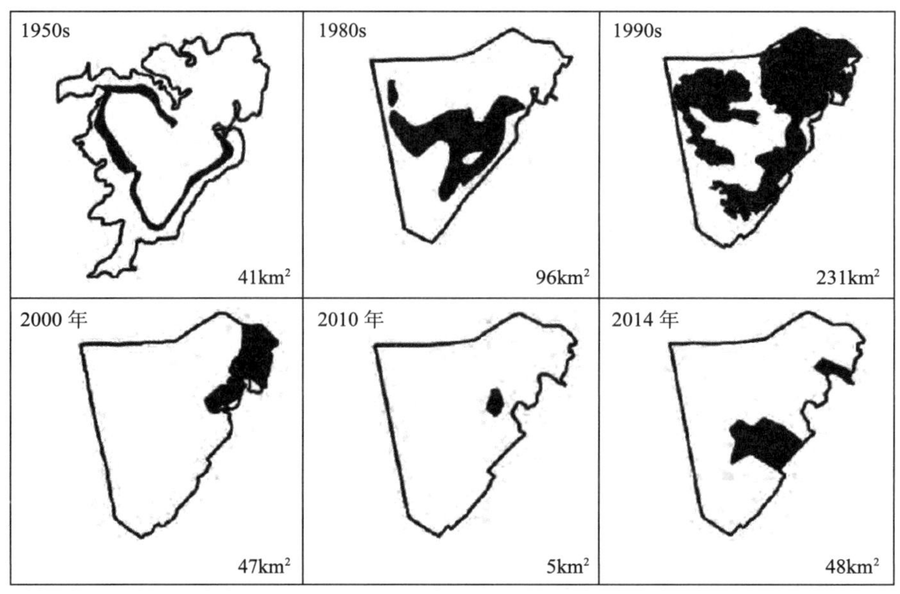

图 7-2 穗状狐尾藻群落 20 世纪 50 年代—2014 年分布范围及面积变化

2. 微齿眼子菜群落

1950—2014 年,微齿眼子菜群落面积经历了一个从上升到下降的过程(图 7-3)。20 世纪 50 年代末,微齿眼子菜群落面积约为 68 km^2,分布于洪湖西北部,占洪湖面积的 10%。到 20 世纪 80 年代,该群落占据了湖泊中心区域 195 km^2 的范围,20 世纪 90 年代几乎遍及全湖,面积增加至 230 km^2,达到 65%。2000 年微齿眼子菜群落在洪湖西部消失而集中分布于洪湖的南部、东北部及湖心区域,面积与 20 世纪 80 年代相差不大。在 2010 年和 2014 年的调查中,微齿眼子菜群落的分布区域破碎化,湖区东部分布减少,主要位于东北角和湖心区域,面积缩小到 121 km^2,占洪湖面积的 38%。

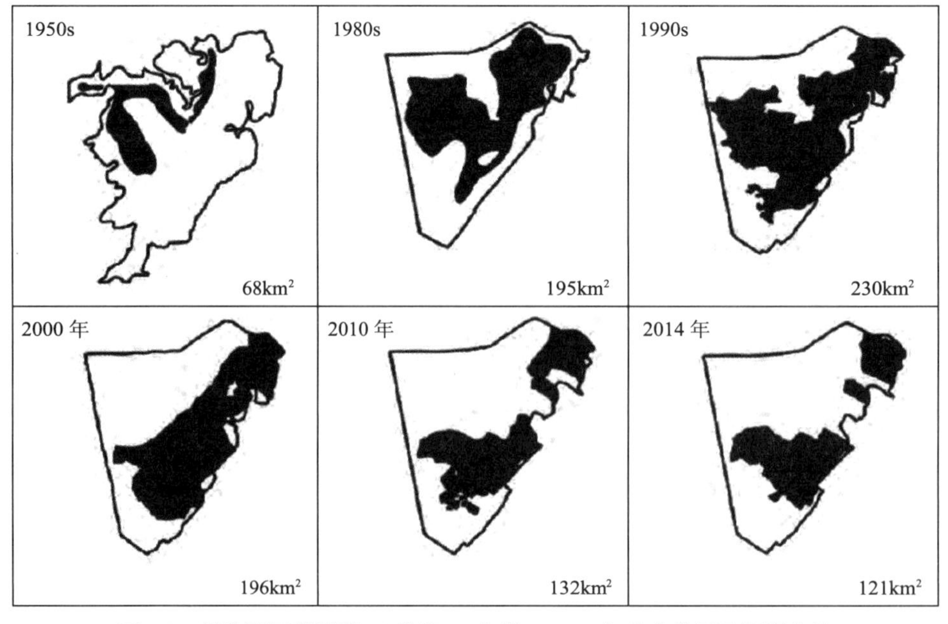

图 7-3 微齿眼子菜群落 20 世纪 50 年代—2014 年分布范围及面积变化

3. 金鱼藻群落

20 世纪 50 年代金鱼藻尚未成为洪湖的优势种，到了 20 世纪 80 年代以金鱼藻为优势的群落面积约24 km^2，仅为洪湖面积的 6%，呈环带状分布于挺水植物莲和菰群落的内侧。20 世纪 90 年代该群落面积急剧增加至 39%达到 138 km^2，包括分布于挺水植被与微齿眼子菜群落之间环带状分布的穗状狐尾藻＋微齿眼子菜＋金鱼藻群落和位于洪湖西北部、西南部及清水堡附近的金鱼藻＋菹草＋穗状狐尾藻群落。2000 年金鱼藻的优势地位在洪湖消失，2010 年以来其群落面积又急剧上升并基本稳定在 81 km^2，达到洪湖面积的 25%，呈破碎斑块状分布于洪湖西部、东部及东北部区域(图 7-4)。

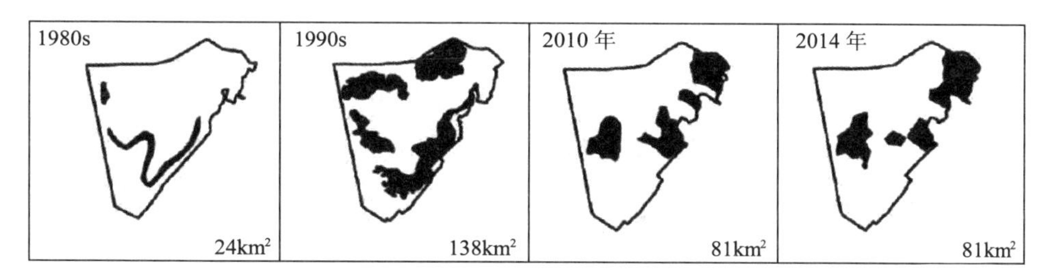

图 7-4 金鱼藻群落 20 世纪 50 年代—2014 年分布范围及面积变化

4. 黑藻群落

1950—2014 年黑藻群落面积呈现先急剧减少后缓慢增加的变化过程(图 7-5)。黑藻群落在 20 世纪 50 年代几乎遍布湖心及洪湖东北部区域，面积达到 209 km^2，占当时洪湖面积的 32%，是洪湖的绝对优势群落。20 世纪 50 年代以后分布范围锐减，20 世纪 80 年代其面积仅为 24 km^2，呈环带状分布于湖心南部挺水植被内侧，黑藻的优势地位显著下降。到 20 世纪 90 年代黑藻优势群落在洪湖消失，2000 年该群落分布于湖区南部约 15 km^2 的范围内，随后其面积缓慢增加，到 2014 年增加至 47 km^2，但也仅占洪湖面积的 15%。

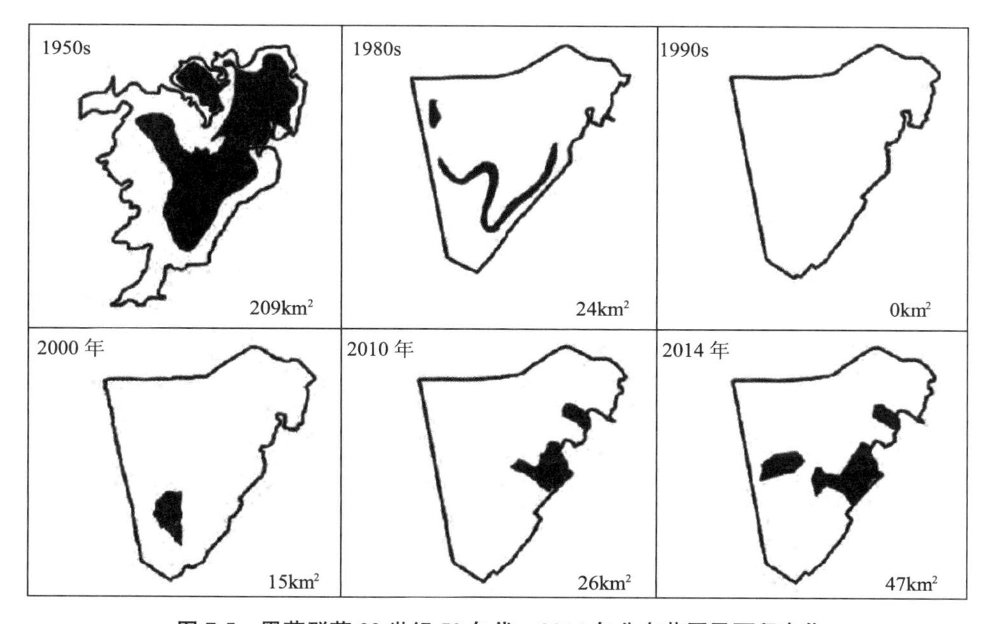

图 7-5 黑藻群落 20 世纪 50 年代—2014 年分布范围及面积变化

7.2 植被数据处理

沉水植被在生态系统中的功能通常与其结构属性相关，包括物种组成、分布、丰富度和多样性特征[8]。本研究采用计算重要值来衡量沉水植被物种的组成和分布，并采用重要值矩阵计算 Margalef 丰富度指数、Simpson 多样性指数、Shannon-Wiener 指数和 Pielou 均匀度指数来衡量沉水植被的丰富度和多样性特征。

7.2.1 重要值

生态学上常用优势度的概念来衡量植物群落种群的数量特征。在森林研究中常常用重要值(Important Value Index,IVI)来表示一个树种的优势程度，即重要值=(相对密度+相对盖度+相对频度)/300。还有学者认为，重要值应该考虑种的相对质量。沉水植被野外调查时，计数比较困难，密度特征无法获取；又由于水层的影响，也难获得其盖度特征，可以获取的较为客观的数量特征只有生物量和频度。参照陈洪达等[9,10]提出的参照陆生植物群落频度和密度相结合的原则，针对水生植物的特性，提出用某种植物的频度和生物量确定其在湖泊中和某一特定群落中优势度的方法。沉水植被物种的重要值反映了相对频度和相对生物量的综合信息，计算公式如下：

$$\mathrm{IVI}=\frac{(RF+RB)}{2} \tag{7-1}$$

式中：RF 为相对频度，为某一种出现的样方数占全部样方数的百分比；RB 为相对生物量，为某一种的生物量占全部种的生物量的百分比。

7.2.2 多样性指数

(1)Margalef 丰富度指数：以种的数目和全部种的个体总数表示的多样性。计算公式为：

$$Ma=\frac{S-1}{\mathrm{In}N} \tag{7-2}$$

式中：S 指物种数。N 对于陆生植物来说指的是个体总数，对于水生植物我们用种的 IVI 值综合来代表个体总数。

(2)Simpson 多样性指数：是以种的数目，全部种的个体总数及每个种的个体数为基础的多样性指数，综合反映了群落中种的丰富程度和均匀程度，应用较为普遍的一类综合多样性指数。计算公式为：

$$DS=1-\sum_{i=1}^{s}P_i^2 \tag{7-3}$$

式中：$P_i=N_i/N$。N_i 对于陆生植物来说指的是个体数，对于水生植物 N_i 指每一个种的 IVI 值。

Shannon-Wiener 多样性指数：信息论中计算熵的公式，也可以用来反应种的个体出现的不确定程度，就是多样性。计算公式为：

$$H'=-\sum_{i=1}^{s}P_i\times \text{In}P_i \tag{7-4}$$

Pielou 均匀度指数：基于总多样性指数上的均匀性指数，反应群落中物种分布的均匀性大小，所有种一样多，均匀性最大。当全部个体属于一个种，均匀性最小。计算公式为：

$$JP=-\sum\frac{P_i\times \text{In}P_i}{\text{In}S} \tag{7-5}$$

7.2.3 排序分析

排序分析是一种常用的生态学数据的多元统计方法。排序的概念及数学方法提出较早，但应用到生态学方面较晚。如主分量分析（principal component analysis，PCA）和对应分析（reciprocal averaging，RA）等数学方法早在 20 世纪 30—40 年代就已经提出[11]。早在 20 世纪 30 年代，苏联学者 Ramensky 就提出了排序的概念。Ramensky 应用一个或两个环境因子梯度来排列植物群落。排序最初的概念是指植被样方在某一一维或多维空间的排列，这里的空间指植物种空间或环境因子空间，是随着"植被连续体"概念的提出而提出的。20 世纪 50 年代，许多生态学者强调植被的连续性，认为分类是确定植被间断性的有效方法，但不能揭示植被的连续性。因此，数量生态学才引入植被生态学的领域，对排序方法的研究开始迅速发展。到 20 世纪 50 年代末，排序的概念和方法体系已趋于完善，其不仅可以对样方排序，还可以对植物种和环境因子排序，用于研究群落之间、群落与成员之间、群落与环境因子之间的复杂关系。

排序的过程是将样方或植物种排列在一定的空间内，使得排序轴能够反映一定的生态梯度，从而能够解释植被或植物种的分布与环境因子间的关系，揭示植被—环境间的生态关系[12]。排序分析又叫梯度分析。根据环境因子的数量可将其分为一维排序或多维排序。一维排序是研究植物种或植物群落在某一环境梯度上的变化。二维或多维排序是揭示植物种或植物群落在某些环境梯度上的变化关系。

排序分析主要分为两种类型：一种是只使用物种组成数据的排序，为非约束性排序分析，即在潜在的梯度上寻求代表最优的解释变量来拟合物种的回归模型，如主成分分析（PCA）、对应分析（CA）、降趋势对应分析（DCA）等方法。另一种是同时使用物种组成数据和环境因子数据的排序，为约束性排序分析，即在特定的梯度（排序轴）上探讨物种的变化情况，如冗余分析（RDA）、典型对应分析（CCA）、降趋势典范对应分析（DCCA）等。

所有排序方法都是基于一定的模型之上，这些反应物种和环境因子之间的关系以及在某一环境梯度上的种间关系的模型最常用的有两种：线性模型和单峰模型（图 7-6）。基本的线性模型有冗余分析（RDA）、主成分分析（PCA）；基本的单峰模型有对应分析（CA）、降趋势对应分析（DCA）、典型对应分析（CCA）。

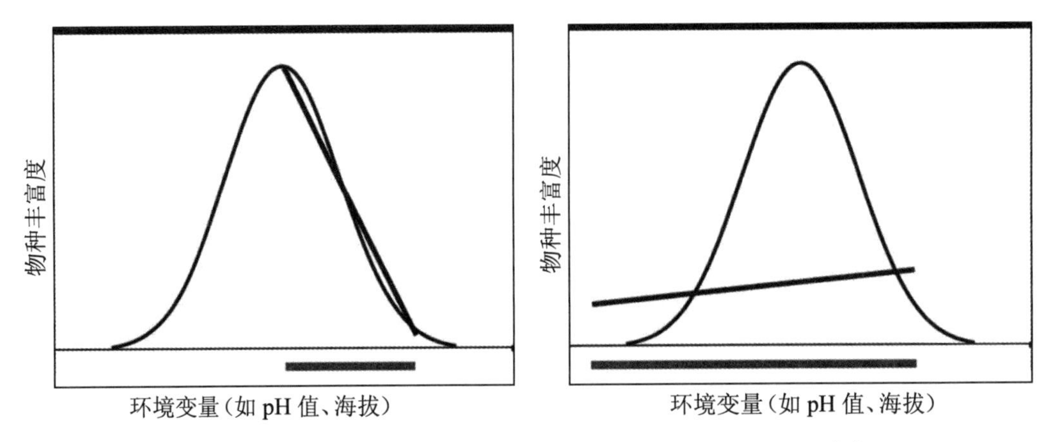

图 7-6 线性模型和单峰模型在不同长度环境因子梯度上的对比[13]

国内植被数量生态学的研究开始于 20 世纪 70 年代后期,国外植被数量方法的引入,开始了植被数量生态学的尝试性研究工作。90 年代至今数量分类和排序方法广泛应用于各山地、森林、草地和湿地等群落的研究中。

本研究所用的分析软件为 Canoco 5.0,该软件是生态学及相关领域多元数据排序分析最流行的软件之一,其名称取自于 canonical community ordination[14],由美国 Microcomputer Power 计算机公司开发。从 1985 年 Canoco 1.0 发布以来,至今已经发布了 6 个版本,Canoco 5.0 为 2012 年最新发布的版本。

7.3 沉水植被时空变化分析

7.3.1 生物量时空变化

2011—2015 年洪湖沉水植被中南区生物量最大值出现在 2012 年秋季,为 12 835.6 g/m^2;最小值出现在 2012 年春季,为 3 573.5 g/m^2(图 7-7)。东北区生物量最大值出现在 2011 年秋季,为 7 414.2 g/m^2;最小值出现在 2015 年秋季,为 144.5 g/m^2。西北区生物量最大值出现在 2014 年春季,为 6 100.5 g/m^2;最小值出现在 2015 年秋季,为 778.5 g/m^2。生物量的方差分析结果显示,中南区、东北区和西北区之间的区域差异性显著($p=0.000$)。LSD 多重比较结果显示,洪湖沉水植被中南区生物量显著高于东北区和西北区($p=0.000$),东北区和西北区差异性不显著($p=0.705$)。春秋两季比较结果显示,洪湖沉水植被生物量春秋两季差异性不显著($p=0.773$)。中南区春季沉水植被生物量显著低于秋季;东北区春季沉水植被生物量显著高于秋季。

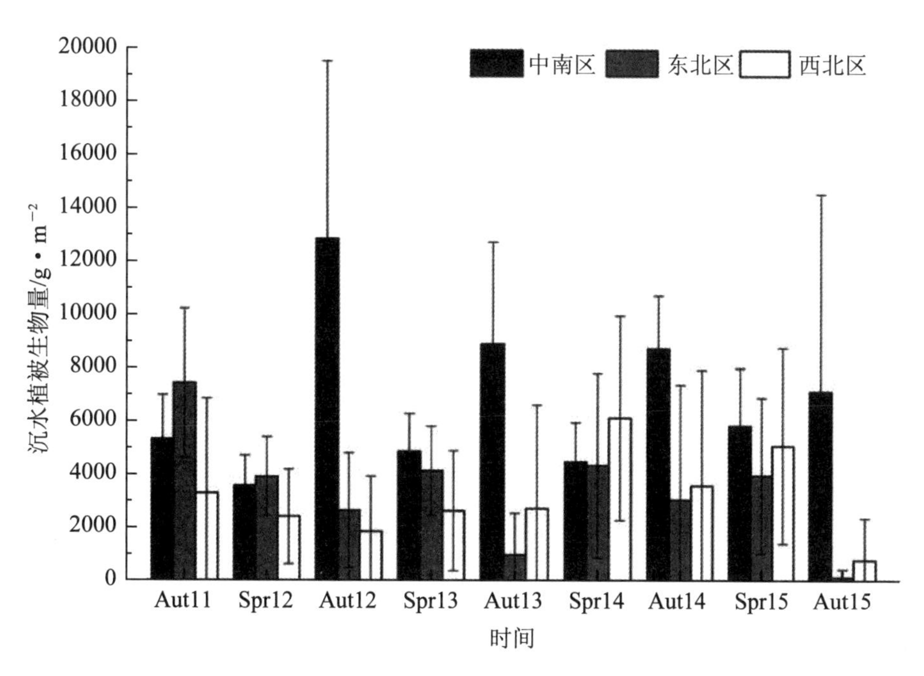

图 7-7　2010—2015 年洪湖沉水植被生物量不同区域变化

7.3.2　多样性特征时空变化

2011—2015 年洪湖沉水植被中南区 Margalef 丰富度指数最大值出现在 2011 年秋季，为 1.02；最小值出现在 2015 年秋季，为 0.61(图 7-8a)。东北区 Margalef 丰富度指数最大值出现在 2011 年秋季，为 0.96；最小值出现在 2015 年秋季，为 0.04。西北区 Margalef 丰富度指数最大值出现在 2013 年春季，为 0.79；最小值出现在 2015 年秋季，为 0.19。Margalef 丰富度指数的方差分析结果显示，中南区、东北区和西北区之间的区域差异性显著($p=0.000$)。Tamhane's 多重比较结果显示，洪湖沉水植被中南区 Margalef 丰富度指数显著高于东北区和西北区(p 值分别为 0.013 和 0.000)，东北区和西北区差异性不显著($p=0.169$)。春秋两季比较结果显示，洪湖沉水植被 Margalef 丰富度指数春秋两季差异性不显著($p=0.673$)。

2011—2015 年洪湖沉水植被中南区 Simpson 多样性指数最大值出现在 2011 年秋季，为 0.78；最小值出现在 2015 年秋季，为 0.59(图 7-8b)。东北区 Simpson 多样性指数最大值出现在 2011 年秋季，为 0.69；最小值出现在 2015 年秋季，为 0.02。西北区 Simpson 多样性指数最大值出现在 2012 年秋季，为 0.66；最小值出现在 2015 年秋季，为 0.15。Simpson 多样性指数的方差分析结果显示，中南区、东北区和西北区之间的区域差异性显著($p=0.000$)。Tamhane's 多重比较结果显示，洪湖沉水植被中南区 Simpson 多样性指数显著高于东北区和西北区($p=0.000$)，东北区西北区差异性不显著($p=0.442$)。春秋两季比较结果显示，洪湖沉水植被 Simpson 多样性指数春秋两季差异性不显著($p=0.281$)。

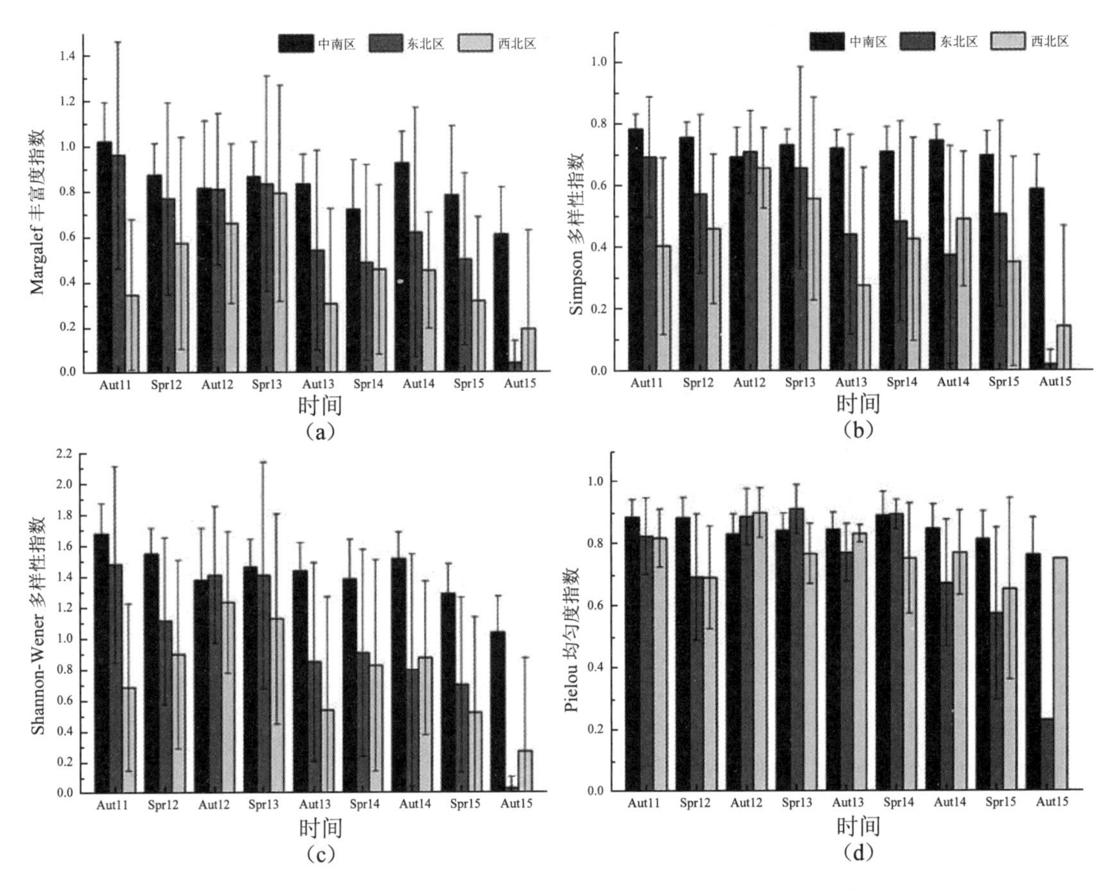

图 7-8　2010—2015 年洪湖沉水植被多样性指数不同区域变化

2011—2015 年洪湖沉水植被中南区 Shannon-Wiener 指数最大值出现在 2011 年秋季，为 1.68；最小值出现在 2015 年秋季，为 1.04（图 7-8c）。东北区 Shannon-Wiener 指数最大值出现在 2011 年秋季，为 1.48；最小值出现在 2015 年秋季，为 0.03。西北区 Shannon-Wiener 指数最大值出现在 2012 年秋季，为 1.24；最小值出现在 2015 年秋季，为 0.27。Shannon-Wiener 指数的方差分析结果显示，中南区、东北区和西北区之间的区域差异性显著（$p=0.000$）。Tamhane's 多重比较结果显示，洪湖沉水植被中南区 Shannon-Wiener 指数显著高于东北区和西北区（$p=0.000$），东北区西北区差异性不显著（$p=0.347$）。春秋两季比较结果显示，洪湖沉水植被 Shannon-Wiener 指数春秋两季差异性不显著（$p=0.605$）。

2011—2015 年洪湖沉水植被中南区 Pielou 均匀度指数最大值出现在 2014 年春季，为 0.89；最小值出现在 2015 年秋季，为 0.77（图 7-8d）。东北区 Pielou 均匀度指数最大值出现在 2013 年春季，为 0.91；最小值出现在 2015 年秋季，为 0.23。西北区 Pielou 均匀度指数最大值出现在 2012 年秋季，为 0.90；最小值出现在 2015 年春季，为 0.66。Pielou 均匀度指数的方差分析结果显示，中南区、东北区和西北区之间的区域差异性不显著（$p=0.016$）。春秋两季比较结果显示，洪湖沉水植被 Pielou 均匀度指数春秋两季差异性不显著（$p=0.381$）。

7.3.3 春秋两季物种组成

分别对2011—2015年春秋两季洪湖沉水植物各物种重要值指数IVI在SPSS中进行描述性统计分析，统计结果如表7-1、表7-2所示。总体来看，春秋两季微齿眼子菜是洪湖最主要的优势种，IVI指数均值在所有植物种中最高，春季为63.6，秋季为69.8。菹草和穗状狐尾藻是洪湖沉水植物中的次要优势种。菹草IVI指数均值春季为55.2，秋季为38.9；穗状狐尾藻IVI指数均值春季为43.0，秋季为40.0。菹草秋季的IVI值较春季降低，该结果与其生活型特点相关，菹草为一年生沉水草本植物，秋季发芽，冬春生长，夏季6月后逐渐腐烂衰退。

表7-1 洪湖沉水植物春季IVI值统计结果

沉水植物种	重要值指数			
	最大值	最小值	均值	标准差
微齿眼子菜	97.0	5.1	63.6	31.9
菹草	100.0	1.0	55.2	35.9
穗状狐尾藻	79.4	5.1	43.0	19.2
篦齿眼子菜	94.8	5.0	34.4	24.0
黑藻	58.5	5.1	33.3	16.2
金鱼藻	70.2	5.1	31.6	17.9
马来眼子菜	68.0	5.0	20.4	19.1
轮藻	46.1	5.0	15.0	14.0
光叶眼子菜	12.4	12.4	12.4	—
苦草	11.2	5.2	6.9	2.9
茨藻	5.6	5.1	5.4	0.4

表7-2 洪湖沉水植物秋季IVI值统计结果

沉水植物种	重要值指数			
	最大值	最小值	均值	标准差
微齿眼子菜	99.6	5.1	69.8	28.8
穗状狐尾藻	76.5	5.1	40.0	20.2
篦齿眼子菜	98.0	5.0	39.6	30.4
菹草	93.4	5.0	38.9	24.4
金鱼藻	79.2	5.0	32.7	20.9
黑藻	68.7	5.0	32.4	15.6
马来眼子菜	72.8	5.0	26.0	21.2
茨藻	38.2	5.0	14.2	14.5
光叶眼子菜	17.8	6.1	11.5	5.9
苦草	22.6	5.8	11.3	6.7
轮藻	32.0	5.0	10.0	7.8

7.4 水环境因子和沉水植被分布相关分析

为研究洪湖不同区域水环境因子对沉水植被分布的影响,识别影响沉水植被分布的主控水环境因子,本节采用生态数量学中应用比较广泛的排序分析方法对两者之间的相关关系进行深入分析。研究采用2011－2014年7次采样的调查数据。鉴于该研究方法对样本量的要求,综合考虑前文对东北区和西北区水环境因子和沉水植被的分析结果,本节将西北区和东北区的数据集合并到一起,与中南区的分析结果进行比较。

排序分析需要两组数据矩阵。一是由样方和物种组成数据构成的物种矩阵,又称响应变量,本节选用沉水植被物种IVI值矩阵作为物种数据矩阵;二是由样方和环境因子构成的环境因子矩阵,又称解释变量。排序分析模型选择主要取决于除趋势对应分析(DCA)结果中的梯度长度,该分析只针对物种组成数据进行,主要分析物种组成数据的异质性。如果物种组成数据显示出同质性,则约束性分析更适合线性模型;如果物种组成数据显示出异质性,则约束性分析更适合单峰模型[13]。

7.4.1 中南区水环境因子和沉水植被分布相关分析

首先对数据进行预处理,通过对中南区物种IVI数据的正态分布检验可知响应变量基本符合正态分布特征,因此对物种数据采用原始IVI数据进行模型的输入。对中南区环境因子数据进行以下转化,使其趋近正态分布:对叶绿素a进行对数$(\lg)_{10}$转化,对总氮、总磷、硝态氮和亚硝态氮进行平方根转化,对水深、透明度、水温、pH值、电导率、溶解氧、高锰酸钾指数和铵态氮不进行转化。环境因子输入后,CANOCO软件会自动对其进行中心化和标准化(即单位方差标准化),使其均值为0,方差为1[13]。

对中南区的物种数据矩阵进行除趋势对应分析(DCA)得到最大梯度长度为1.32,拟采用线性模型冗余分析(RDA)对中南区沉水植被组成和水环境因子的对应关系进行分析。

模型前向选择获得水环境因子对沉水植被分布的条件影响,按其包含在模型的先后顺序排序,结果见表7-3。由于所用数据样本在空间上具有重复性,样方之间存在自相关,因此对排序结果的显著性检验采用时间序列的蒙特卡罗置换检验方法。RDA分析结果显示,电导率、透明度、水深、叶绿素a和水温是影响中南区沉水植被分布的关键水环境因子($p<0.05$),各解释了27.5%、8.5%、9.1%、4.0%和3.7%的沉水植被分布的变化信息。13个水环境因子累计解释了62.3%沉水植被分布的变化信息,沉水植被分布总变异中的52.8%能够被上述5个变量所解释,仅比13个变量所解释的信息量少9.5%。

表 7-3　中南区水环境因子对沉水植被分布的条件影响检验结果

水环境因子	解释方差百分比(%)	累计解释方差百分比(%)	P 值
电导率	27.5	27.5	0.012
透明度	8.5	36.0	0.030
水深	9.1	45.1	0.020
叶绿素 a	4.0	49.1	0.026
水温	3.7	52.8	0.010
高锰酸钾指数	2.2	55.0	0.380
pH 值	1.8	56.8	0.344
溶解氧	1.4	58.2	0.422
硝态氮	1.3	59.5	0.610
总氮	1.2	60.7	0.566
总磷	0.6	61.3	0.852
铵态氮	0.6	61.9	0.890
亚硝态氮	0.4	62.3	0.974

根据模型前向选择的结果，我们选择前 5 个环境因子，得到洪湖中南区沉水植被分布 RDA 的统计信息，见表 7-4。可以看出，各排序轴的特征值分别为 0.3533、0.1015、0.0635 和 0.0082，其中第 1 轴和第 2 轴分别解释了 35.33%和 10.15%物种和环境因子相关性的变化信息，占总解释方差的 86.14%。第 1 轴的特征值、解释方差百分比都高于第 2 轴。第 1、2 轴中沉水植被 IVI 与环境因子的相关性较高，分别为 0.8535 和 0.7454。该结果说明第 1、2 排序轴能较好地反映水环境因子对沉水植被分布的影响。

表 7-4　中南区水环境因子与沉水植被 IVI 值排序结果

排序轴	特征值	累积解释方差百分比(%)	累积解释拟合方差百分比(%)	物种—环境因子相关性	P 值
1	0.3533	35.33	66.91	0.8535	0.002
2	0.1015	45.48	86.14	0.7454	
3	0.0635	51.84	98.17	0.7979	
4	0.0082	52.65	99.72	0.3260	

RDA 可将各物种(实心箭头)和环境因子(空心箭头)排序结果表示在一个图上，来直观显示两者之间的关系。对洪湖中南区沉水植被物种和水环境因子的 RDA 排序结果作图，结果见图 7-9。沉水植物样方中出现频率小于 10%的物种将不纳入排序图，如茨藻、苦草和光叶眼子菜。在第 1、2 轴构成的平面图中，环境因子箭头所处的象限表示其与排序轴之间的正负相关性，箭头连线的长度可以代表该因子与沉水植被种分布的相关程度的大小，箭头连线越长代表该因子对沉水植被种分布的影响越大。水环境因子与沉水植被物种箭头的夹角

余弦值表示物种与水质因子的相关性，夹角越小，相关性越大。如果一个环境的因子的箭头方向与某一物种的箭头方向相同，可以预测该物种的多度是随着该环境因子的增加而递增。同样地，环境因子箭头与排序轴的夹角也代表该因子与排序轴的相关性大小，夹角越小，相关性越大。

图 7-9 分析结果可得，透明度与第 1 排序轴呈显著负相关（相关系数 0.555**，**表示在 0.01 水平（双侧）上显著相关，下同），电导率和叶绿素 a 与第 1 排序轴呈显著正相关（相关系数分别为 0.879** 和 0.737**）。沿第 1 排序轴从左至右，样方排列呈现水体透明度降低，电导率和叶绿素升高的一个综合梯度，是水体化学性质和藻类信息的综合反映。微齿眼子菜的物种箭头与透明度箭头夹角较小，显示出其重要值随透明度的升高而增大。金鱼藻和马来眼子菜的物种箭头与电导率和叶绿素 a 的环境因子箭头夹角较小，可以得出该物种多分布于电导率和叶绿素 a 较高的区域。电导率是测量水中含盐成分的重要指标，说明中南区金鱼藻和马来眼子菜对水体营养盐耐受能力较其他物种要强。水深和水温与第 2 排序轴呈显著负相关，沿第 2 排序轴自下向上，样方排列呈水深和水温降低的综合梯度，是水体物理性质的综合反映。

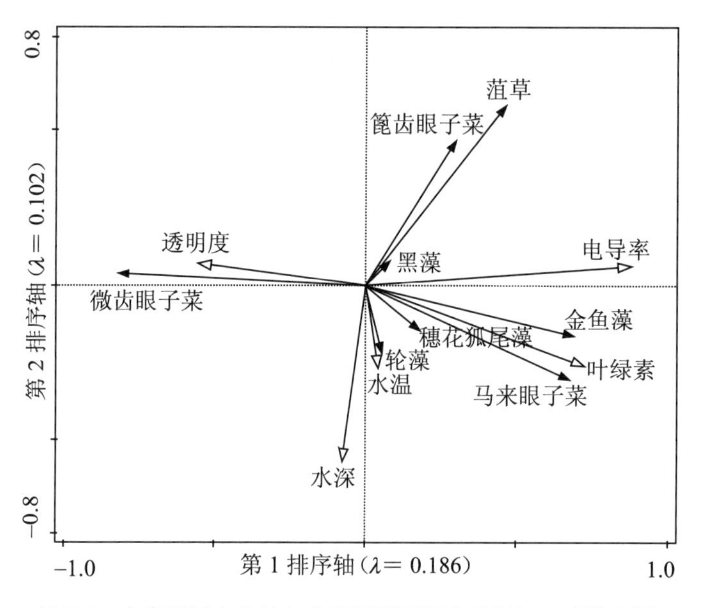

图 7-9　中南区沉水植被与水环境因子冗余分析（RDA）排序图

7.4.2　北区水环境因子和沉水植被分布相关分析

北区数据集的预处理步骤与中南区类似，同样地，北区物种 IVI 数据的正态分布检验结果可得，响应变量基本符合正态分布特征，因此对物种数据采用原始 IVI 数据进行模型的输入。对北区环境因子数据进行以下转化使其趋近正态分布：对总氮进行对数转化，对叶绿素 a、高锰酸钾指数、总磷、铵态氮、硝态氮和亚硝态氮数值进行平方根转化，对水深、透明度、水温、pH 值、电导率和溶解氧的数值不进行转化。

对北区的物种数据矩阵进行除趋势对应分析（DCA）得到最大梯度长度为 2.64，考虑到物种数据矩阵中存在大量空值，拟采用单峰模型典型相关分析（CCA）对北区沉水植被组成和水环境因子的对应关系进行分析[15]。

结果见表 7-5，13 个水环境因子累计解释了 38.6%的沉水植被分布的变化信息，其中透明度、pH 值、总磷和水深是影响北区沉水植被分布的关键水环境因子（$p<0.05$），各解释了 11.0%、6.6%、3.3%和 2.5%的沉水植被分布变化信息。

根据模型前向选择的结果，我们选择前 4 个环境因子，得到洪湖北区沉水植被分布 CCA 的统计信息，见表 7-6。可以看出，各排序轴的特征值分别为 0.1861、0.0422、0.0290 和 0.0107，其中前两轴解释方差占总解释方差的 85.19%，且第 1 轴的特征值、解释方差百分比都高于第 2 轴，第 1 轴沉水植被 IVI 与环境因子的相关性较高，为 0.6730。

表 7-5　北部水环境因子对沉水植被分布的条件影响检验结果

水环境因子	解释方差百分比(%)	累计解释方差百分比(%)	*P* 值
透明度	11.0	11.0	0.002
pH 值	6.6	17.6	0.004
总磷	3.3	20.9	0.038
水深	2.5	23.4	0.049
总氮	2.7	26.1	0.076
亚硝态氮	3.0	29.1	0.076
电导率	3.2	32.3	0.044
叶绿素 a	1.3	33.6	0.454
硝态氮	2.1	35.7	0.182
溶解氧	1.0	36.7	0.620
水温	0.8	37.5	0.736
高锰酸钾指数	0.6	38.1	0.814
铵态氮	0.5	38.6	0.928

表 7-6　北部水环境因子与沉水植被 IVI 值排序结果

排序轴	特征值	累积解释拟合方差百分比(%)	累积解释方差百分比(%)	物种—环境因子相关性	*P* 值
1	0.1861	16.27	69.45	0.6730	0.002
2	0.0422	19.96	85.19	0.4459	
3	0.0290	22.49	96.00	0.4233	
4	0.0107	23.42	100.00	0.3259	

CCA 排序图的解读与 RDA 排序图的解读有很多相似的地方，如环境因子长度，环境因子与排序轴的关系的解读与 RDA 保持一致。主要区别在于 CCA 排序图中物种是用三

角形点表示。其次，物种分布的相异度是以卡方距离评价的，即如果两个物种在各个样方内的多度比例是一致的，那么其在图中的位置是靠近的。再者，在CCA排序图中，从物种点到数量型环境因子箭头的投影点的位置次序可以代表这些物种在该环境因子最适值的排序。

对洪湖北区沉水植被物种和水环境因子的CCA排序结果作图，结果见图7-10。沉水植物样方中出现频率小于10%的物种(苦草和马来眼子菜)将不纳入排序图。

由图7-10分析结果可得，透明度与第1排序轴呈显著正相关(相关系数0.792**)，总磷与第1排序轴呈显著负相关(相关系数为0.517**)。沿第1排序轴从左至右，样方排列呈现水体总磷降低和透明度升高的一个综合梯度，是水体化学性质的综合反映。从沉水植被物种点在总磷因子箭头上投影点的位置次序可以发现，菹草重要值在总磷因子梯度上的最适值最大。同样地，微齿眼子菜、穗状狐尾藻和黑藻重要值在透明度因子梯度上的最适值最高。pH值与第2排序轴呈显著正相关，水深与第2排序轴呈显著负相关，沿第2排序轴自下向上，样方排列呈水深降低和pH值增大的综合梯度，是水体物理性质的综合反映。

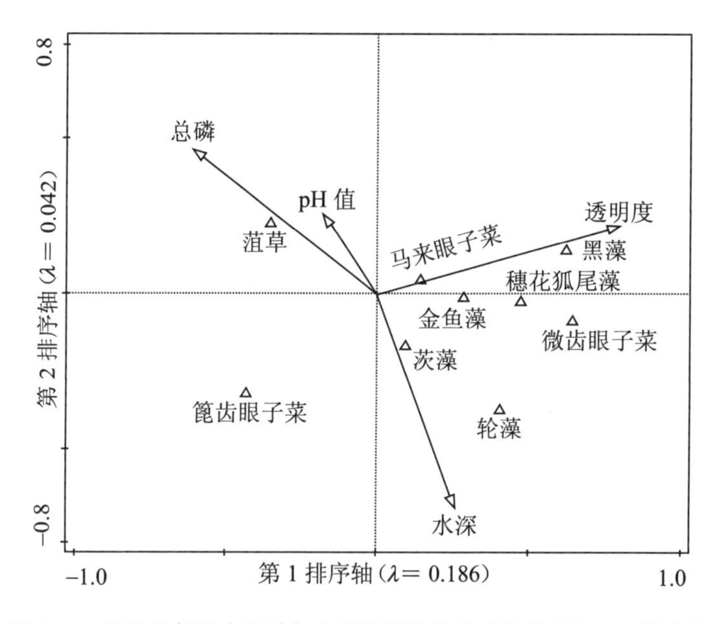

图7-10 洪湖北部沉水植被与水环境因子典型对应分析(CCA)排序图

7.4.3 多样性指数与水环境因子梯度相关分析

基于以上排序结果，进一步对洪湖各沉水植被样方的多样性指数与排序轴进行相关分析，结果见表7-7。中南区的Margalef丰富度指数、Simpson多样性指数、Shannon－Wiener指数和Pielou均匀度指数与RDA第1排序轴呈显著正相关，中南区第1排序轴代表了透明度和电导率的环境因子梯度，可以得出中南区多样性指数随着透明度的增大，水体电导率和叶绿素含量的减小而减小。北区的 Margalef 丰富度指数、Simpson 多样性指数和 Shannon - Wiener 指数与 CCA 第 1 排序轴呈显著正相关，北区第 1 排序轴代表了透明度和总磷的环境因子梯度，可以得出北区多样性指数随着环境因子梯度变化呈现与中南区相反的趋势，其多样性指数随着透明度的增大，总磷的减小而增大[16]。

表 7-7 样方多样性指数与第 1 排序轴皮尔森相关性分析

Pearson 相关系数	Ma	DS	H’	JP
中南区 RDA 第 1 排序轴	0.605**	0.737**	0.763**	0.448**
北区 CCA 第 1 排序轴	0.400**	0.377**	0.444**	0.279

注：** 表示在 0.01 水平(双侧)上显著相关。

参考文献

[1] 陈洪达. 洪湖水生植被[J]. 水生生物学集刊，1963，16(3)：69-81.

[2] 李孝慈. 洪湖水生维管束植物的调查[Z]. 洪湖水生资源(二)，1982：37-51.

[3] 程玉，李伟. 洪湖主要沉水植物群落的定量分析：Ⅳ. 穗花狐尾藻＋微齿眼子菜＋金鱼藻群落[J]. 水生生物学报，2000，24(3)：257-262.

[4] 李伟. 洪湖水生维管束植物区系研究[J]. 植物科学学报，1997，(2)：113-122.

[5] 李伟，程玉. 洪湖主要沉水植物群落的定量分析：Ⅰ. 微齿眼子菜群落[J]. 水生生物学报，1999，23(1)：54-58.

[6] 李伟，程玉. 洪湖主要沉水植物群落的定量分析：Ⅱ. 微齿眼子菜＋穗花狐尾藻＋轮藻群落[J]. 水生生物学报，1999，23(3)：240-244.

[7] 李伟，程玉. 洪湖主要沉水植物群落的定量分析：Ⅲ. 金鱼藻＋菹草＋穗花狐尾藻群落[J]. 水生生物学报，2000，24(1)：30-35.

[8] DAR N A，PANDIT A K，GANAI B A. Factors affecting the distribution patterns of aquatic macrophytes [J]. Limnological Review，2014，14(2)：75-81.

[9] 陈洪达. 武汉东湖水生维管束植物群落的结构和动态[J]. 海洋与湖沼，1980，11(3)：275-284.

[10] 崔心红，陈家宽，李伟. 长江中下游湖泊水生植被调查方法[J]. 植物科学学报，1999，17(4)：357-361.

[11] 贾晓妮，程积民，万惠娥. DCA、CCA 和 DCCA 三种排序方法在中国草地植被群落中的应用现状[J]. 中国农学通报，2007，23(12)：391-395.

[12] 张金屯. 数量生态学[M]. 北京：科学出版社，2011：124-129.

[13] LEPS J，SMILAUER P. Multivariate analysis of ecological data using CANOCO

[M]. Cambridge University Press, 2003.

[14] TER BRAAK C J F, SMILAUER P. CANOCO reference manual and canoDraw for windows user's guide: software for canonical community ordination. Version 4.5 [M]. New York: Microcomputer Power, Ithaca, 2011.

[15] LEGENDRE P, GALLAGHER E D. Ecologically meaningful transformations for ordination of speciesdata [J]. Oecologia, 2001, 129(2):271-280.

[16] 张婷.洪湖水环境变化机制及其与沉水植被响应关系研究[D].武汉:中国科学院测量与地球物理研究所,2016.

第八章 洪湖湿地生态系统健康评价

湿地生态系统是自然界最富生物多样性和生态功能最高的生态系统之一，也是地球上最脆弱的生态系统之一。湿地生态系统的健康状况反映着湿地生态系统的破坏或退化程度。在生态健康理论指导下，建立洪湖湿地生态系统 3 个子系统，选取 24 个指标的多层次评价指标体系，通过改进的模糊层次分析法建立模型，利用已得到的指标值和资料值对洪湖湿地生态系统健康状况进行评价分析，全面把握洪湖湿地生态系统的健康状况。

8.1 健康洪湖湿地的内涵

湖泊湿地生态系统具有生命力，表现为具有“变化—适应—修复—再变化”循环过程的自适应性和自我修复能力，如果外界的作用超过了生态系统自我修复能力的极限，系统良性循环遭到破坏，湖泊生命健康的延续性就要遭到破坏[1]。因此，健康的良性循环应该是水资源和水生态系统得到充分科学开发利用，成为经济社会可持续发展的支持。在开发利用水资源和水生态的同时，以充分利用水生态系统自我修复和良性循环为目标，使之达到水资源的可持续利用和湖泊水生生态系统的健康延续。

洪湖和世界上其他的湖泊一样，也存在生长、发展、衰减甚至可能消亡的过程。这一过程是自然界的必然规律，在此过程中单就生态系统本身而言很难就说哪种状态更健康[2]。但洪湖不仅是自然的湖泊，更是社会的湖泊。当湖泊提供的服务不能满足人类的需求，如湖区因洪水泛滥或干旱缺水和水质污染等而严重影响了人类的生存和发展，就产生了“湖泊不健康”的问题，进而需要有目的的治理[3]。因此，湖泊健康程度实际上反映的是人类与湖泊的协调程度，这包括人类对湖泊向人类提供可持续服务的认可程度和人类给予湖泊的保护程度。割裂湖泊系统的社会服务功能来谈健康没有实际意义[4]。

洪湖区域是长江中游重要的洪水调蓄区、生态系统的平衡区和江汉平原社会经济发展的优势区域。洪湖湖泊湿地生态系统之所以受到损害，其原因是长期以来人类在思想意识上仅将洪湖作为一个开发利用索取对象，而没有考虑到人类本身作为洪湖湿地生态系统的一个组成部分，其开发利用活动应以不破坏洪湖湿地生态系统本身的健康为基础[5]。鉴于此认识，健康洪湖湿地应该是水体和湿地的各种功能正常发挥，具有足够的调蓄能力和较强的水体自净能力，保障防洪安全和饮用水安全，满足生活、生产对水量水质的要求；健全的水体功能、自然稳定的湖泊形态、优良的水质、完善的生态系统；湖泊形态自然稳定、发育良好，具有足够的水量和水动力维持自身的活力；生态系统良好，能维持湿地生态的自我平衡，一定的污染物质输入不致使湖泊生态系统破坏而不能自我修复；资源、环境能够保障湿地区经济社会的可持续发展。洪湖湿地生态系统健康评价指标体系的建立，也是以健康洪湖湿地为基础而确定的。

8.2 生态系统健康指标体系及模型的建立

8.2.1 评价指标的选取原则

1. 科学性和全面性原则

指标体系必须比较客观和全面地体现作为一个整体的湿地生态系统的结构、功能和外界压力，并能客观地刻画湿地生态系统所处的演替过程的不同阶段。

2. 可行性原则

主要是指技术可行性和经济可行性，亦即可操作性和可得性。评价指标最终面对的是管理者和决策者，因此需要考虑实际可操作性和经济可行性。

3. 层次性原则

湿地生态系统可以分解为若干相互依赖、相互影响的较小子系统，子系统又由更下一层的相互依赖、相互影响的子系统构成，这种层次关系可以不断地递阶下去，所以，湿地生态系的指标体系也应该具有一定的层次性。

4. 时空尺度的弹性和适应性原则

湿地生态系统健康具有时空尺度特征，因此，确定的评价指标在时空尺度上应该具有延续性和有效性。在时间尺度上，所确定的指标必须具有稳定的测定周期；在空间尺度上，湿地健康测度指标和研究内容应根据不同尺度的研究对象有所差异。

5. 敏感性原则

敏感性主要指所选取的指标应该对湿地生态系统在受到外界干扰后做出迅速响应，这对湿地恢复效果评价具有非常重要的意义。

6. 定性与定量相结合原则

确定的评价指标要尽可能地量化，对于一些在目前认识水平和研究手段下难以量化且意义重大的评价指标，可以定性描述，结合公众参与或专家评判进行相应的量化处理（如专家赋分法），从而提高可操作性和可接受性，提高工作效率。

7. 主导性和独立性原则

在考虑指标的全面性基础上，还应考虑指标之间的相互关系，依据指标的重要性和对湿地系统影响的大小确定足够数目的主导指标。

8.2.2 评价指标的选取

8.2.2.1 参照的评价指标体系

生态系统健康是生态系统的综合特性，它具有活力、稳定和自调节的能力，它是由其复杂系统内的结构(组织)、功能(活力)、适应性(弹性)3 项测量标准的综合反映。生态系统健康指数(health index，HI)的初步形式[6]：

$$HI=V\times O\times R \tag{8-1}$$

式中：HI 为生态系统健康指标；V 为系统活力，是系统活力、新陈代谢和初级生产力主要标准；O 为系统组织指数，是系统组织的相对程度 0～1 间的指数，它包括结构和多样性；R 为系统弹性指数，是系统弹性的相对程度 0～1 间的指数。

湿地作为生态系统的一种，其健康同样可用上述 3 项指标来衡量。但由于湿地具有强大的服务功能，可以单独作为一项指标。这样湿地生态系统健康指标(wetland ecosystem health index，WESHI)的表现形式为：

$$WESHI=V\times O\times R\times F \tag{8-2}$$

式中：WESHI 为生态系统健康指标，是系统活力；O 为系统组织指数，是系统组织的相对程度 0～1 间的指数，它包括结构和多样性；R 为系统弹性指数，是系统弹性的相对程度 0～1 间的指数；F 为湿地生态系统的服务功能，是服务功能的相对程度 0～1 间的指数。

不同的湿地生态系统和基于不同目的的同一湿地生态系统的健康评价指标会有所不同，具有各自的侧重点。蒋卫国等[7]指出在评价湿地生态系统健康的同时，采用联合国经济合作开发署(OECD)建立的压力—状态—响应(press—state—response，PSR)框架模型，同时结合湿地生态系统健康评估的需要，设计一个简单的压力—状态—响应模型，对湿地生态系统健康进行分析。该模型分析人类活动对湿地施加了一定的压力；因为这个原因，湿地健康状态发生了一定的变化；而人类社会应当对湿地的变化做出响应，以恢复湿地质量或防止湿地退化。并对辽河三角洲湿地生态系统健康进行了评价，建立了 PSR 模型的层次指标体系，即压力(press)(包括人口密度，人类干扰率)、健康状态(state)(包括平均归一化植被指数 NDVI，景观多样性指数，斑块丰富度，平均斑块面积，平均弹性度，蓄水量，平均总氮浓度)、响应(response)(包括湿地面积变化比例)。韩美等[8]从组成结构、整体功能和外部社会环境出发，建立了由 3 级 23 个评价指标组成的寿光市湿地生态系统健康评价指标体系。其中湿地生态特征指标包括水源保证水平、水质、土壤性状、优势植物覆盖率、敏感性动物个体变化、初级生产力水平、水生生物群落结构、物种多样性、湿地自然灾害；湿地整体功能指标包括水文调节功能、水质净化功能、水产品生产功能、盐碱地改良功能、生态护滩功能、观光旅游功能；人类社会环境指标包括环保投资指数、废水处理指数、人口自然增长率、化肥施用强度、农药使用强度、湿地保护率、湿地管理水平。张祖陆等[9]从湿地的组成结构、整体功能和社会环境出发，建立了由 3 级 21 个评价指标组成的南四湖湖泊湿地生态系统健康评价指标体系。其中湿地的组成结构特征亚类指标包括水质、土壤质量、年均可利用水量、植被覆盖率、初级生产力水平、景观多样性指数、物种多样性；湿地的整体功能特征亚类指标包括年平均出湖径流量、水文调节功能、水质净化功能、物质生产功能、盐碱地改良功能、观光旅游功能、湿地自然灾害；湿地外部的人类、社会环境亚类包括环保投资指数、污水处理达标率、物质生活指数、人口密度、化肥施用强度、农药使用强度、湿地保护程度。

8.2.2.2　洪湖湿地生态健康评价的指标体系

从以上学者的湿地生态系统健康评价的指标体系可以看出其指标均采用3层的层次指标体系，一级准则层均为3个指标，指标个数差异在于二级准则层，由于各区域的自然条件、社会经济条件、对湿地生态环境的影响条件不同而采用了不同的指标，但其共同点在于选择了易获取数据的评价指标，如遥感影像、RS和景观生态学分析、统计资料和专家咨询等。

本章节结合了前人的研究成果，在具体的评价应用中，根据湿地系统类型和区域环境差异，对指标体系进行必要的修改，补充或删除相应的指标，建立了的洪湖湿地生态系统健康评价层次指标体系(图8-1)。将洪湖湿地生态系统健康(A)分为三个一级指标湿地生态特征子系统(B1)、功能整合子系统(B2)、社会经济环境子系统(B3)。其中湿地生态特征子系统包括水质(C1)、富营养化程度(C2)、湿地面积退化(C3)、土壤性状(C4)、湖边湿地植被(C5)、优势性植物覆盖率(C6)、物种多样性(C7)、年均可利用水量(C8)、湿地受胁迫状况(C9)、湖泊淤积度(C10)；功能整合子系统包括物质生产功能(C11)、水文调节功能(C12)、水质净化功能(C13)、科考旅游功能(C14)、生物多样性维持功能(C15)；社会经济环境子系统包括物质生活指数(C16)、人口自然增长率(C17)、环保投资指数(C18)、化肥施用强度(C19)、农药施用强度(C20)、相关政策法规的贯彻力度(C21)、废水处理指数(C22)、湿地保护意识(C23)、湿地管理水平(C24)。

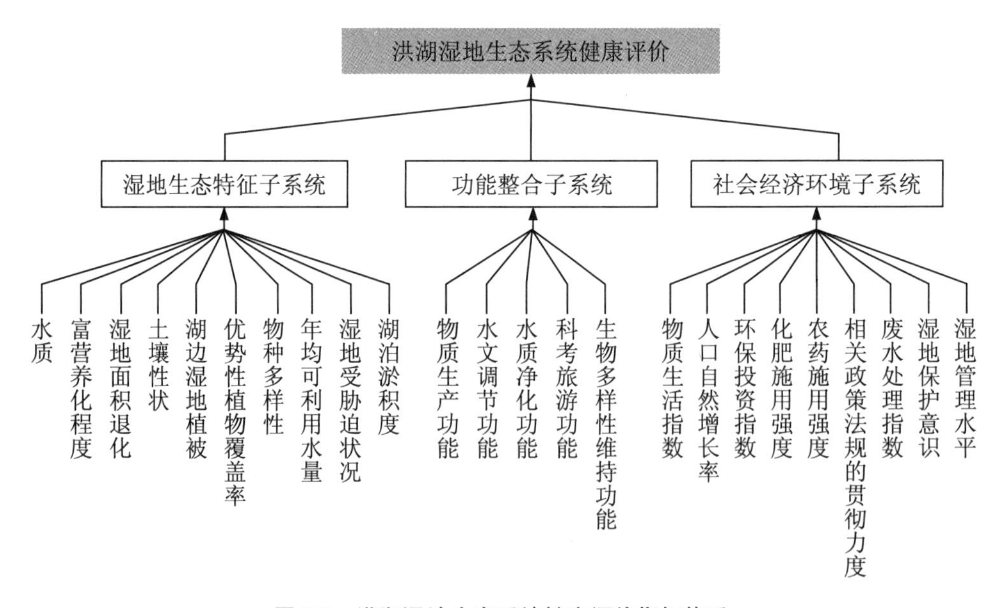

图8-1　洪湖湿地生态系统健康评价指标体系

8.2.3 评价标准

8.2.3.1 评价标准确定的指导思想

湿地恢复效果的生态系统健康评价标准主要参照以下五个方面确定。

(1)国家、行业和地方标准:如《地表水环境质量标准》(GB3838－2002)和《土壤环境质量标准》(GB15618－1995)等。

(2)背景和本底标准:以研究区域生态环境的背景值和本底值作为评价标准,如区域植被覆盖率、生物量和生物多样性等。

(3)科学研究已经判定的生态效应:通过当地或相似条件下科学研究已判定的指标在一定范围内的生态学意义。如农业污染等。

(4)生态建设目标标准:将国家和地方确定的生态建设目标值作为评价标准,如湿地保护率。

(5)类比标准:以未受人类严重干扰的相似生态环境或以相似条件下的原生自然生态系统作为类比标准,以类似条件的生态因子和功能作为类比标准,如类似生境的生物多样性,植被覆盖率、蓄水功能等指标。

8.2.3.2 湿地生态系统健康标准参考状态界定

湿地生态系统属动态系统,在一定的时空尺度内,其内部组成要素与其环境背景值不断地发展变化,孤立的评价数据必须和某一参考值相比较才能确定其健康状况。湿地生态系统健康标准的参考状态有以下几种。

(1)湿地生态系统的历史水平,即湿地生态系统在没有人为干扰或人为扰动较少情况下的近似于自然的状态。

(2)湿地生态系统理想水平,无任何自然、人为因素影响下的一种绝对理想状态,现实中是不可能存在的,这种状态下湿地可以视为湿地理想的健康状态。

(3)湿地生态系统各属性值的临界水平,即某指标影响动植物生长、生存的临界值。这种水平的数据需要严格的观察、试验后才能确定。

基于可操作性和现实性,本章节主要根据湿地各属性的临界水平和表现来确定健康标准。

8.2.3.3 湿地生态系统健康等级划分

本章节将湿地生态系统健康按照其表现划分成如下几个等级。

1.很健康

在外界干扰强度较小的情况下,湿地生态系统系统的自然性保持完好,其物质循环、能量流动和信息传递都具有较大的弹性,生态结构功能强大,生物多样性丰富,这种状态称之为很健康。在人类涉足很少的偏远地区、经济不发达地区和管理措施完善的湿地自然保护区一般都表现为很健康的状态。

2.较健康

随着人类活动的增强，湿地生态系统也遭受到了轻微程度的破坏，表现为生态特征的改变，原有的健康状态逐渐发生改变，但湿地生态系统可以通过其内部自我调节机制，缓解、转化了来自于外部的压力，保持自身结构功能的正常运行，可以为人类提供最高效的服务，产生较好的经济价值，这是一种较健康状态。

3. 一般健康

随着人类活动的增强，湿地生态系统遭受到了一定程度的破坏，湿地生态系统的结构和功能出现了一定程度的退化，但还没有超出了生态系统所能承受的弹性范围，生态功能仍可以正常发挥，为人类社会和经济提供服务的效率、自身的生产力都处于一般的水平，生态系统对外界干扰具有较大的敏感性，自我调节功能减弱，这就是本章节所说的一般健康状态。

4. 不健康

对湿地资源的开发利用强度超出了生态系统所能承受的弹性范围，生态系统功能的正常发挥受到严重阻碍，为人类社会和经济提供服务的效率、自身的生产力都处于较低的水平，生态系统对外界干扰具有较大的敏感性，自我调节功能很弱，这就是本章节所说的不健康状态。

5. 病态

湿地生态系统已经基本丧失了正常的生态功能，如果不实施生态恢复和修复措施，生态系统将最终走向消亡。

具体的指标分级标准详见表 8-1、表 8-2、表 8-3。

表 8-1　洪湖湿地健康评价中的生态特征子系统指标健康分级评价标准

健康评语	很健康	较健康	一般健康	不健康	病态
标准分级	V1	V2	V3	V4	V5
C1	Ⅰ类	Ⅱ类	Ⅲ类	Ⅳ类	Ⅴ类及以上
C2	贫～中	中～富	富	较重富	严重富
C3	<5%	5%～15%	15%～25%	25%～35%	>35%
C4	有机质含量>3.5%，养分含量高，土壤物理性状良好，保水保肥能力强	有机质含量2.5%～3.5%，养分含量较高，土壤物理性状较好，保水保肥能力较强	有机质含量1.5%～2.5%，养分含量一般，保水保肥能力一般	有机质含量0.8%～1.5%，养分含量较低，土壤物理性状较差，保水保肥能力较差	有机质含量<0.8%，养分含量低，土壤物理性状差，保水保肥能力差
C5	未受扰动的原始或当地植被，盖度>80%	轻微扰动，有个别外来物种，盖度60%～80%	中等覆盖，混合有原始的引入的物种，盖度为40%～60%	扰动较强烈，且多为外来种，盖度为20%～40%	光秃地或零星植被，盖度<20%
C6	>45%	25%～45%	15%～25%	10%～15%	<10%

续表

健康评语	很健康	较健康	一般健康	不健康	病态
C7	物种种类十分丰富，数量与分布呈递增的稳健发展趋势	物种种类较丰富，数量与分布面积基本稳定不变	物种种类一般，但数量与分布面积较稳定	物种种类较少，数量与分布面积微呈递减趋势	物种种类不断下降，数量不断减少甚至绝迹，分布面积明显萎缩
	＞50%	30%～50%	20%～30%	10%～20%	＜10%
C8	＞30%	20%～30%	10%～20%	5%～10%	＜5%
C9	抗胁迫能力强，基本无自然灾害；无过度渔猎、割草、捡拾鸟蛋、垦殖等现象	抗胁迫能力较强，有轻微自然灾害；有渔猎、割草现象，但比较适宜，无捡拾鸟蛋、垦殖等	抗胁迫能力一般，有一定程度自然灾害；渔猎、割草强度大，捡拾鸟蛋、垦殖等也有所发生	抗胁迫能力较差，自然灾害影响较大；渔猎、割草强度大，捡拾鸟蛋、垦殖等现象严重	抗胁迫能力差，自然灾害频发；过度渔猎、割草、捡拾鸟蛋、垦殖
C10	稳定、基本上没有淤积	零星淤积，对湖泊蓄水有轻微的影响	中等淤积，对湖泊蓄水有一定的影响	淤积较为显著，对湖泊蓄水有较大程度的影响	淤积很强烈，影响湖泊基本功能

表 8-2　洪湖湿地健康评价中的功能整合子系统指标健康分级评价标准

健康评语	很健康	较健康	一般健康	不健康	病态
标准分级	V1	V2	V3	V4	V5
C11	年收获量增加，增加率＞5%	年收获量增加，增加率在 2%～5%	年收获量保持比较平稳	年收获量减少，减少率 0～5%	年收获量减少，减少率＞5%
C12	调控能力强，基本无旱涝灾害发生和无附加工程费用	附加人工工程设施后，有较强的调控能力，旱涝灾害发生较少	附加人工工程设施后，调控能力无明显变化，有一定的旱涝灾害发生	工程设施附加费大，没有明显的调控能力，旱涝灾害较多	几乎没有调控能力，旱涝灾害频发
C13	净化功能强大稳定，对主要污染物的平均净化率＞90%	净化能力较好，整体平均水平介于 75%～90%	净化能力一般，整体平均水平介于 60%～75%	净化率介于 45%～60%，不稳定，污水部分不能达标排放	净化能力和稳定性都较差，一般＜45%，污水不能达标排放
C14	科教价值高，娱乐价值不断提升	科教价值较高，娱乐价值提升大	科教价值一般，有一定的娱乐价值	有一定的科教和娱乐价值	基本不具备科教和娱乐价值
C15	破坏或退化率＜2%	破坏或退化率 2%～5%	破坏或退化率 5%～8%	破坏或退化率 8%～12%	破坏或退化率＞12%

表 8-3　洪湖湿地健康评价中的社会经济环境子系统指标健康分级评价标准

健康评语	很健康	较健康	一般健康	不健康	病态
标准分级	V1	V2	V3	V4	V5
C16(元)	＞4000	3000～4000	2000～3000	1000～2000	＜1000
C17	＜5‰	5‰～5.5‰	5.5‰～6‰	6‰～6.5‰	＞6.5‰
C18	＞2.5%	2.5%～2%	2%～1.5%	1.5%～1%	＜1%
C19（kg/hm²）	＜200	200～250	250～350	350～450	＞450
C20（kg/hm²）	＜2.5	2.5～3	3～4	4～4.5	＞4.5
C21	有全面的法规政策，并都得到贯彻落实	有较全面的法规政策，大部分得到贯彻落实	有较全面的法规政策，部分得到贯彻落实	法规政策不全，简单应付了事	基本没有贯彻落实
C22	＞85%	70%～85%	55%～70%	40%～55%	＜40%
C23	＞75%	55%～75%	45%～55%	25%～45%	＜25%
C24	管理机构健全，人员素质高	管理机构较健全，人员素质较高	有相应的管理机构，但管理人员缺乏必要的培训	有一定的管理机构，管理者素质较低，管理不善	没有相应的管理机构，人员素质很低

8.3　模糊层次分析法 EH 评价方法

湿地生态系统健康是一个复杂的、没有严格界限划分、很难用精确尺度来刻画的模糊现象。模糊综合评价则是在传统综合评价的基础上，运用模糊变换原理和隶属函数等特有方法，来综合评价带有模糊性的客观事物。它应用模糊关系合成原理，根据多个因素在被评价对象自身形态或隶属上的亦此亦彼性，从数量上对其所属成分都给以刻画和描述，实现了模糊技术同经典的综合评判理论的结合；多极模型既可反映客观事物诸多因素间的不同层次，又避免了因为因素过多而难以分配权重的弊病。由于湿地生态系统健康分有三个层次，因此需要结合层次分析法（AHP），采用多级模糊综合评判模型来评价洪湖湿地生态系统健康。

8.3.1 评价指标权重的确定

指标权重是各个指标对评价总目标的贡献率大小的表达,它一方面体现出了指标本身在系统中的作用和指标价值的可靠程度;另一方面又体现出决策者对该指标的重视程度。权重合理与否在很大程度直接影响评价的结果,目前常用确定权重的方法为指数赋权法、专家咨询法(德尔菲法)、统计平均值法、逐步回归法、灰色关联法、主成分分析法、层次分析法等,本章节在参考大量相关文献和经过多名有关专家学者打分评价之后,在特尔菲法的基础上,采用新的改进层次分析方法来确定权重。

8.3.1.1 德尔菲法

德尔菲法又称专家咨询法、专家评分法,是一个使专家集体在各个成员互不见面的情况下对某一项指标的重要性程度达成一致看法的方法,它是进行加权时经常使用的一种方法。

1.德尔菲法的操作

(1)设计意见征询表。设计意见征询表时,需要特别注意两个问题:其一,表中所列的重要性等级如表8-1中所列"很重要""重要""一般""不重要"等必须有明确定义,即需要明确说明在何种情况下才能算得上很重要,在何种情况下才算是重要等,以免由于对这些词语的误解造成误判,从而影响意见征询的科学性;其二,为了使专家容易将上面的重要性等级换算成权重值,事先应对这些重要性等级赋值。

(2)选择专家填写问卷表格 。选择参加咨询的专家并要求他们不署名地根据要求将对某一指标或某些指标重要性程度的看法写在问卷表格中。选择专家时应注意专家既要有权威性又要有代表性,即所选择的专家应是对所要咨询的问题有深入了解和研究的人士,所持的观点具有权威性;同时所选择的专家来源应涉及和要咨询问题有关的各个方面,即所选择的专家应是各个方面如行政管理人员、科研人员、实际工作者等的代表。请专家填写意见征询表时应注意以书面或口头的形式(最好以书面的形式)提醒他们完全按规范和要求填写,不应随意展开或以其他不被允许的方式回答咨询。

(3)整理和反馈专家意见。所有专家将意见征询表格填好交回后,组织者要整理专家们的意见,求出某一项指标或某些指标的权重值平均数,同时求出每一专家给出的权重值与权重值平均数的偏差,然后将求出的权重值平均数反馈给各位专家,接着开始第二轮意见征询,以便确定专家们对这个权重值平均数同意和不同意的程度。

(4)不断整理和反馈专家意见。再一次将权重值平均数反馈给各位专家并给出某些专家不同意这个平均数的理由,让各位专家在得知少数人不同意这个平均数的理由后再一次作出反应。重复进行上述整理和反馈专家意见的步骤,直至再重复下去观点集中程度或认识统一程度不能增加多少时停止。这样重复几次以后,各位专家对某一指标或某些指标的权重值的看法就会趋向一致,组织者也就可以由此得到比较可靠的权重值分配结果。

2.德尔菲法的特点

德尔菲法有专家匿名表示意见、多次反馈和统计汇总等特点。

(1)匿名:专家单独表态,填写的调查表也不记名,以免受权威意见影响而改变自己的意见。

(2)多次反馈:经过一轮德尔菲活动后,把原始资料或专家意见汇总成图表反馈给参加咨询的专家,在一定期限内回收,再进行汇总分析,然后转入第三轮活动。多次反复可为专家提供了解舆论和修改意见的机会。

(3)采用统计方法进行汇总,以期作出符合客观情况发展的结论。

8.3.1.2 改进的层次分析法

层次分析法(Analytic Hierachy Process,简写 AHP)是国外 20 世纪 70 年代末提出的一种系统分析方法。这种方法适用于结构复杂、决策准则多而且不易量化的决策问题。其思路简单,尤其是紧密地和决策者的主观判断和推理联系起来,对决策者的推理过程进行量化的描述,可以避免决策者在结构复杂和方案较多时逻辑推理上的失误,使得这种方法近年来在国内外得到广泛的应用。

层次分析法的基本内容:根据问题的性质和要求提出一个总的目标,建立层次结构模型,把问题分成若干层次,将问题按层次分解,对于同一层次内的各种因素通过两两比较的方法确定出相对于上一层次目标的各自的权系数。这样一层一层分析下去,直到最后一层,就可以得出所有因素相对于总目标而言的按重要性程度的一个排列。本章节对传统的层次分析方法做了进一步改进。

传统层次分析法(如 1～9 标度)由于级别差别较大(在 1～9 标度中,为 1、3、5、7、9),以及众多的指标,往往不能满足相对完善的指标赋权。如当 A 稍优于 B 时,按传统 1～9 标度,权重比为 3∶1,即前者重要程度是后者的 3 倍,这与评判者的“稍优”有较大差距。据调查,人们对于“差不多”“稍优”“优”的期望值分别为 1、1.30、1.77 等,故有其他的评判标度出现,如表 8-4 所示。本章节采用 9/9～9/1 标度。因为从案例比较分析看,对非数量性指标以及与数量性指标的混和状态下的指标权重赋值,传统的 1～9 标度最差[10]。

表 8-4 AHP 不同标度值及其含义

重要程度	传统标度	9/9～9/1 标度	10/10～18/2 标度	指数标度
相同	1	9/9	10/10	9^0
稍微重要	3	9/7	12/8	$9^{1/9}$
明显重要	5	9/5	14/6	$9^{3/9}$
强烈重要	7	9/3	16/4	$9^{6/9}$
极端重要	9	9/1	18/2	$9^{9/9}$
通式		$9/(10-K)$	$(9+K)/(11-K)$	$9^{K/9}$
K 的取值		$K\in[1,9]$	$K\in[1,9]$	$K\in[1,9]$

传统的层次分析法由于人的主观判断,需要进行一致性检验,有时要通过多次的调整才能通过检验。因此本章节采用改进的层次分析法,即利用最优传递矩阵对层次分析法进行改进,使之自然满足一致性要求,直接求出权重,并将 AHP 法与模糊综合评价相结合,从而也克服了模糊评价的缺点[11]。具体步骤如下。

(1)假设当前层次上的因素为 $B_1,B_2,\cdots,B_n$,相关的上一层因素为 A,传统的方法是针对因素 A,对所有因素 $B_1,B_2,\cdots,B_n$,进行两两比较。改进的方法则比较 B_1 与 B_1,B_1 与 B_2,B_2 与 B_3,$\cdots B_{n-1}$ 与 B_n,得到$(1,a_1,a_2,\cdots,a_{n-1})$。

(2)根据因素间重要程度的传递关系,由$(1,a_1,a_2,\cdots,a_{n-1})$可以得到 B_i 相对于 $B_j(i<j)$ 的重要程度为 $a_i a_{i+1}\cdots a_{j-1}$;$B_i$ 相对于$B_j(i>j)$的重要程度为 $1/\ a_i a_{i+1}\cdots a_{j-1}$;$B_i$ 相对于 $B_j(i=j)$的重要程度为 1。

(3)根据以上分析计算得到判断矩阵如下:

$$\boldsymbol{B}=\begin{bmatrix} 1 & a_1 & a_1a_2 & L & a_1a_2La_{n-1} \\ 1/a_1 & 1 & a_2 & L & a_2La_{n-1} \\ 1/a_1a_2 & 1/a_2 & 1 & L & a_3La_{n-1} \\ M & L & L & L & M \\ 1/a_1a_2La_{n-1} & 1/a_2La_{n-1} & 1/a_3La_{n-1} & L & 1 \end{bmatrix} \tag{8-3}$$

定义:判断矩阵 $\boldsymbol{A}=(a_{ij})_{m\times m}$的元素 $a_{ij}>0(i,j=1,2,\cdots,m)$,并且满足条件:

①$a_{ii}=1(i=1,2,\cdots,m)$

②$a_{ij}=1/\ a_{ji}(i,j=1,2,\cdots,m)$

③$a_{ij}=a_{ik}/a_{jk}(i,j=1,2,\cdots,m)$

满足条件①~③的矩阵,称为互反的一致性正矩阵。由此可得出本研究的矩阵 $\boldsymbol{B}$ 为互反正矩阵,而且是具有完全一致性的矩阵。经过计算可以得到改进后的判断矩阵的特征向量为:$(a_1a_2\cdots a_{n-1},\ a_1a_2\cdots a_{n-2},\ a_1a_2\cdots a_{n-3},\ a_1,1)$,对其进行归一化处理,则求得权重向量。

(4)求同一层次上的组合权系数。本研究中,目前层为 **A** 层,设当前层次上的因素为 $\boldsymbol{C}_1,\boldsymbol{C}_2,\cdots,\boldsymbol{C}_n$,相关的上一层次因素为 $\boldsymbol{B}_1,\boldsymbol{B}_2,\cdots,\boldsymbol{B}_m$,组合权则为 **C** 层权重与其相应上一层 **B** 层权重的乘积。

8.3.2 构造隶属度评价矩阵

模糊综合评判就是利用模糊变换原理和最大隶属度原则,对多因素的模糊性现象进行综合考虑,并在此基础上进行决策评判。构造评价矩阵的关键是确定各个指标的隶属度,为了消除各等级间数值相差不大或状况区别不明显,而评语等级可能相差一级的跳跃现象的存在,使隶属函数在各级之间能够平滑过渡,可将其进行模糊化处理。原则上对于 V2、V3、V4 三个中间的区间,令指标值落在区间中点隶属度最大,由中点向两侧按线性递减处理;对于 V1、V5 两个区间,则令距离临界值越远,属两侧区间的隶属度越大,构造的隶属度函数如下。同时针对不同的健康等级进行赋分，构造等级评分向量，即很健康为 1，较健康为 0.8，一般健康为 0.6，一般病态为 0.4，疾病为 0.2。

$$r_{i1}(u_i)\begin{cases} 0.5(1+\dfrac{u_i-\mathrm{k}_1}{u_i-\mathrm{k}_2}) & u_i>\mathrm{k}_1 \\ 0.5(1-\dfrac{\mathrm{k}_1-u_i}{\mathrm{k}_1-\mathrm{k}_2}) & \mathrm{k}_2<u_i\leqslant\mathrm{k}_1 \\ 0 & u_i\leqslant\mathrm{k}_2 \end{cases} \tag{8-4}$$

$$r_{i2}(u_i)\begin{cases} 0.5(1-\dfrac{u_i-\mathrm{k}_1}{u_i-\mathrm{k}_2}) & u_i>\mathrm{k}_1 \\ 0.5(1+\dfrac{\mathrm{k}_1-u_i}{\mathrm{k}_1-\mathrm{k}_2}) & \mathrm{k}_2<u_i\leqslant\mathrm{k}_1 \\ 0.5(1+\dfrac{u_i-\mathrm{k}_3}{\mathrm{k}_2-\mathrm{k}_3}) & \mathrm{k}_3<u_i\leqslant\mathrm{k}_2 \\ 0.5(1-\dfrac{\mathrm{k}_3-u_i}{\mathrm{k}_3-\mathrm{k}_4}) & \mathrm{k}_4<u_i\leqslant\mathrm{k}_3 \\ 0 & u_i\leqslant\mathrm{k}_4 \end{cases} \tag{8-5}$$

$$r_{i3}(u_i)\begin{cases} 0 & u_i>\mathrm{k}_2 \\ 0.5(1-\dfrac{u_i-\mathrm{k}_3}{\mathrm{k}_2-\mathrm{k}_3}) & \mathrm{k}_3>u_i\leqslant\mathrm{k}_2 \\ 0.5(1+\dfrac{\mathrm{k}_3-u_i}{\mathrm{k}_3-\mathrm{k}_4}) & \mathrm{k}_4<u_i\leqslant\mathrm{k}_3 \\ 0.5(1+\dfrac{u_i-\mathrm{k}_5}{\mathrm{k}_4-\mathrm{k}_5}) & \mathrm{k}_5<u_i\leqslant\mathrm{k}_4 \\ 0.5(1-\dfrac{\mathrm{k}_5-u_i}{\mathrm{k}_5-\mathrm{k}_6}) & \mathrm{k}_6<u_i\leqslant\mathrm{k}_5 \\ 0 & u_i\leqslant\mathrm{k}_6 \end{cases} \tag{8-6}$$

$$r_{i3}(u_i)\begin{cases} 0 & u_i>\mathrm{k}_4 \\ 0.5(1-\dfrac{u_i-\mathrm{k}_5}{\mathrm{k}_4-\mathrm{k}_5}) & \mathrm{k}_5<u_i\leqslant\mathrm{k}_4 \\ 0.5(1+\dfrac{\mathrm{k}_5-u_i}{\mathrm{k}_5-\mathrm{k}_6}) & \mathrm{k}_6<u_i\leqslant\mathrm{k}_5 \\ 0.5(1+\dfrac{\mathrm{k}_7-u_i}{\mathrm{k}_6-\mathrm{k}_7}) & \mathrm{k}_7<u_i\leqslant\mathrm{k}_6 \\ 0.5(1-\dfrac{\mathrm{k}_7-u_i}{\mathrm{k}_6-\mathrm{k}_\mathrm{i}}) & u_i\leqslant\mathrm{k}_7 \end{cases} \tag{8-7}$$

$$r_{i5}(u_i)\begin{cases} 0 & u_i>\mathrm{k}_6 \\ 0.5(1-\dfrac{\mathrm{k}_7-u_i}{\mathrm{k}_6-\mathrm{k}_7}) & \mathrm{k}_7<u_i\leqslant\mathrm{k}_6 \\ 0.5(1+\dfrac{\mathrm{k}_7-u_i}{\mathrm{k}_6-u_i}) & u_i\leqslant\mathrm{k}_7 \end{cases} \tag{8-8}$$

式中：k_1 为等级 V1、V2 的临界值；k_2 为等级 V2 区间的中点值；k_3 为等级 V2、V3 的临界值；k_4 为等级 V3 区间的中点值；k_5 为等级 V3、V4 的临界值；k_6 为等级 V4 区间的中点值；

k_7 为等级 V4、V5 的临界值。

定量指标 C4、C5、C6、C8、C11、C13、C16、C18、C22、C23 为正向指标，是越大越优型，各指标隶属度可以直接采取以上公式计算；定量指标 C3、C15、C17、C19、C20 为负向指标，是越小越优型，各指标隶属度计算时需要将条件中的“<”和“>”、“≤”和“≥”分别互换即可。对于 C1、C2、C7、C9、C10、C12、C14、C21、C24 这些借助文字进行定性描述的评价指标，其评语等级隶属度的确定参见表 8-5。

表 8-5 定性指标评价因素的隶属度评价矩阵

隶属度	V1	V2	V3	V4	V5
V1	0.67	0.33	0	0	0
V2	0.25	0.50	0.25	0	0
V3	0	0.25	0.50	0.25	0
V4	0	0	0.25	0.50	0.25
V5	0	0	0	0.33	0.67

8.3.3 多层次模糊综合评价

单因素模糊评价仅反映一个因子对评价对象的影响，而未反映所有因子的综合影响，也就不能得出综合评价结果。模糊综合评价考虑所有因子的影响，将模糊权向量 W 与单因素模糊评价矩阵 $\boldsymbol{R}$ 复合，便得到各被评价对象的模糊综合评价向量 B，根据最大隶属原则，确定评价对象所属的评价等级，给出评价结论。模糊评判的隶属度向量为 B。

$$B=W\cdot\boldsymbol{R}=\{b_1,b_2,\cdots,b_m\}=\sum_{i=1}^{n}w_i\cdot r_{ij} \tag{8-9}$$

8.4 洪湖湿地生态系统健康评价

8.4.1 指标权重的计算

根据层次分析要求，本研究在参考大量相关文献和经过多名有关专家学者打分评价的基础上，采用前述章节的方法，分别得出 B 层指标相对 A 层的重要性和 C 层指标相对于 B 层指标的重要性，计算出 C 层指标相对于 A 层指标的相对重要性，并最终得到洪湖湿地生态系统健康各指标的权重结果，如表 8-6、图 8-2、图 8-3、图 8-4 所示。

表 8-6　洪湖湿地生态系统健康评价指标体系及权重

目标层 A	准则层 B	指标层 C	C 层指标相对于 B 层权重	C 层指标相对于 A 层权重
洪湖湿地生态系统健康	湿地生态特征子系统(B1) 0.5004	水质(C1)	0.1604	0.0803
		富营养化程度(C2)	0.1395	0.0698
		湿地面积退化(C3)	0.0665	0.0333
		土壤性状(C4)	0.0707	0.0354
		湖边湿地植被(C5)	0.0781	0.0391
		优势性植物覆盖率(C6)	0.0721	0.0361
		物种多样性(C7)	0.1287	0.0644
		年均可利用水量(C8)	0.0863	0.0432
		湿地受胁迫状况(C9)	0.1165	0.0583
		湖泊淤积度(C10)	0.0813	0.0407
	功能整合子系统(B2) 0.3586	物质生产功能(C11)	0.2141	0.0768
		水文调节功能(C12)	0.2949	0.1057
		水质净化功能(C13)	0.2513	0.0901
		科考旅游功能(C14)	0.0572	0.0205
		生物多样性维持功能(C15)	0.1825	0.0654
	社会经济环境子系统(B3) 0.1410	物质生活指数(C16)	0.0994	0.0140
		人口自然增长率(C17)	0.0930	0.0131
		环保投资指数(C18)	0.1269	0.0179
		化肥施用强度(C19)	0.0728	0.0103
		农药施用强度(C20)	0.0681	0.0096
		相关政策法规的贯彻(C21)	0.1621	0.0229
		废水处理指数(C22)	0.0972	0.0137
		湿地保护意识(C23)	0.1111	0.0157
		湿地管理水平(C24)	0.1694	0.0239

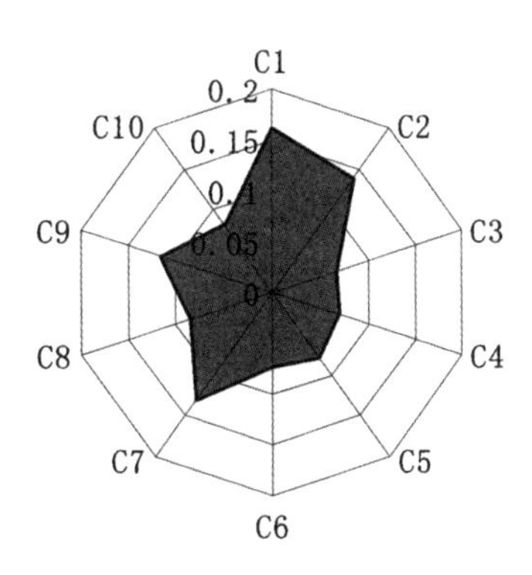

图 8-2　洪湖湿地生态特征子系统各指标权重

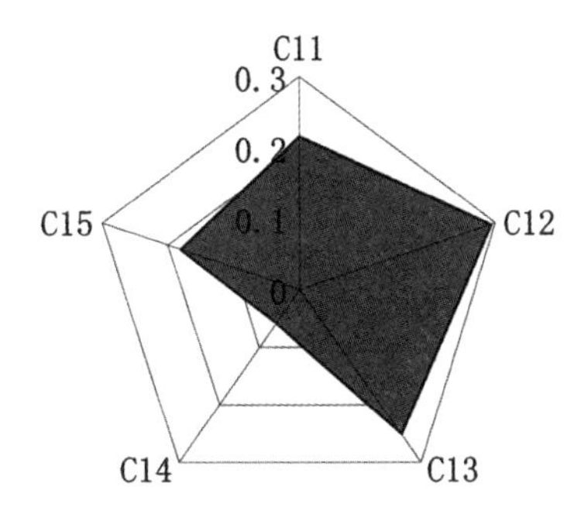

图 8-3　洪湖湿地功能整合子系统各指标权重

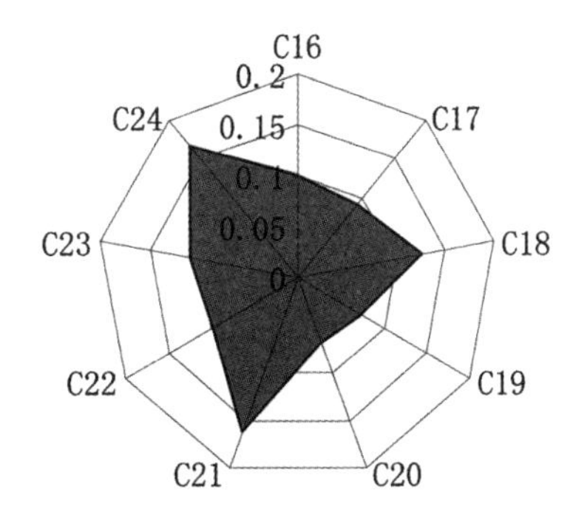

图 8-4　洪湖社会经济环境子系统各指标权重

得出相对于目标层 A 的权重矩阵为：

A_1＝[0.0803，0.0698，0.0333，0.0354，0.0391，0.0361，0.0644，0.0432，0.0583，0.0407]

A_2＝[0.0768，0.1057，0.0901，0.0205，0.0654]

A_3＝[0.0140，0.0131，0.0179，0.0103，0.0096，0.0229，0.0137，0.0157，0.0239]

A＝[0.5004，0.3586，0.1410]

8.4.2 指标度量及其生态意义

制定科学合理的健康标准及度量相应的指标是湿地生态健康评价的重点和难点，也是生态健康评价准确与否的关键所在，需要相关部门和科研单位做出大量细致的工作，长期监测湿地的变化过程，本研究同时也利用遥感（RS）和地理信息系统（GIS）等技术手段提供多种空间、动态的地理信息以解决数据不足问题。

8.4.2.1 湿地生态特征子系统

C1 水质情况：从质量水平反映湿地系统的水文性状。

20 世纪 50 年代洪湖还是一个通江敞水湖泊，生态功能良好，洪湖水生植物在生长过程中能够不断地吸附、吸收、分解水中的营养盐和污染物，通江水体能够产生自净作用，洪湖保持着良好的水质。到 20 世纪 80 年代初，洪湖水质尚属Ⅱ类。随着湖周人口增加，生产规模扩大，上游大量污染源及沿湖居民污水直泄洪湖，各种污水与日俱增，围湖造田、围网养殖等活动，破坏了水体的生态功能，致使洪湖水环境质量恶化。从表 8-7 可以看出，1995 年以前洪湖水质为Ⅲ类，随着洪湖市及其上游地区经济的发展，工农业污水、生活污水大量排放，1996 年后，洪湖水质已恶化为Ⅳ类，近年来湖区大规模的围网养殖活动，更加重了水体的污染，尤其在 21 世纪初达到高潮，洪湖水质也因此恶化为Ⅴ类。

表 8-7 洪湖水环环境质量变化情况①

年份	水质类别	超Ⅱ类标准
1981—1985	Ⅲ	COD_{Mn}
1986—1990	Ⅲ	COD_{Mn}、TP
1991—1995	Ⅲ	COD_{Mn}、TP
1996—2000	Ⅳ	COD_{Mn}、TP
2001—2005	Ⅳ或Ⅴ	COD_{Mn}、TP、TN

2003 年洪湖水质属于中度污染，2001 年、2002 年和 2004 年均属于轻度污染（图 8-5）。2005—2006 年洪湖水质为Ⅲ类，2008 年洪湖水质基本为Ⅲ类。“洪湖湿地生态保护与恢复示范工程”实施后，洪湖水质较 21 世纪初已有所好转，本章节将其定为Ⅲ类。

①湖北省环境监测中心站，洪湖水环境调查研究报告，2007。

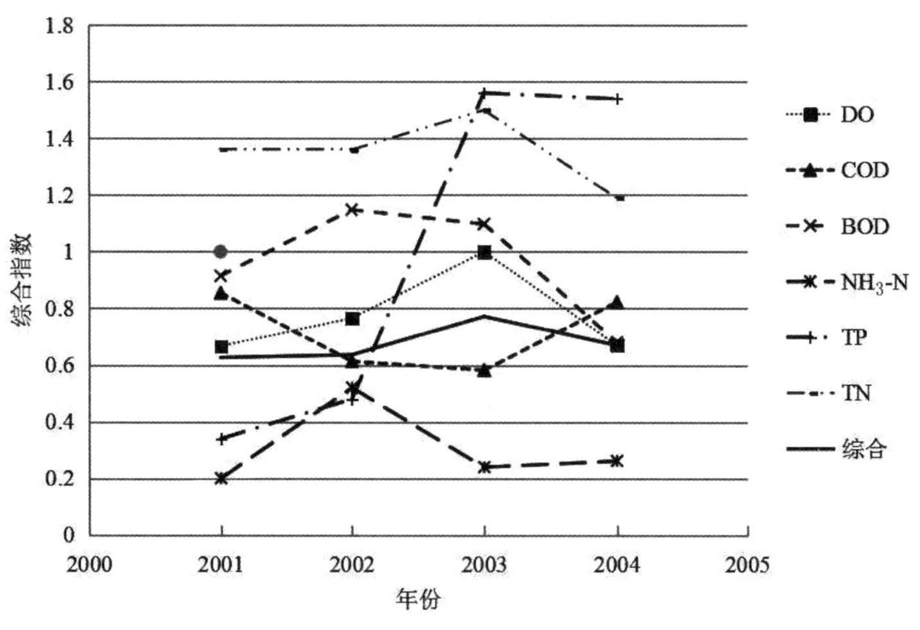

图 8-5 2001—2004 年洪湖水质指数变化图

C2 富营养化:水中含氮磷的程度。

经评价 2005 年 8 月—2006 年 7 月洪湖营养状态为中营养,呈富营养化趋势。入湖区为轻度富营养,养殖区、开阔水域和保护区水质均为中营养。N 与 P 的含量是水体富营养化的重要测度,从 N/P 可以看出富营养化的程度。2005—2006 年洪湖总氮与总磷之间的比例为 26.4∶1,而藻类生长的最适氮磷比为 16∶1,湖泊磷含量较低时,磷有可能成为导致富营养化和蓝藻水华爆发的限制性因子。虽接近富营养状态,但营养状态仍为中营养,因此将洪湖的营养程度定为中营养。

C3 湿地面积退化:以现有湿地面积内退化湿地面积的百分比来表示,可以用湿地的盐碱化、沙化、植被退化面积来衡量。

本章节采用 RS 技术,对 1991 年和 2001 年的 TM 影像数据利用 ERDAS IMAGINE 8.7 软件进行监督分类,进行处理以提取洪湖湿地类型[12],并在 ARCGIS 9.2 软件中,通过 GIS 空间分析计算洪湖湿地各类型湿地变化的情况,2001—2008 年间湿地面积变化不大。结果表明各类湿地均有不同程度的变化,湖泊、河流的面积减小。结合表 8-8 可以看出,1991—2001 年间,湖泊面积明显减少,主要被水田所替代,一些小的分散的湖泊经过围垦变成了水田,而部分水田又经过改造变成了坑塘,这说明当地居民将一些小湖泊转化为了水田和坑塘,以便水稻种植和水产精养,还有部分湖泊被其他非湿地所替代。部分河流有所消退,可能由于水土流失的原因,使得河漫滩面积迅速增加。1991—2001 年间,湖泊面积减少了 150.72 km^2,河流面积减少 64.53 km^2,河漫滩面积增加 30.72 km^2,水田面积减少 26.42 km^2,坑塘面积增加了 19.32 km^2。经过计算,洪湖湿地总面积减少了 191.63 km^2,湿地退化率为 15.24%。

表 8-8 1991 年和 2001 年洪湖湿地类型面积

湿地类型	1991 年			2001 年		
	面积(km^2)	占湿地总面积(%)	周长(km)	面积(km^2)	占湿地总面积(%)	周长(km)
湖泊	473.35	37.64	1822.40	322.63	23.05	689.92
河流	203.48	16.18	1704.70	138.95	14.38	1655.85
河漫滩	12.93	1.03	164.96	43.65	4.52	341.25
水田	553.93	44.05	6694.59	527.51	54.61	7787.99
坑塘	13.87	1.10	345.25	33.19	3.44	534.94

C4 土壤性状：反映湿地非生物组分特征，并直接决定着湿地系统生产者的生长状况。本章节结合土壤类型划分来衡量，采用定性与定量研究相结合。洪湖湿地地处北亚热带，地带性植被为落叶、阔叶混交林，受地形、母质、植被、气候和人类活动的影响，全区土壤共有水稻土、潮土、草甸土 3 大土类，细分为 6 个亚类，13 个土属。有机质含量最小的为 1.25%，最大的为 4.43%，总体有机质含量在 3.2%左右，土壤性能较好①。

C5 湖边湿地植被：主要研究湖边植被受扰状态及盖度变化，外来物种在新的湖泊湿地环境中，如果温度、湿度、海拔、土壤、营养环境条件适宜，就会自行繁衍，并造成物种的单一，极容易大肆扩散蔓延，形成大面积单优群落，排斥本地物种，破坏生物的多样性。洪湖湖边湿地植被较以往有一定的变化，以水生和湿生自然植被为主，以人工载培植被和疏林草植被为辅，原有植物覆盖率在 60%左右。

C6 优势性植物覆盖率：从植被覆盖的角度反映湿地生态健康。在洪湖湖泊湿地中，微齿眼子菜＋穗花狐尾藻群落为湿地生态系统的优势性植物，总面积 68.71 km^2，占湿地总面积的 6.4%。

C7 物种多样性：一般用湿地生态系统的物种种类占整个生物地理区湿地植物种数的百分比状况来衡量，因数据缺乏，本章节采用定性描述。洪湖湿地物种种类一般，但数量与分布面积较稳定。

C8 年均可利用水量：从水量方面反映湿地生态健康。根据计算，2007 年洪湖湿地可利用水量为 1.27326×10^9 m^3。

C9 湿地受胁迫状况：以洪湖湿地区内人类的各种扰动为基础，包括过渡渔猎、割草、捡鸟蛋、垦殖等胁迫因子，采用定性方法来衡量。

C10 湖泊淤积度：反映了湖泊的稳定状况及泥沙的淤积程度。洪湖水资源在国民经济和社会可持续发展中占有重要的位置，作为一个调蓄湖泊，洪湖淤积，则行洪能力下降，对长江中下游地区的洪涝会产生重要影响。采用定性指标，属于零星淤积，对湖泊蓄水有轻微的

①中国科学院测量与地球物理研究所，湖北省荆州市洪湖湿地自然保护区管理局. 湖北洪湖湿地自然保护区科学考察报告[R]. 武汉：中国科学院测量与地球物理研究所，2005.

影响。

8.4.2.2 功能整合子系统

C11 物质生产功能:水产品生产是洪湖湿地系统中最为主要的一项物质生产功能,本章节以洪湖年水产品产量来表示,收获量年均增加 4.3%。

C12 水文调节功能:将湿地现状旱涝灾害发生频次与历史发生水平相比,通过其增减变化来衡量,并采用附加水利工程建设及其费用来辅助说明湿地系统自身水文调节功能。同时,还包括湿地对流域内的生产和生活用水的供给状况。为农业灌溉、工业等提供用水。由于天然湿地面积的缩小,其洪水调控能力下降,须以人工附加工程来弥补,如筑堤、水库、滞洪区建设等。随着湿地面积的减小,洪湖湿地调蓄洪水功能明显减弱。

C13 水质净化功能:以湿地对污水的净化率大小及其稳定性来衡量。根据计算,净化水质功能以净化 TN、TP 含量为主,TN 去除率为 35.5%,TP 去除率为 24.4%。

C14 科考旅游功能:以景观美学价值的高低、湿地旅游活动和娱乐日的增减情况来衡量。洪湖湿地近期以来不断开发有美学价值的湿地旅游景观,开展的湿地旅游活动和娱乐的日数日渐增加,科学考察也逐渐增多。

C15 生物多样性维持功能:野生动物栖息地和育雏地,以破坏或退化率来表示。洪湖湿地栖息地破坏率约 7%。

8.4.2.3 社会经济环境子系统

C16 物质生活指数:衡量人类生活水平,反映湿地系统对外部人类健康的贡献,由于洪湖湿地区的人类群体以农民为主,本章节以农民人均纯收入进行统计衡量,2007 年农民人均纯收入为 3538.28 元。

C17 人口自然增长率:是湿地系统的一项人口压力指标,通过湿地系统所维持的人口数量的增减状况,反映湿地系统所受的外部压力,进而反映湿地系统的健康状态。从行政区划统计来看,2007 年洪湖市总人口 90.98 万人,人口自然增长率 2.85‰,监利县总人口 139.67 万人,人口自然增长率 4.90‰。则近年来洪湖湿地区人口平均自然增长率为 3.875‰。

C18 环保投资指数:是一项湿地生态系统的社会恢复力指标,它通过表征环境治理力度来反映环境得以保护和改善的趋势,以环保投入占 GDP 比重来表示。洪湖湿地所在的行政区为洪湖市和监利县,2007 年洪湖地区生产总值为 55.09 亿元,环境污染治理投资总额为 138 万元,监利县地区生产总值为 62.58 亿元,环境污染治理投资总额为 1350 万元。因洪湖市污染排放较少,治理投资也很少,故本章节以监利县的指标代表洪湖湿地。洪湖湿地区环保投资指数为 0.22%。

C19 化肥施用强度:既反映湿地遭受人类污染的程度,也反映了系统的外部投入补贴,是湿地系统健康的一项外部压力指标,本章节以每年每公顷的化肥施用量统计,洪湖湿地区近期湿地农业中的化肥平均施用强度为 417 kg/hm^2。

C20 农药使用强度:与化肥施用强度的生态意义相同,也是湿地系统健康的一项外部压力指标，以每年每公顷的农药使用量统计，洪湖湿地区近期湿地农业中的农药平均使用强度为 3.9 kg/hm^2。

C21 相关政策法规的贯彻力度：以接受到相关政策法规的人员占总人口的比例统计。本章节主要是考虑到洪湖对江汉平原的重要性，选择了这项指标，但是采用定性的指标来衡量。

C22 废水处理指数：也是一项湿地系统的社会恢复力指标，用洪湖市污水处理率表示，洪湖市 2007 年废水处理率为 55.25%。

C23 湿地保护意识：以具有湿地保护意识的人员占总人口的比例来计算，根据专家咨询，该比例为 48%。

C24 湿地管理水平：采用定性方法，以湿地管理队伍的整体水平衡量。

8.4.3 生态健康评价结果

8.4.3.1 评价结果

根据 8.3.2 节所述和生态健康计算模型，最终得到的等级评分向量和隶属评价矩阵如下：

$$C=[1 \quad 0.8 \quad 0.6 \quad 0.4 \quad 0.2]$$

$$R_1=\begin{bmatrix} 0 & 0.25 & 0.5 & 0.25 & 0 \\ 0.25 & 0.5 & 0.25 & 0 & 0 \\ 0 & 0.476 & 0.524 & 0 & 0 \\ 0.35 & 0.65 & 0 & 0 & 0 \\ 0 & 0.5 & 0.5 & 0 & 0 \\ 0 & 0 & 0 & 0.205 & 0.795 \\ 0 & 0.25 & 0.5 & 0.25 & 0 \\ 0 & 0 & 0.77 & 0.23 & 0 \\ 0.25 & 0.5 & 0.25 & 0 & 0 \\ 0.67 & 0.33 & 0 & 0 & 0 \end{bmatrix}$$

$$R_2=\begin{bmatrix} 0.265 & 0.735 & 0 & 0 & 0 \\ 0 & 0.25 & 0.5 & 0.25 & 0 \\ 0 & 0 & 0 & 0.245 & 0.755 \\ 0.67 & 0.33 & 0 & 0 & 0 \\ 0 & 0 & 0.833 & 0.177 & 0 \end{bmatrix}$$

$$R_3=\begin{bmatrix} 0.028 & 0.922 & 0 & 0 & 0 \\ 0.909 & 0.091 & 0 & 0 & 0 \\ 0 & 0 & 0 & 0.121 & 0.879 \\ 0 & 0 & 0 & 0.17 & 0.83 \\ 0 & 0 & 0.525 & 0.475 & 0 \\ 0.25 & 0.5 & 0.25 & 0 & 0 \\ 0 & 0.513 & 0.487 & 0 & 0 \\ 0 & 0 & 0.9 & 0.1 & 0 \\ 0 & 0.25 & 0.5 & 0.25 & 0 \end{bmatrix}$$

湿地健康评价过程中所运用的指标及其标准不同，对各个指标的处理方法也就不同，最终反映在湿地生态健康评价结果也会有所差别，本研究考虑到各个因素对健康评价的结果都有其影响性，让每个评价因子都对评价结果有影响，矩阵模糊复合运算中采用加权求和模型：$B=A*R$，即 $b_j=\sum_{i=1}^{n}(a_i \cdot r_{ij})(j=1,2,\cdots,m)$，本章节采用了加权平均的算法。运算结果如下：

$B_1=A_1*R_1=[0.143\quad 0.344\quad 0.349\quad 0.107\quad 0.057]$

$B_2=A_2*R_2=[0.095\quad 0.250\quad 0.299\quad 0.167\quad 0.189]$

$B_3=A_3*R_3=[0.134\quad 0.289\quad 0.306\quad 0.108\quad 0.164]$

$B=A*R=A*(B_1,B_2,B_3)^T=[0.1245\quad 0.3025\quad 0.3250\quad 0.1287\quad 0.1194]$

$W=B*C^T=0.6369$

8.4.3.2　结果分析

从最终评价结果来看，洪湖湿地生态系统健康度为 0.6369。从分级上来看，洪湖湿地在 0.1245 程度上属于很健康状态，在 0.3025 程度上属于较健康状态，在 0.3250 程度上属于一般健康状态，在 0.1287 程度上属于一般病态，在 0.1194 程度上属于疾病状态，如图 8-6 所示。根据最大隶属度原则，洪湖湿地生态系统健康状态属于“一般健康”。其涵义为：湿地生态系统的结构和功能出现了一定程度的退化，但还没有超出了生态系统所能承受的弹性范围，生态功能仍可以正常发挥，为人类社会和经济提供服务的效率、自身的生产力都处于一般的水平，生态系统对外界干扰具有较大的敏感性，自我调节功能减弱。

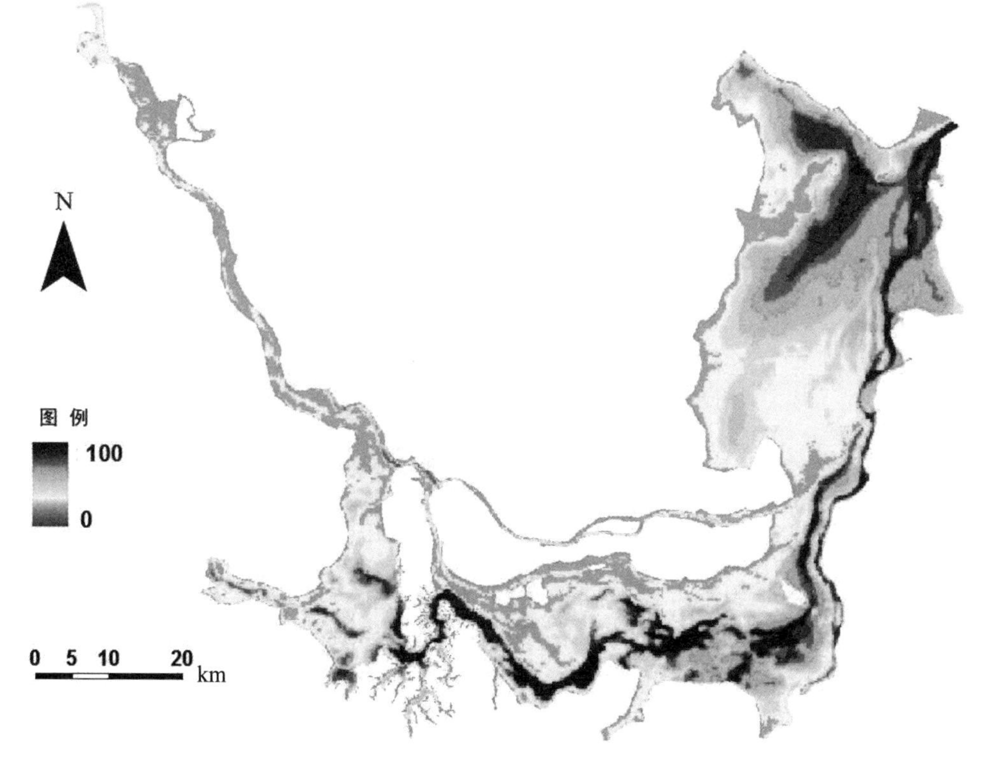

图 8-6

各学者对国内其他地区湿地的生态系统健康状况评价如下(由于评价指标不同,仅为定性比较):山东东平湖湿地为一般病态[13],河北衡水湖湿地为一般[14],黄河三角洲湿地为脆弱[15],辽河三角洲湿地整体状况为一般[16],山东南四湖湖泊湿地为亚健康[17],山东寿光沿海湿地为亚健康[18]。与这些湿地健康状况相比,洪湖湿地处于五类分级的第三级,状况稍好一些。

从子系统层面上来看,洪湖湿地生态特征子系统在最大程度(0.349)上属于一般健康状态,功能整合子系统在最大程度(0.299)上属于一般健康状态,社会经济环境子系统在最大程度(0.306)上属于一般健康状态,如图 8-7 所示。为了得到各子系统的健康度,同样也可以根据公式计算。可以得出湿地生态特征子系统健康度为 0.6818,功能整合子系统健康度为 0.5790,社会经济环境子系统健康度为 0.6248。相比而言,健康度依次为湿地生态特征子系统>社会经济环境子系统>功能整合子系统,功能整合子系统健康度最小,说明洪湖湿地的生态系统服务功能的发挥影响了洪湖湿地的生态环境健康。

$$
\begin{aligned}
W_1 &= B_1 * C^{\mathrm{T}} = 0.6818 \\
W_2 &= B_2 * C^{\mathrm{T}} = 0.5790 \\
W_3 &= B_3 * C^{\mathrm{T}} = 0.6248
\end{aligned}
\tag{8-10}
$$

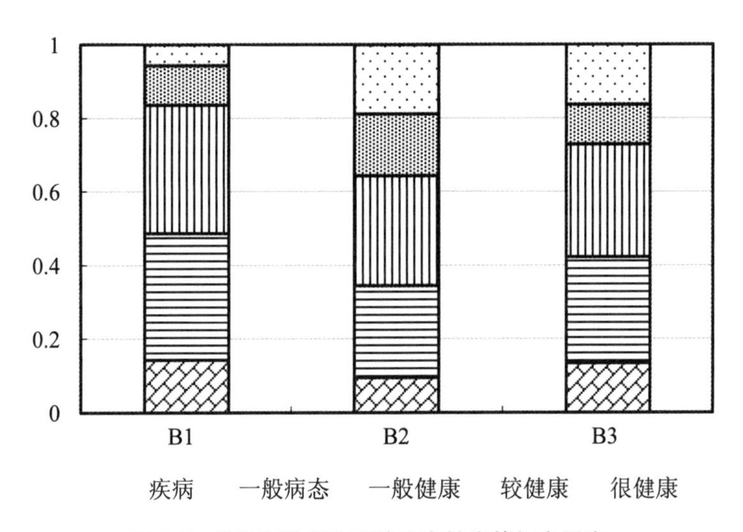

图 8-7 洪湖湿地各子系统生态健康等级隶属度

根据各指标的隶属度数值,得出各评价指标的评价等级分布图(图 8-8、图 8-9、图 8-10)。湿地生态特征子系统指标中,大部分指标隶属于较健康和一般健康区间,但是水质(C1)、物种多样性(C7)、年均可利用水量(C8)在一定程度上隶属于一般病态。说明:①洪湖水质超标,根据前文分析,21 世纪初期,洪湖水质恶化,处于Ⅳ、Ⅴ类水平,2005 年湿地恢复工程实施后水质有所好转,处于Ⅲ、Ⅳ类水平,某些区域仍然超标。②物种多样性减少。主要表现在鱼类种类逐渐贫乏,结构趋于单一,鱼的数量减少,个体趋于小型化。造成的原因一是江湖隔断。20 世纪 60 年代以后,修堤建闸,造成江河洄游性、半洄游性鱼类无法进入洪湖,只剩下能产卵繁殖的定居性鱼类;虽然采取了人工投放鱼种和“灌江纳苗”等措施,但人工增殖远不及捕捞的数量大、速度快。二是滥捕滥捞，渔业资源遭到破坏。多年来，洪湖渔民采取"迷魂阵""密缝阵""虾拖网""挽壕堰"等传统手段和后来兴起的"电捕鱼""地笼""炸鱼""毒鱼"等违法捕鱼方式对洪湖的渔业资源造成的是毁灭性的破坏。三是受兴修水利和大面积围湖造田，湖区居民滥猎乱杀水禽等的影响，鸟类的种类减少，种群结构发生变化。③由于洪湖湿地区居民人口的增加，区域工业化的发展，年均利用水量增加。湿地生态特征子系统指标中，健康状况最差的为优势性植物覆盖率(C6)，隶属状态为疾病，隶属程度为0.795，水生植被中具有较高渔业价值的微齿眼子菜和黑藻的生物量和分布范围下降，而穗花狐尾藻和金鱼藻等植物的分布范围和生物量在扩大，蓝藻类生长的优势加强，因而体现了洪湖呈现出富营养化趋势。另外，富营养化程度(C2)、土壤性状(C4)、湿地受胁迫状况(C9)、湖泊淤积度(C10)在一定程度上隶属于很健康状态。

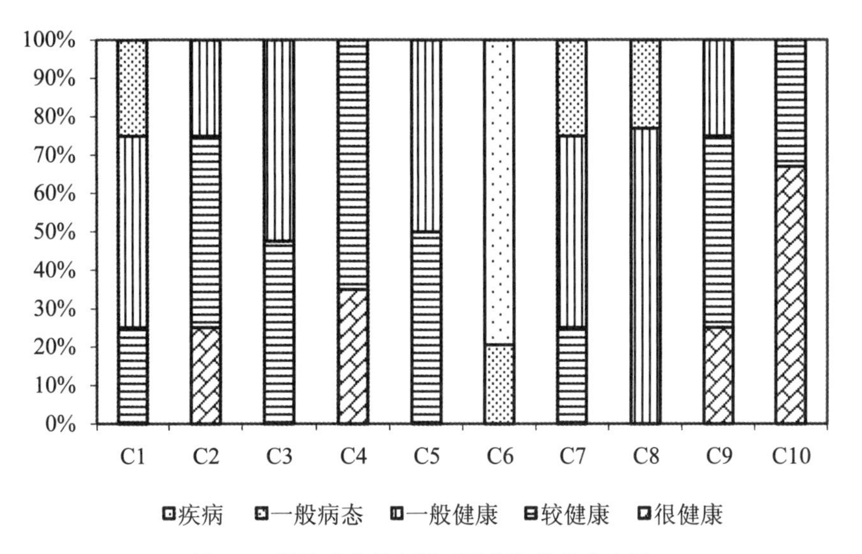

图 8-8 湿地生态特征子系统指标等级分布图

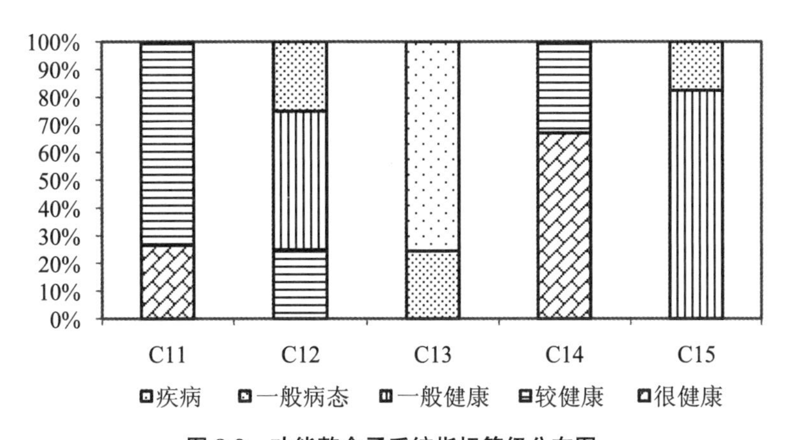

图 8-9 功能整合子系统指标等级分布图

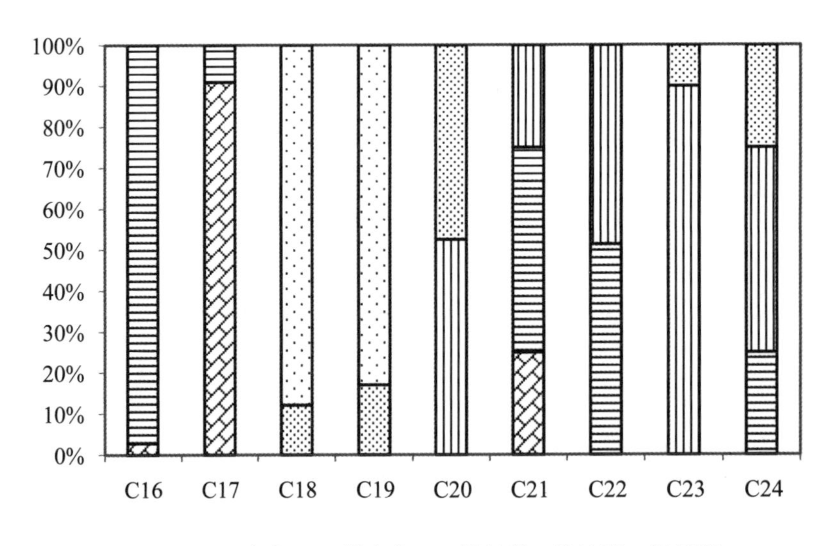

图 8-10　社会经济环境子系统指标等级分布图

功能整合子系统指标中，大部分指标隶属于较健康和一般健康区间，而水文调节功能(C12)、水质净化功能(C13)、生物多样性维持功能(C15)在一定程度上隶属于一般病态。说明：①洪湖湿地水文调节功能减弱。20 世纪 50 年代洪湖还是通江敞水湖泊。汛期江水倒灌，东荆河横流入湖。以后主要由于防洪需要，对洪湖进行了大规模整治。1955 年、1958 年、1970 年、1975 年相继修筑洪湖隔堤、新滩口节制闸、新堤排水闸、螺山电排闸等大型水利工程，使江湖隔断。三峡工程的兴建，对整个长江中游湖泊湿地的生态环境及江湖关系也产生某些影响，枯、洪水季节水位变幅减小，中水位水期长，使得洪湖地区地下水位起落幅度变小，滞水时间延长和地下水位上升。②水质净化功能减弱。主要受围网养殖的影响，湖泊中的水草被鱼蟹等大量消耗和渔民过度打捞，资源枯竭，从而降低了水生植物和微生物对湖水的净化功能。③生物多样性维持功能减弱，主要是由于湿地面积退化引起的。功能整合子系统指标中，健康状况最差的为水质净化功能(C13)，隶属状态为疾病。另外，物质生产功能(C11)、科考旅游功能(C14)在一定程度上隶属于很健康状态，说明湖区农渔产品稳步增长，洪湖湿地的生态旅游可进一步开发。

社会经济环境子系统指标中，大部分指标隶属于一般病态和一般健康区间，农药施用强度(C20)、湿地保护意识(C23)、湿地管理水平(C24)在一定程度上隶属于一般病态，表明这几方面对洪湖湿地生态环境存在负面影响，洪湖湿地的管理和湿地保护宣传教育有待加强。而环保投资指数(C18)、化肥施用强度(C19)隶属于疾病状态，表明湿地区农民对湖区农田施用化肥过多，政府对洪湖湿地的环境保护投入资金太少，是洪湖湿地未能达到健康状态的重要原因。另外，物质生活指数(C16)、人口自然增长率(C17)在一定程度上隶属于很健康状态，事实表明洪湖湿地区人口处于低生育水平，居民生活水平稳步提高。

综上所述，整个指标体系中表现为很健康状态的指标为富营养化程度、土壤性质、湿地受胁迫状况、湖泊淤积度、物质生产功能、物质主治指数、科考旅游功能和人口自然增长率。表现为疾病状态的指标为水质、物种多样性、年均可利用水量、优势性植物覆盖率、水文调节功能、水质净化功能、生物多样性维持功能、环保投资指数和化肥施用强度，这些指标即为洪湖湿地生态健康的主要制约因素。

8.5 引入水安全度模型的评价

随着社会经济的不断发展，资源短缺、人口增长和环境退化等压力日益增加，由此导致的安全问题已超越了传统的国家或公众安全的研究范畴，包括环境变化在内的综合安全研究势在必行，水资源及水生态环境的变化对社会经济发展的影响应纳入综合安全的研究范畴。许多学者从水量安全、水质安全、水灾害、供水保障、水资源承载力等不同的角度给出了水安全的定义，但均未能反映环境变化与安全问题的本质联系。水安全评价不仅要考虑一个地区或流域的水资源状况，还要综合评价与之相关的环境、生态、社会、政治、经济等多方面因素[19]。水安全的内涵包括水的存在方式（量与质、物理与化学特性等）及水事活动（政府行政管理、卫生、供水、减灾、环境保护等）对人类社会的稳定与发展是无威胁的，或者说存在某种程度的威胁，但是可以将其后果控制在人们可以承受的范围之内[20]。水安全可概括为实际可以利用的水资源能够保障该国（区域）经济当前需要和可持续发展需要，涵盖生命安全、经济安全、生态环境安全、社会安全和管理安全。

由于洪湖湿地为水生生态系统，洪湖流域的水资源联系着江汉平原地区的社会和经济发展，因此水安全问题应引起重视。前文生态系统健康评价指标中涵盖了环境、生态、社会、政治、经济等多个指标，因此水安全的评价沿用健康指标体系。将其分解成湿地生态特征安全度、功能整合性安全度和社会经济环境安全度三个部分，三个分安全度分别选取相关的指标及标准进行模型计算，得出各个指标的安全度，再加权计算出分安全度的值，最后综合评价。

8.5.1 评价模型的确定

这里借鉴了水安全度的计算模型[21]，以越大越优的指标为例，健康度 y 随着指标值 x 的增加而递增，健康度从 0 增加到某个值时，dy/dx 非常大，而随着 x 的增加，y 的增加越来越小，即 dy/dx 是 x 的减函数。阻滞增长模型（Logistic 模型）更符合这样的规律，阻滞增长模型表达的就是这种从开始发展到中间突变，最后又趋于饱和的物理现象，但是 Logistic 模型参数过多，本研究难以确定，且该模型与承载度的物理意义差别比较大，因此指标的核算标准需要调整。常见函数中对数函数、指数小于 1 的幂函数等符合这个要求，但是由于对数函数关系比较简单，适于这种单纯指标的计算，所以选择了对数函数。以越大越优的指标为例，当指标值很小时，指标值的增加对承载度的提高没有太大的影响，只有当指标值达到一定的水平时，其增加才对承载度的提高有相应的贡献，当承载度比较高后，指标值的增加对承载度的贡献也是不大的，因此采用对数函数模型基本能满足要求。

设计的模型为：

$$y=a+b\log x \quad (8\text{-}11)$$

式中:a 和 b 为模型中的参数。文中的定性指标采用本章 3.2 节中的方法进行处理,定量指标安全度的计算则采用函数。

参照评价指标的分级标准,可以确定指标中的最差值和最优值,如表 8-9 所示。将水安全度 S 划分为 1,0.8,0.6,0.4,0.2 分别代表“非常安全”“安全”“基本安全”“不安全”“极不安全”,最差值对应“极不安全”,最优值对应“非常安全”,从而可以确定各指标的参数 a,b 的值,如表 8-10 所示。

表 8-9 湿地生态系统健康评价指标核算标准

指标	C3	C4	C5	C6	C8	C11	C13	C15
最优值	5%	3.5%	80%	45%	30	5%	90%	2%
最差值	35%	0.8%	20%	10%	5	5%	45%	12%
指标	C16	C17	C18	C19	C20	C22	C23	
最优值	4000	5‰	2.5%	200	2.5	85%	75%	
最差值	1000	6.5‰	1%	450	4.5	40%	25%	

表 8-10 计算模型中参数的 a,b 值

指标	C3	C4	C5	C6	C8	C11	C13	C15
a	0.54	3.271	1.161	1.531	−0.898	1.766	1.152	−1.183
b	0.514	0.678	0.721	0.665	0.558	0.256	1.443	−0.558
指标	C16	C17	C18	C19	C20	C22	C23	
a	4.983	19.19	4.026	7.534	2.559	1.475	1.062	
b	0.721	8.776	1.613	2.84	3.92	4.9	0.91	

8.5.2 安全度模型的计算原则

根据实际情况,我们对分安全度的运算模型做出如下规定。

(1)模型中每个指标均为无量纲值:因为每个评价指标的单位和数量不同,因此必须将它们分别对应标准值进行无量纲化处理,使它们能够进行综合计算。

(2)模型中每个指标均介于 0～1 之间:因为对应标准,每个指标都存在一个最差值和一个最优值,取最差值或比最差值小时该指标为 0,取最优值或比最优值大时该指标为 1,尽管有越大越优的指标,也有越小越优的指标,但是它们的取值都介于最差值和最优值之间,并且其函数是单调的。

(3)模型中各指标分别占有不同的权重,对安全度值有大小不同的贡献。

根据以上规定，对于每个评价指标在分健康度的计算中取值都在 0～1 之间，可以把这个无量纲化后介于 0～1 之间的值称为指标的安全度。因此可以预见湿地生态系统健康的综合评价值也是介于 0～1 之间的，并且越大越优。

加权安全度的计算采用模型为：

$$S=\sum_{i=1}^{m} S_i \times W_t \tag{8-12}$$

8.5.3 洪湖湿地水安全度的计算

运用上述模型，采用本章 8.4.2 节的数据，计算定量指标，定性指标直接赋分，即可得出各指标的安全度值，加权后得到分安全度值，权重采用 8.4.1 节的数据。计算结果如表 8-11、表 8-12、表 8-13 所示，综合计算结果如表 8-14 所示。

表 8-11 湿地生态特征子系统分安全度

指标	权重	安全度	计算结果	最后结果
水质(C1)	0.1604	0.6	0.096	0.639
富营养化程度(C2)	0.1395	0.8	0.112	
湿地面积退化(C3)	0.0665	0.427	0.028	
土壤性状(C4)	0.0707	0.93	0.066	
湖边湿地植被(C5)	0.0781	0.793	0.062	
优势性植物覆盖率(C6)	0.0721	−0.297	−0.021	
物种多样性(C7)	0.1287	0.6	0.077	
年均可利用水量(C8)	0.0863	0.522	0.045	
湿地受胁迫状况(C9)	0.1165	0.8	0.093	
湖泊淤积度(C10)	0.0813	1	0.081	

表 8-12 功能整合子系统分安全度

指标	权重	安全度	计算结果	最后结果
物质生产功能(C11)	0.2141	0.96	0.206	0.379
水文调节功能(C12)	0.2949	0.5	0.147	
水质净化功能(C13)	0.2513	−0.342	−0.086	
科考旅游功能(C14)	0.0572	1	0.057	
生物多样性维持功能(C15)	0.1825	0.301	0.055	

表 8-13 社会经济环境子系统分安全度

指标	权重	安全度	计算结果	最后结果
物质生活指数(C16)	0.0994	0.909	0.090	0.506
人口自然增长率(C17)	0.093	0.938	0.087	
环保投资指数(C18)	0.1269	−0.261	−0.033	
化肥施用强度(C19)	0.0728	0.094	0.007	
农药施用强度(C20)	0.0681	0.243	0.017	
相关政策法规的贯彻力度(C21)	0.1621	0.8	0.130	
废水处理指数(C22)	0.0972	0.212	0.021	
湿地保护意识(C23)	0.1111	0.772	0.086	
湿地管理水平(C24)	0.1694	0.6	0.102	

表 8-14 洪湖湿地水安全度综合计算

分安全度	分安全度值	权重	综合值
湿地生态特征子系统(B1)	0.639	0.5004	0.527
功能整合子系统(B2)	0.379	0.3586	
社会经济环境子系统(B3)	0.506	0.141	

从计算结果可以看出，洪湖湿地水安全度综合值为0.527，参照水安全评价标准(表8-15)，属于基本安全状态。从子系统层面上看(表8-14、图8-11)，湿地生态特征系统为安全状态，功能整合系统为不安全状态，社会经济环境系统为基本安全状态，水安全度大小依次为湿地生态特征子系统＞功能整合子系统＞社会经济环境子系统，说明功能整合系统中存在不安全因素使得洪湖湿地水安全不能达到安全状态。结合各指标的安全度来看，优势性植物覆盖率、水质净化、环保投资指数等几个指标的安全性最小，成为洪湖水安全的限制性因素，这些指标与前文洪湖湿地生态系统健康的主要制约因素相一致。因此，洪湖湿地的生态恢复工程措施应该继续扩大范围实施，加大环保投资力度，通过工程措施恢复植被，从而恢复洪湖湿地水生生态系统的水质净化等生态功能。

表 8-15 水安全评价标准

数值	1～0.8	0.8～0.6	0.6～0.4	0.4～0.2	0～0.2
级别	非常安全	安全	基本安全	不安全	极不安全

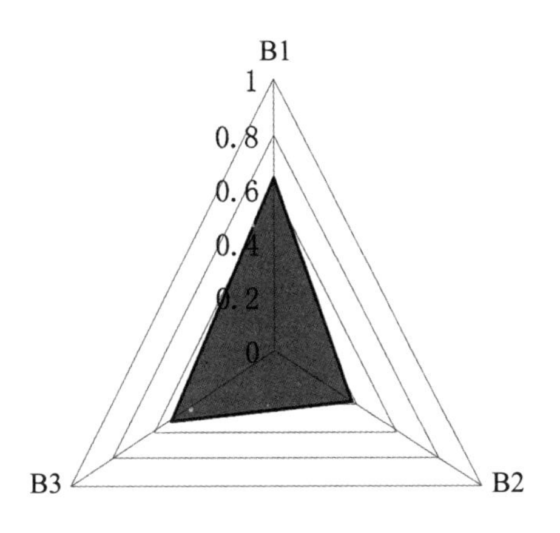

图 8-11 洪湖湿地各子系统水安全度

8.6 基于生态压力指数的生态安全评价

生态安全作为与国家安全密切相关的政治名词,近10年才逐渐赋予其科学内涵。国外生态安全研究集中在基因工程、农药、化肥的生态影响和安全方面;我国也在20世纪90年代初期开始关注生态安全。对于生态安全概念目前存在着广义和狭义两种理解:前者以国际应用系统分析研究所(IASA)于1989年提出的为代表,包括自然生态安全、经济生态安全和社会生态安全;后者是指自然和半自然生态系统的安全。我国学者对生态安全的理解多集中在其狭义概念上,主要从生态系统或者生态环境方面对其进行阐述。如将生态安全理解为一个国家或区域生存和发展所需的生态环境处于不受或少受破坏与威胁的状态。也有学者将生态安全与保障程度相联系,把生态安全定义为人类在生产、生活和健康等方面不受生态破坏与环境污染等影响的保障程度。

8.6.1 生态安全评价模型

本章节参考国内学者的研究在生态足迹原理的基础上,提出生态压力指数(T)的概念建立评价模型。生态足迹可分为可更新资源的生态足迹和不可更新资源(能源)的生态足迹,考虑到生态足迹方法中没有对应能源的生态承载力,加之化石能源的贸易流通和所排放气体的扩散性,某一国或地区所消费的化石能源足迹所带来的生态压力不可能只由消费国或地区所承担,更多的是由全球来负担,所以,将生态压力指数定义为某一国家或地区可更新资源的人均生态足迹与生态承载力的比率,该指数代表了区域生态环境的承压程度,其模型为:

$$T=f'/c \tag{8-13}$$

式中:f'为区域可更新资源的人均生态足迹;c为人均生态承载力。

为了确定科学的评价指标及等级划分,根据WWF2004中提供的2001年全球147个国家或地区的生态足迹和生态承载力数据，利用模型计算了其生态压力指数，其变化范围为0.04～4.00。为了便于研究结果间的相互比较，可对生态压力指数值进行标准化处理，其计算公式如下，即

$$T'=T/T_{\text{标}} \tag{8-14}$$

式中：T'为标准化后的生态压力指数值；$T_{\text{标}}$ 为全球生态压力指数标准值(即在全球范围内生态压力指数属于最高一类的阈值)。结果第四章的数据，根据对全球147个国家或地区及中国部分省、市、县的生态压力指数的研究结果，$T_{\text{标}}$ 的值定为2(全球>2的国家有9个)。

生态压力指数等级划分标准采用两级标准相结合的方法，即将生态压力指数由低到高划分为生态安全、生态预警、生态不安全3级，每一级别中又分为几个亚级。作者通过对所获得的全球生态压力指数值进行聚类分析，结合考虑各国的生态环境状况，参照各学者的研究成果，制定了基于生态压力指数的生态安全等级划分标准(表8-16)。

表8-16　基于生态压力指数的生态安全等级划分标准

级别	Ⅰ		Ⅱ		Ⅲ	
生态压力指数	<0.80		0.81～1.50		>1.51	
表征状态	生态安全		生态预警		生态不安全	
亚级	Ⅰa	Ⅰb	Ⅱa	Ⅱb	Ⅲa	Ⅲb
生态压力指数	<0.50	0.51～0.80	0.81～1.00	1.01～1.50	1.51～2.00	>2.00
表征状态	很安全	较安全	稍不安全	较不安全	很不安全	极不安全

8.6.2 洪湖湿地生态安全评价

根据莫明浩[22]计算结果可知，2007年洪湖湿地可更新资源的人均生态足迹如下：耕地0.2647 hm^2，林地0.0320 hm^2，草地0.3991 hm^2，水域0.8332 hm^2，则可更新资源的生态足迹为 $f'=1.529$，洪湖湿地人均生态承载力 $c=0.6548$，从而可以得出 $T'=T/T_{\text{标}}=f'/c$. $T_{\text{标}}=1.17$。参照表8-16的评价标准，洪湖湿地处于生态预警级别，亚级处于较不安全级别。说明洪湖湿地的生态安全状况应该引起注意，原因则是由生态足迹过大和生态承载力过小引起的。随着经济的发展，该省生态足迹还会进一步提高，生态压力将不断加大。为了可以在不降低人们生活水平的前提下，降低生态赤字和生态压力指数。其措施如下：一是控制人口，减少消费，建立资源节约型社会。在有限的资源下，生态承载力也是有限的，人口急剧增长会使生态足迹不断增大。二是加强对现有资源的保护，保持现有的生物生产力。必须合理开发利用土地资源，提高土地资源的利用率，包括各种生物生产土地利用的提高，从而进一步提高生态承载力。三是调整能源消费结构。洪湖湿地的能源消费足迹很高，而能源消费中又以煤炭为主。所以，若能减少煤的消费，进行能源消费结构调整，如充分利用太阳能、农村沼气能等新能源则可大幅度降低其生态足迹需求。通过以上途径，生态足迹将会减小，生态承载力将增大，则生态压力指数将减小，洪湖湿地则会向更加安全的状态转变。

参考文献

[1] 王慧亮，王学雷，莫明浩，等. 基于生态健康的洪湖湿地恢复评价 [J]. 武汉大学学报(理学版)，2010，56:557-63.

[2] 杜耘. 城市圈湿地生态健康评价:以洪湖为例[J]. 第五届生态健康论坛，2009.

[3] 王学雷，宁龙梅，肖锐. 洪湖湿地恢复中的生态水位控制与江湖联系研究[J]. 湿地科学，2008，6:316-320.

[4] 宁龙梅，王学雷，朱明勇. 基于层次分析法的湖泊湿地综合功能评价——以洪湖为例[C]. 全国环境水力学学术研讨会，2006.

[5] 王学雷，任宪友. 基于洪湖湿地恢复的灌江纳苗可行性分析研究[J]. 水利规划与设计，2005:52-55.

[6] 崔保山，杨志峰. 湿地生态系统健康评价指标体系:Ⅱ. 方法与案例[J]. 生态学报，2002，22:1231-1239.

[7] 蒋卫国. 基于 RS 和 GIS 的湿地生态系统健康评价:以辽河三角洲盘锦市为例[D]. 南京:南京师范大学，2003.

[8] 韩美，李艳红，李海亭，等. 山东寿光沿海湿地生态系统健康诊断[J]. 中国人口·资源与环境，2006，16(4):78-83.

[9] 张祖陆，梁春玲，管延波. 南四湖湖泊湿地生态健康评价[J]. 中国人口·资源与环境，2008，18(1):180-184.

[10] 张晨光，吴泽宁. 层次分析法(AHP)比例标度的分析与改进[J]. 郑州工业大学学报，2000，21(2):85-87.

[11] 姜艳萍，樊治平，王欣荣. AHP 中判断矩阵一致性改进方法的研究[J]. 东北大学学报(自然科学版)，2001，22(4):468-470.

[12] 莫明浩，任宪友，王学雷，等. 洪湖湿地生态系统服务功能价值及经济损益评估[J]. 武汉大学学报(理学版)，2008，54(6):725-731.

[13] 高桂芹. 东平湖湿地生态系统健康评价研究[D]. 济南:山东师范大学，2006.

[14] 解莉. 衡水湖湿地生态系统健康评价及恢复研究[D]. 北京:华北电力大学，2007.

[15] 王巍. 黄河三角洲湿地生态系统健康综合评价研究[D]. 泰安:山东农业大学，2007.

[16] 蒋卫国. 基于 RS 和 GIS 的湿地生态系统健康评价:以辽河三角洲盘锦市为例[D]. 南京:南京师范大学，2003.

[17] 张祖陆，梁春玲，管延波. 南四湖湖泊湿地生态健康评价[J]. 中国人口·资源与环境，2008，18(1):180-184.

[18] 韩美，李艳红. 李海亭，等. 山东寿光沿海湿地生态系统健康诊断[J]. 中国人口·资源与环境，2006，16(4):78-83.

[19] 张翔，夏军，贾绍凤. 水安全定义及其评价指数的应用[J]. 资源科学，2005，27(3):145-149.

[20] 王远坤,夏自强,曹升乐.水安全综合评价方法研究[J].河海大学学报(自然科学版),2007,35(6):618-621.

[21] 阮本清,梁瑞驹,陈韶君.一种供用水系统的风险分析与评价方法[J].水利学报,2000:1-7.

[22] 莫明浩.基于生态健康的洪湖湿地生态环境综合评价研究[D].武汉:武汉大学,2009.

第九章 洪湖湿地生态系统服务功能价值评估

湿地同森林、海洋并成为地球上三大生态系统，具有多种重要的生态系统服务功能，是重要的国土资源和自然资源。本章节结合洪湖湿地的区域特征，采用影子工程法、市场价值法等资源环境经济学的方法对洪湖湿地的水资源价值、生物资源价值等生态系统服务功能价值进行了评估，并对洪湖湿地20世纪50年代以来生态价值的经济损益状况进行了分析。

9.1 湿地生态系统服务功能分析

生态系统服务功能是指生态系统与生态过程所形成及所维持的人类赖以生存的自然环境条件与效用，它不仅包括各类生态系统为人类所提供的食物及其它工农业生产原料，更重要的是支撑与维持了地球的生命支持系统。湿地是重要的国土资源和自然资源，如同森林、海洋一样，具有多种功能[1]。健康的湿地生态系统，是国家生态安全体系的重要组成部分和实现经济与社会可持续发展的重要基础[2]。我国是湿地大国，湿地面积约 6.940×10^7 hm^2，占世界湿地的10%，位居亚洲第一位，世界第四位。我国湿地分布比较广泛，从寒温带到热带、从沿海到内陆、从平原到高原山区都有湿地分布，随着区域水热条件的差异，湿地经济功能具有差异性和多样性[3]。主要的经济功能包括资源功能，环境功能和社会功能[4]（图9-1、

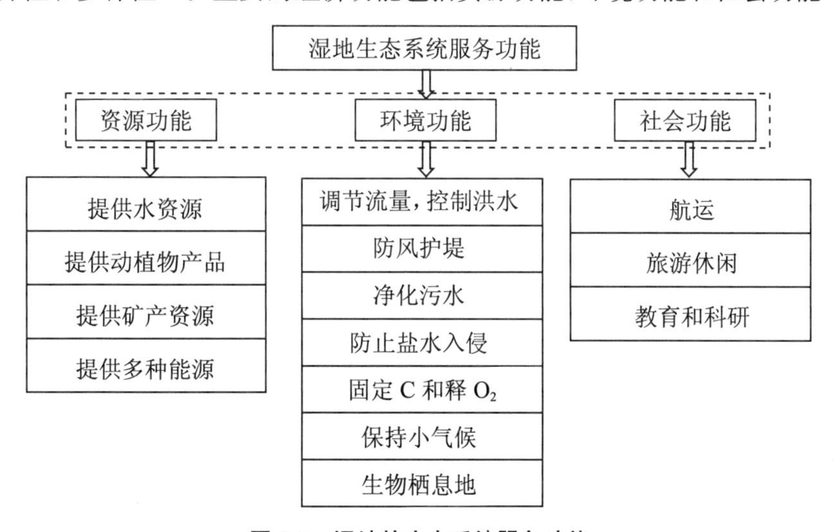

图9-1 湿地的生态系统服务功能

表 9-1)。其中资源功能包括提供水资源、提供动植物产品、提供矿物资源、提供多种能源等功能,环境功能包括调节流量、控制洪水、防风护堤、净化污水、防止盐水入侵、固定 C 和释放 O_2、保持小气候、生物栖息地等功能,社会功能包括航运、旅游休闲、教育和科研等功能[5]。

表 9-1　湿地生态系统服务功能的含义

功能名称		含义
资源功能	提供水资源	湿地在输水、储水和供水方面发挥着巨大效益,许多湿地的淡水资源可以直接被利用;有些湿地可以补充地下水,通过蓄积地下水,湿地有助于保持河流的基本水流,也可以降低地下水位
	提供动植物产品	许多湿地可以生产菱角、盐草、芦苇、水产品、野生稻子、木材等
	提供矿物资源	湿地中有各种矿砂和盐类资源
	提供多种能源	湿地可以提供水能、潮汐能、燃料等
环境功能	调节流量、控制洪水	储蓄洪水,减少洪峰和速度对下游地区的威胁
	防风护堤	通过减缓波浪的压力,从而减少对岸边物体和结构的破坏与侵蚀
	净化污水	湿地可以截留从上游来的沉积物、营养物、残体、化学物质等进入下游水体,而且湿地还可以降解水中的污染物
	防止盐水入侵	外流出的淡水限制了海水的回灌,沿岸植被也有助于防止潮水流入河流
	固定 C 和释放 O_2	湿地产生氧气,是碳和甲烷的存储地
	保持小气候	湿地尤其是靠近城市的大块湿地可以降低气温和大气污染程度
	生物栖息地	湿地可以为鱼类提供饵料、产卵和哺育的场地以及庇护所;也可为甲壳类、哺乳动物、爬行动物、两栖动物及其鸟类等提供栖息地
社会功能	航运	货运和客运
	旅游休闲	许多湿地具有美学价值,美景可以增加房地产价值和生态旅游价值
	教育和科研	许多湿地为学校和政府研究部门提供了教育和研究机会;一些湿地具有历史价值,一些湿地比如化石和墓葬遗址等具有考古研究价值

9.1.1　资源功能

1. 提供水资源

水是人类不可缺少的生态要素,湿地是人类发展工、农业生产用水和城市生活用水的主要来源。我国众多的沼泽、河流、湖泊和水库在输水、储水和供水方面发挥着巨大效益。另外,湿地可以为地下蓄水层补充水源。当水由湿地渗入或流到地下蓄水系统时,蓄水层的水就得到了补充,湿地则成为补给地下水蓄水层的水源。从湿地流入蓄水层的水随后可成为浅水层地下水系统的一部分,因而得以保持。浅层地下水可为周围供水,维持水位,或最终流入深层地下水系统成为长期的水源。沿江河筑堤束水虽然可以控制江河泛滥,但也在汛期把大量淡水资源白白排入大海,没有充分发挥湿地对水资源的时空分配功能,使多余的洪水未能转化为地下水，作为旱季或旱年的水分来源。湿地水源补充地下水对于依赖中、深度水井作为水源的社区和工农业生产来说很有价值。在某些情况下，一块湿地可作为一个蓄水层的补育水源，而这个蓄水层又为一个更为复杂的自然环境或农业、居民点、工业系统提供水源。

2. 提供动植物产品

湿地提供的莲、藕、菱、芡及浅海水域的一些鱼、虾、贝、藻类等是富有营养的副食品，可以提供木材、药材、动物皮革，有些湿地动植物还可入药，有许多动植物是发展轻工业的重要原材料，如芦苇就是重要的造纸原料，1t 芦苇可代替 2t 木材，全国年产芦苇约 1.50×10^6t，可节省约 3.00×10^6t 木材。湿地动植物资源的利用还间接带动了加工业的发展，我国的农业、渔业、牧业和副业生产在相当程度上要依赖于湿地提供的自然资源。以洪湖湿地为例，据 20 世纪八九十年代调查，洪湖拥有鱼类 54 种；高等水生植物 70 多种，总生物量达 1.57×10^6t；浮游植物 92 种，生物量为 2.438 mg/L，全年生产量 1400t；浮游动物 169 种，生物量为 0.559 mg/L，底栖动物 66 种，总生物量达 4.4×10^5t。丰富的生物资源为当地水产品发展提供了良好的条件，1998 年洪湖及其周围子湖湖滩水产品产量达 5.7 万 t，其中鱼类 4.9 万 t。从水生经济植物生产水平看，不仅莲、菱及藕、芡实等经济植物有较大幅度的增长，而且由于开发野菰作鱼饲料，以鱼制(水)草，以(水)草养鱼，有利于形成生态良性循环。

3. 提供矿物资源

湿地中有各种矿砂和盐类资源。中国的青藏、蒙新地区的咸水湖和盐湖，分布相对集中，盐的种类齐全，储量极大。盐湖中，不仅贮存大量的食盐、芒硝、天然碱、石膏等普通盐类，而且还富集着硼等多种稀有元素。中国一些重要油田(如黄河三角洲的胜利油田)，大都分布在湿地区域，湿地的地下油气资源开发利用，在国民经济中的意义重大。

4. 提供多种能源

水电在中国电力供应中占有重要地位，中国水能蕴藏占世界第一位，达 6.8×10^{10} kW，有着巨大的开发潜力。我国沿海湿地多河口港湾，蕴藏着巨大的潮汐能。另外，可从湿地中直接采挖泥炭用于燃烧，湿地中的林草作为薪材，是湿地周边农村中重要的能源来源。

9.1.2 环境功能

1. 调节流量，控制洪水

湿地在蓄水、调节河川径流、补给地下水和维持区域水平衡中发挥着重要的作用，是蓄水防洪的天然“海绵”。我国降水季节分配和年度分配不均匀，通过天然和人工湿地的调节，可以储存来自降水、河流过多的水量，从而避免发生洪水灾害，保证工农业生产有稳定的水源供给。长江中下游的洞庭湖、洪湖、鄱阳湖、太湖、巢湖等许多湖泊发挥着重要的调水功能，防止了数次洪涝灾害。

湿地一般位于本地区的低凹处，含有大量持水性良好的土层和植物及质地黏重的不透水层，使其具有巨大的蓄水能力。它能在短时间内蓄积洪水，然后用较长的时间将水排出。因而从某种意义上讲，湿地的作用相当于工程建筑上用以阻止和延缓洪水的大坝。湿地对洪水的控制作用是人们最经常引用为作为保护湿地的主要理由之一。

湿地是一个巨大的蓄水库，可以在暴雨和河流涨水期储存过量的降水，均匀地把径流放出，减弱危害下游的洪水，因此保护湿地就是保护天然储水系统。关于湿地对洪水的控制和调蓄作用的机制，目前通常认为湿地具有的土层所拥有的巨大持水能力发挥着最重要的作用，除此之外，湿地生态系统独特的生物群落也对洪水的控制和调节发挥了重要的作用。生长在湿地生态系统中的植物群落，其茎叶能降低水流速度，其根系固定土壤，是保护堤岸免受流水和波浪冲刷的屏障。湿地生态系统中植物群落通常促进泥沙和其他固体悬浮物沉降，例如长江洲滩型苇田，夏、秋两季被洪水淹没，常有厚度不等的淤泥或泥沙在此沉积，厚度由数厘米到数十厘米不等。这种新形成的覆盖层变成根、茎的分布层，随着湿地中植物根茎的上移生长，又由覆盖层变成根茎的覆盖层。这种周而复始的运动促使堤岸加固，并使水域部分减少沉积。江河下游河道及支流中湖沼岸边的湿地常具有夏水冬陆的景观，大面积相对平缓的水边湿地加大了对季节性洪水的接纳容量，降低了洪峰的高程，减轻了洪水的威胁。湿地的微景观结构和植被能在广阔的面积里对水土起到一定的保护作用。这种作用的机理，一是湿地景观生态系统的储存缓冲能力，二是截留作用，三是在以上过程中一部分地表水转化为地下水。因此，大面积的湿地尤其是在源头和上游地区对水土保持、稳定径流以及涵养地下水都具有一定意义。

2. 防风护堤

湿地植被的自然特性可防止或减轻对海岸线、河口湾和江河湖岸的侵蚀，以抵御海浪、台风和风暴的冲击力，防止对海岸的侵蚀，同时它们的根系可以固定、稳定堤岸和海岸，保护沿海工农业生产。这是因为植物根系及堆积的植物体对基地有稳固作用；湿地植被可以削弱海流和水流的冲力；植被可以拦蓄沉降沉积物，提高滩地高度。盐沼和红树林防浪护岸是通过消浪、缓流和促淤来实现的。从经济上说，采用湿地作为海岸防护带具有减少投资的效果。人工建设的堤岸工程可能在同样风暴面前比天然湿地更脆弱，破坏发生的频率很高。

3. 净化污水

随着工农业生产和人类其他活动以及径流等自然过程带来的化肥、农药、除草剂、工业污染物、有毒物质进入湿地，湿地物理、生物和化学过程可使有毒物质沉淀、降解和转化，使当地和湿地下游区域受益。

现在，科学研究已经确证可以利用湿地生态系统进行污水处理。湿地有助于减缓水流的速度，当含有毒物和杂质(农药、生活污水和工业排放物)的流水经过湿地时，流速减慢，有利于毒物和杂质的沉淀和排除。此外，一些湿地植物像芦苇、香蒲等能有效地吸收有毒物质。传统的污水处理技术，设施投资多、运转费用高。利用湿地生态系统处理污水，基建投资和运转费用都不高，效果却不亚于一般污水处理厂。湿地生态系统处理污水是一个复杂的自然生态、生化过程，是湿地的理化、生物作用的综合效应，包括了沉淀、吸附、离子交换、络合反应、硝化、反硝化、营养元素的生物转化和微生物分解过程。该系统对 BOD 和 TN 的平均去除率分别为 77.1%和 85.9%，效果与一般的一、二级污水处理厂相当。在现实生活中，不少湿地可以用做小型生活污水处理地，这一过程能够提高水的质量，有益于人们的生活和生产。

湿地景观生态系统由于有较强的缓冲能力，对污染物质有一定的储存和截留作用。湿地土壤具有的理化特性，为厌氧和好氧微生物以及湿生、沼生和水生植物提供了良好的生存环境，湿地土壤颗粒可吸附一部分有毒物质，而湿地生态系统中丰富的生物资源尤其是根际微生物的旺盛活动，能截留大量的营养物质，降解相当数量的有机污染物，并过滤和消灭大部分有害微生物和寄生虫，最后经由湿地流出的水，其水质得到较大程度的改善[6]。许多湿地都有从水中迁移植物养分的能力，特别是对氮和磷的吸收，减少了下游地区富营养物质的潜在不利影响。这种储存作用可能是长期的(因为它可能成为湿地中的泥炭或泥肥沉积物)，也可能仅仅是从夏季到次年汛期来临时为止的短期内推迟养分输送，从而减少了下游在生长季节中的养分负荷。通过湿地的低水流速度导致悬浮着的固体颗粒物质在静止的水中淤泥下来。湿地具有通过消除病原体以净化污水的潜力，在减少病原体方面含有机基质的湿地比含矿质土壤的湿地效果好，泥炭中的腐殖质酸具有一定的抗病毒性能，同时有机土壤通过泥炭对金属离子的吸附作用具有消除有害物质的能力。由于拦蓄沉积物，湿地能够去除水中的金属和农药。

4. 防止盐水入侵

在地势较低的沿海地区，下层基底是可渗透的。淡水楔一般位于较深咸水层的上面。淡水楔的减弱或消失，会导致深层咸水向地表上移，因而影响地表生物群落和当地居民的淡水供应。

沼泽、河流、小溪等湿地向外流出的淡水限制了海水的回灌，沿岸植被也有助于防止潮水流入河流。但是如果过多抽取或排干湿地，破坏植被，淡水流量就会减少，海水可大量入侵河流，减少人们生活、工农业生产及生态系统的淡水供应。

5. 固定 C 和释放 O_2

湿地是有机物质堆积场所，湿地中植物种类丰富，植被茂密，这些植物通过光合作用使无机碳(大气中的 CO_2)转变为有机碳。在许多生态系统中，植物被降解，碳则以 CO_2 的形式回到大气中。湿地中含有大量未被分解的有机质，是陆地上碳元素积累速度最快的自然生态系统。

湿地中的碳累积是 CO_2 的一个重要的汇总，有助于缓和大气中的 CO_2 含量的增加，此外，湿地中的光合作用使无机碳，如大气中的 CO_2 转变成为植物形成的有机碳。湿地汇总含有大量未被降解的有面物质，因此起着碳库的作用，而不是碳源的作用，湿地破坏将导致全球气候变暖。

6. 调节小气候

尽管湿地与气候之间的相互影响尚无系统的研究，但大多数湿地科学家认为湿地对于气候有明显影响，其影响范围从局部乃至全球。最突出的影响主要表现在局地气候条件的变化上，这是由于湿地积水、土壤和植被持水的蒸发和蒸腾，使局部气温和降水量等气候条件发生变化。一般而论，由于大片湿地特别是浅水湿地的存在，常常使湿地区域及邻近区域的气候变化趋于和缓，降水量趋于增加。而据研究，洪湖湿地对局部性气候也施加影响。洪湖位于洪湖市境内，邻近的监利、石首二县境内则无大型浅水湖泊。虽然三市(县)气象站的纬度和高度相近，但由于距洪湖远近的差异，测得的有关气象参数的多年平均值出现较大差异，例如洪湖市的无霜期较监利和石首多 5.5～7.2 d，年降水量高 125.7～184.9 mm，这些差异的存在实际上是由于洪湖湿地气候条件的改变所致。

7. 生物栖息地

湿地是生物多样性丰富的重要地区和濒危鸟类、迁徙候鸟以及其他野生动物的栖息繁殖地，依赖湿地生存、繁衍的野生动植物极为丰富，其中许多是珍稀特有的物种。在 40 多种国家一级保护的鸟类中，约有 1/2 生活在湿地中。湿地景观的高度异质性为众多野生动植物栖息、繁衍提供了基地，因而在保护生物多样性方面有极其重要的价值。

9.1.3 社会功能

1. 航运功能

湿地的开阔水域为航运提供了条件，具有重要的航运价值，沿海沿江地区经济的迅速发展主要依赖于此。中国约有 100 万 km 的内河航道，内陆水运承担了大约 30%的货运量。内河航运主要集中在长江、珠江和松花江等河流，仅长江航道的航运价值就可相当于几条同等长度的铁路。

2. 旅游休闲功能

湿地具有自然观光、旅游、娱乐等方面的功能，蕴涵着丰富秀丽的自然风光，成为人们观光旅游的好地方。湿地旅游如此受人青睐，不仅在于它满足了人们渴望绿色、寻求和谐的生态环境的精神需求，也因为它具有无可比拟的天然优势，满足人们休闲旅游的物质需求。湿地旅游不仅在理念上符合世界旅游可持续发展的大方向，其本身丰富的综合功能也给湿地旅游目的地带来可观的经济效益和社会效益。在不久的将来，随着国家对环境问题继续关注和管理措施的不断加强，纯观光型旅游和给旅游目的地造成过大环境负担的旅游项目将会逐渐被淘汰，而真正做到与环境发展相协调，并能够满足人们更高层次的精神需求的湿地旅游将会争取到更广泛的市场。

3. 教育和科研功能

从科研的角度来看，所有类型的湿地都具有很高的价值，因为它们为各种各样的生命提供了生存场所，而且湿地动物和植物之间存在着复杂的联系，这无疑为科研提供了重要的条件，成为巨大的物种基因库。湿地是开展针对湿地生态系统的生态结构、效益评估、服务功能作用机制方面研究，以及开展水文、水动力学研究，对迁徙鸟类进行研究的理想的科学实验场所，是生态学、生物学、地理学、水文学、气候学以及湿地科学等研究的自然本底和基地。湿地还是对中小学生开展关于湿地、生态、动植物以及环境保护等科学普及教育的理想场所，目前越来越多的职业科学家和动机清晰的业余爱好者介入湿地生态研究和湿地生态观察。复杂的湿地生态系统、丰富的动植物群落、珍贵的濒危物种等，在自然科学教育和研究中都具有十分重要的作用。有些湿地还是一些重要历史事件的发生地，保留了具有宝贵历史价值的文化遗址，是历史文化研究的重要场所。大量有关湿地区域的科学论文，说明了湿地对科学研究的重要意义。我国各类湿地虽然尚未系统地开辟作为教学的第二课堂，但已有许多高等学校的有关专业(地理、生物、水利等)经常组织学生到湿地区域进行野外实习。

有关学科的专家学者对全国的湿地进行了大量的研究工作，取得了一系列重大的科研成果。如洪湖湿地自然保护区在国家林业局支持下，于2003年正式启动了“洪湖湿地保护与恢复示范工程”；2004年与世界自然基金会合作拉开了“洪湖生物多样性保护与重建江湖联系项目”序幕。经过精心建设，保护区在生物多样性保护、打击乱捕滥猎、社区宣教、生态恢复研究、替代产业试点等方面做了大量工作，现在示范区内生境和物种得到了良好恢复，受到国内外许多专家和领导充分肯定和高度赞扬。近年来，保护区还积极与中国科学院、大专院校、WWF、湿地国际、HSBC、福特基金、自然之友和湖南、江西等单位合作，开展了多项科研交流活动，接待了一批又一批国内外慕名而来的湿地保护志愿者。

9.2 生态系统服务功能价值评估主要方法

9.2.1 费用支出法

费用支出法是从消费者的角度来评价生态系统服务功能的价值，是一种古老又简单的方法，是以人们对某种生态服务功能的支出费用来表示其经济价值。例如对某一草地的文化效益，可用实际总支出来表示，包括教学实习、研究生论文选点、出版物、影视产品以及有关的服务支出等[7]。但仅计算费用支出的总钱数，没有计算消费者剩余，因而不能真实地反映保护区的实际游憩价值。

9.2.2 市场价值法

市场价值法与费用支出法类似，但它可适用于没有费用支出但有市场价格的生态服务功能的价值评估。它以生物多样性提供的商品价值为依据，例如，草地每年提供的牧草和牧副产品的价值，虽然没有市场交换，但它们有市场价格，因而可以按市场价格来确定它们的经济价值。这种方法比较直观，可以直接反映在国家收益账户上，受到国家和地方社区的重视，也是当前人们普遍概念上的生物资源价值。其计算方法可用公式表述如下：

$$V=\sum S_i \cdot Y_i \cdot P_i \tag{9-1}$$

式中：V 为物质产品价值；S_i 为第 i 类物质生产面积；Y_i 为第 i 类物质单产；P_i 为第 i 类物质市场价格。

但是，这种方法只考察了生态系统及其产品的直接经济效益，而没有考虑其间接效益；只考虑到作为有形实物的商品交换的价值，而没有考虑到无形交换的。

9.2.3 影子工程法

影子工程法是恢复费用法的一种特殊形式，假设当环境破坏后，用人工方法建造一新工程来替代原来生态环境系统的功能，然后用建造新工程所需的费用来估计环境破坏（或污染)造成经济损失的一种计量方法。如湿地水调节价值就等于总水分调节量和单位蓄水量的库容成本之积。再如一个旅游海湾被污染了,则需另建一个海湾公园来替代;一片森林被毁坏,使涵养水源的功能丧失或造成荒漠化,就需要建设一个水库或防风固沙工程;等等。其资源损失的价值就是替代工程的投资费用。水库修建的价格,可根据1988—1991年全国水库建设投资及物价变化指数,得出单位蓄水量库容成本为0.67元,其函数可表示为:

$$V = L \times W \tag{9-2}$$

式中:V 为影子价值(元);L 为湿地容积(m^3);W 为单位库容价格(元/m^3)。

9.2.4 替代费用法

用来分析需花费多少钱才能替代某一开发项目对生产资料所造成的损失,然后必须把这些费用与防止环境损失发生的费用相比较,如果替代费用大于预防费用,那么环境破坏就可以避免。某些环境效益和服务虽然没有直接的市场可买卖交易,但具有这些效益或服务的替代品的市场和价格,通过估算替代品的花费而代替某些环境效益或服务的价值,即以使用技术手段获得与生态系统功能相同的结果所需的生产费用为依据。例如,为获得因水土流失而丧失的N、P、K养分而生产等量化肥的费用。此方法的缺点在于生态系统的许多功能是无法用技术手段代替的。

9.2.5 防护费用法

防护费用又称为预防消费。根据保护某种生态系统或者功能免受破坏所需投入的费用,来估算生态系统服务功能价值的方法。这种方法最先应用于环境经济学,用来进行环境保护投资预算。在自然生态系统中,主要应用于对自然保护区保护物种功能的价值,对自然保护区进行保护的目的是为了保护某些物种和资源,在投入产出均衡的假设下,对自然保护区的投入即为该自然保护区生态系统物种保护功能的价值。

9.2.6 旅行费用法

旅行费用法常常被用来描述那些市场价格的自然景点或者环境资源的价值,是以生态系统服务功能的消费者所支出的费用来衡量生态系统服务价值的方法,估算中用旅游者费用支出的总和(包括交通费、饮食费、门票、住宿费、旅游时间价值等一切用于旅游方面的消费)作为该景观旅游功能的经济价值。这种方法最先应用于通过观测人们的市场行为来推测他们的喜好,来计算旅游景点的价值。对生态系统服务功能旅游价值的估算,可以根据公式:

旅游价值=旅行费用支出+消费者剩余+旅游时间价值

一般最近者旅行费用最低,其消费者剩余最大,不足以真正代表该旅游景观的价值;相反,距离最远者旅行费用最高,而消费者剩余为零,比较能代表该旅游景观的价值。采用消费者剩余为零的(边际)旅游者的旅行费用乘以旅游者人数来计算该旅游景点的价值。

9.2.7 碳税法和造林成本法

碳税即各国制定的对温室气体排放的税收，尤其是对 CO_2 的排放税收。碳税法以瑞典政府提议的 USD/t (C) (即 1921 元/t) 为标准。此种税收水平较高，但这可加快温室气体的削减。欧洲一些国家以实行的碳税达 170 美元/t (C)。计算时，根据光合作用方程式，以干物质产量来换算湿地植物固定 CO_2 的量，再根据国际上对 CO_2 排放收费标准换算出固定 CO_2 的经济价值。这一值对于我国来说无疑是偏高了，我国采用造林成本法进行计算。根据单位面积植物碳素的净生长量和造林成本以及湿地植物面积总数，三者乘积计算湿地植物固碳价值。我国造林成本为 260.9 元/t (C)。

9.2.8 机会成本法

机会成本法是指作出某一决策而不做出另一种决策时所放弃的利益。社会经济生活中充满了选择，当某种资源具有多种用途时，使用该资源于一种用途，就意味着放弃了它的其他用途。这样，使用该种资源的机会成本，就是放弃其他用途中可得到最大利益的那些用途的效益。

9.2.9 权变估值法

权变估值法也叫条件价值法、调查法、假设评价法。它适用于缺乏实际市场和替代市场交换商品的价值评估，因而是类似生态资产这样的“公共商品”价值评估的一种特有的重要方法，能评价各种环境效益(包括无形效益和有形效益)的经济价值。它的核心是直接调查咨询人们对环境商品的支付意愿(WAP)，并以支付意愿和净支付意愿来表达环境商品或服务的价值。

9.3 洪湖湿地生态系统服务功能价值评估

9.3.1 功能价值的分类

洪湖湿地生态系统服务价值多样，为便于计算，可将其分为直接经济价值、间接经济价值和非使用价值三类，每类又包含若干具体功能产生的价值[8]。

1. 直接经济价值

直接经济价值主要是指生态系统产品所产生的价值，它包括水资源、动植物资源、食品、医药及其他工农业生产原料、景观娱乐等带来的直接价值。直接使用价值可用产品的市场价格来估计。

2. 间接经济价值

间接经济价值主要是指无法商品化的生态系统服务功能，如维持生命物质的生物地化循环与水文循环，维持生物物种与遗传多样性，保护土壤肥力，净化环境，维持大气化学的平衡与稳定等支撑与维持地球生命支持系统的功能。间接利用价值的评估常常需要根据生态系统功能的类型来确定，通常有防护费用法、恢复费用法、替代费用法等。

3. 非使用价值

非使用价值包括选择价值、遗产价值和存在价值等。选择价值是人们为了将来能直接利用与间接利用某种生态系统服务功能的支付意愿。例如，人们为将来能利用生态系统的涵养水源、净化大气以及游憩娱乐等功能的支付意愿。既保证自己将来利用及别人将来利用，又保证子孙后代将来利用的价值，称之为遗产价值，也称之为替代消费价值。存在价值亦称内在价值，是人们为确保生态系统服务功能继续存在的支付意愿。存在价值是生态系统本身具有的价值，是一种与人类利用无关的经济价值。换句话说，即使人类不存在，存在价值仍然有，如生态系统中的物种多样性与涵养水源能力等。存在价值是介于经济价值与生态价值之间的一种过渡性价值，它可为经济学家和生态学家提供共同的价值观。

9.3.2 评估评价方法

洪湖湿地生态服务功能效益不同，其评估技术的方法也不一样，某种湿地效益可用不同的评估方法，而同一评估方法也可对多个湿地效益适用。对于湿地效益的选取，应选择效益最突出的类型，而对于评估方法的选取，应视其可行性和可操作性来决定[9]。基于以上原则，洪湖湿地资源经济价值评估的方法如表 9-2 所示。

表 9-2 洪湖湿地生态系统服务功能价值的类型及评价方法

价值类型		评价方法
直接经济价值	水资源价值	市场价值法
	生物资源价值	市场价值法
	土地资源价值	市场价值法
	科考旅游价值	旅行费用法
间接经济价值	涵养水源价值	碳税法和造林成本法
	调节气候价值	碳税法和造林成本法
	调蓄洪水价值	影子工程法
	净化水质价值	影子工程法
非使用价值	生物栖息地价值	机会成本法

9.3.3 功能价值评估

9.3.3.1 水资源价值

洪湖是当地农业灌溉和生产、生活用水的水源地，灌溉着四湖地区近 1.4×10^6 hm^2 的农田,其良好的水质对保障群众身体健康、促进地区经济发展具有重要意义。洪湖湿地多年平均蓄水量为 $6.5929\times10^{8}\ m^{3}$,是我国水资源比较富足的地区[10, 11]。由于洪湖湿地水资源特别是农业用水目前还处于无偿使用状态,因此,拟采用目前洪湖湖区工农业用水和生活用水的单位平均价格 0.1 元/m^3,作为湖区湿地水资源的单位价格,从而计算出洪湖湿地水资源的经济价值为 6.5929×10^{7} 元。

9.3.3.2　生物资源价值

某些湿地野生动植物产品经过市场交换可以计算出其总量与收益,某些动植物产品虽然没有市场交换,但它们有市场价格,因而可以按市场价格来确定它们的经济价值,也是当前人们普遍概念上的生物资源价值。其计算方法可采用市场价值法。

洪湖湿地生物资源经济价值以水产资源为主。洪湖是湖北省乃至全国重要的淡水渔基地,其水产品产量多年稳居全国前列,是当地经济的支柱产业。洪湖湿地水产品的价值量,为方便统计与计算,以鱼类资源为主,采用市场价值法计算。渔获量的丰歉与渔业资源的变化、捕捞强度以及渔政管理的成效密切相关。洪湖每年的渔获量不同,有增有减,波动较大。据 2002 年《荆州统计年鉴》统计,洪湖水产养殖面积 25 415 hm^2,水产品总量 178 911 t,与近年的平均水产品总量相当,为便于计算,以其总量代表近年的水产品总量,以水产品平均价格6 元/kg计算,洪湖湿地的水产资源价值为 1.073466×10^{9} 元。实际上,水产品中虾蟹类、贝类的价格高于 6 元,按洪湖承载力可圈养的水产品量也比实际的高,故洪湖的水产价值要超过 10 亿元。

9.3.3.3　土地资源价值

土地资源因其所在位置、环境条件和用途的不同,价格相差较大。洪湖地区基本为农业区,城市化水平较低,因此在分析计算洲滩作为土地资源的经济价值时是作为农业用地的范畴来考虑的。2001 年洪湖湿地有湖滨滩地面积 3654 hm^2,按自然状态下单位面积水生维管束植物和渔获物的合计经济价值估算,平均洲滩使用费 25029.3 元/hm^2 计算,洪湖湿地的土地资源价值为 9.1457×10^{7} 元。

9.3.3.4　科考旅游价值

科考旅游价值的计算采用旅行费用法来进行计算,用以下公式:

$$L=l_i\times B_i \tag{9-3}$$

式中:L 为科考旅游价值量;l_i 为单位湿地科考旅游效益;B_i 为单位湿地科考旅游的面积(hm^2)。参照洪湖湿地旅游和科考接待人数,以及其单位个体的旅行费用和为保护湿地资源所投入的科研经费,其单位面积费用与我国单位面积湿地生态系统的科考旅游效益 382 元/hm^2 和 Costanza 等人对全球湿地生态系统科考旅游的功能价值 861 美元/hm^2(以 1 美元兑换人民币 7.00 元计)的平均值 3 204.5 元/hm^2 相当,将其作为湿地科考旅游的单位价值。洪湖湿地面积 41 412.069 hm^2。计算出洪湖湿地科考旅游的总价值量为 1.32705×10^{8} 元。

9.3.3.5　涵养水源价值

洪湖湿地是一个天然的巨大的洪水储存库,可以储蓄洪水,其涵养水源功能还表现在其湿地生态系统可以延长径流的时间，在枯水时补充河流的水量，增加水分下渗土壤等。据荆州市水文资料可知洪湖市多年平均径流深为500 mm左右，在时间分布上，年内径流主要集中在汛期(4—9月)，占全年的70%左右。洪湖湿地面积约414 km^2，则洪湖湿地涵养水源量为2.07×10^8 m^3。采用影子工程法计算水价，按照1997—2002年全国水库建设投资的平均价格计算，每建设1 m^3 水库库容，需投入成本0.67元，可得出涵养水源价值为1.3869×10^8元。

9.3.3.6 调蓄洪水价值

洪湖位于四湖流域下游，作为四湖流域内的主要调蓄型湖泊，是长江中游的主要分蓄洪区之一，承担着四湖中下游地区汛期蓄洪、冬春灌溉以及周围城镇居，多年平均水位24.31m，一般年份洪湖水位变幅在24.0～26.5m。根据洪湖坝堤以内的湿地区域不同水位下的蓄水湖容积和淹没面积的数据在ARCGIS平台上，建立TIN模型模拟洪湖水位与蓄水容量的关系[12]。利用洪湖地区比例尺为1∶10000的地形图，通过地理信息系统建立数字高程模型(DEM)，数字化等高线和高程点，构建拓扑关系，生成不规则三角网(TIN)。生成的TIN模型可以分析、显示地形和其他种类的表面，建立有效的表面模型，通过模型计算，可以得出洪湖蓄水容积、湖泊面积与水位的关系(图3-13)。

根据模型，达27.0m以后，已经接近洪湖蓄水能力的极限，则洪湖最大的调蓄容量为1.5495×10^9 m^3。按影子工程法单位库容造价0.67元/m^3计算，调蓄洪水价值为1.038165×10^9元。

9.3.3.7 调节气候价值

湿地调节气候价值包括湿地固定CO_2的价值和释放O_2的价值。湿地等生态系统通过光合作用和呼吸作用与大气交换CO_2和O_2，从而对维持大气中的CO_2和O_2的动态平衡起着不可替代的作用。根据植物光合作用方程式：$6CO_2+12H_2O=C_6H_{12}O_6+6O_2+6H_2O$，可知植物每生产162 g干物质可吸收264 g CO_2，即每生产1 g干物质，需要1.62 g CO_2，释放1.2 g O_2。则有年固定CO_2量＝年植物生物量×1.62，释放O_2量＝植物生物量×1.2。

2000年洪湖湿地的植物总生物量鲜重为5.0×10^8 kg，按湖区湿地植物干湿比1∶20计算，年固定CO_2量4.05×10^7 kg，释放O_2量3×10^7 kg。采用造林成本法进行计算，根据单位面积植物碳素的净生长量和造林成本以及湿地植物面积总数，三者乘积计算湿地植物固碳价值，我国造林成本为260.9元/t (C)，我国目前工业氧的现价为400元/t。从而得出洪湖湿地调节气候价值为2.2566×10^7元。

9.3.3.8 净化水质价值

根据2005年《湖北洪湖湿地自然保护区科学考察报告》，洪湖湿地净化污水指标中的TN、TP效果良好，且净化水质功能以净化TN、TP含量为主。净化水质的价值利用影子工程法进行计算，如表9-3所示。

表 9-3 湖泊湿地去除污染物的比例

污染物种类	去除率(%)	用工业方法去除费用(元/t)
TN	35.5	2.66×10^4
TP	24.4	5.58×10^5

洪湖湿地由于工农业生产和生活废水的排放,根据《洪湖水污染防治规划》数据,2005—2006 年 TN、TP 入湖量分别为 6957t 和 657.4t。把其净化 TN 和 TP 的能力作为净化水质的价值进行计算。由表 9-3 可算出洪湖湿地净化水质的价值为 $1.55\,201\times10^8$ 元。

9.3.3.9 生物栖息地价值

湿地作为生物栖息地的功能即遗产价值的评估,属于非使用价值。用公式(9-4)计算:

$$X=A\times S \tag{9-4}$$

式中:X 代表生物生物多样性价值(元);A 代表单位面积湿地的生物多样性价值(元/m^2);S 代表湿地面积(m^2)[13]。

人对全球湿地避难所功能价值的估计,约 304 美元/hm^2 作为洪湖湿地生物栖息地价值的估算标准,按人民币兑美元 7∶1 换算即为 2128 元/hm^2,目前洪湖湖区共有河、湖、滩地等湿地 41 412.069 hm^2 可维持生物多样性,则可算出洪湖湿地的生物多样性价值为 $8.8\,125\times10^7$ 元。

9.3.4 评估结果分析

通过计算如表 9-4、图 9-2 所示,洪湖湿地生态系统服务功能总价值约为 28.063 亿元,而整个洪湖市 2003 年地区生产总值为 51.2 亿元,相当于洪湖市 GDP 总量的 55%。由此可见,洪湖湿地生态系统服务功能的价值是十分可观的。因此,在开发利用湖区湿地资源时,必须注意洪湖湿地生态环境的保护,制定符合湖区湿地生态系统特点的开发方案,实现湖区湿地资源的可持续利用[14]。

从以上价值量可以看出,洪湖湿地经济价值中生物资源价值所占比例最大为 38%,其次是调蓄洪水价值,为 37%,这两者占了湿地价值的主要部分,这与目前洪湖湖区开发利用情况一致,洪湖湿地功能主要被体现的正是水产品供给和调蓄功能。从功能类型上看,资源功能产生的价值占总价值的 43%,环境功能占 52%,社会功能占 5%,可以看出洪湖湿地除本身资源产生价值外,其环境保护和产生的社会效益更加重要,洪湖的利用不仅仅是开发水产品,保护湿地生境,维持其环境功能和社会功能所产生的潜在价值也必须重视,如表 9-4 所示。

表 9-4 洪湖湿地生态系统服务功能价值

功能类型	价值类型	价值评估(亿元)	所占比重(%)
资源功能	水资源价值	0.65929	2
	生物资源价值	10.73466	38
	土地资源价值	0.91457	3
环境功能	涵养水源价值	1.3869	5
	调蓄洪水价值	10.38165	37
	调节气候价值	0.22566	1
	净化水质价值	1.55201	6
	生物栖息地价值	0.88125	3
社会功能	科考旅游价值	1.32705	5
合计		28.06304	100

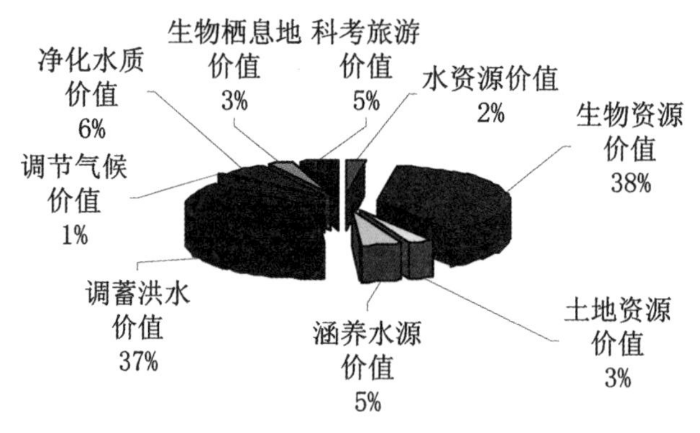

图 9-2 洪湖湿地各生态功能价值所占比例

另外,由于数据的缺乏,可能引起价值评估的不全面。如资源功能中的生物资源价值,除水产品外洪湖地区莲、菱、茭白、芡实等经济水生植物享誉全国,是湖区居民重要的经济来源之一,湖区中的砂石也作为矿产资源开采产生价值。社会功能中航运价值没有计算,洪湖有八级航道全年通航里程 151 km,主要用于货物运输,洪湖也是湖内居民生产、生活的通道。当然,这几种价值相对于以亿元为单位的洪湖湿地其他生态功能产生的价值来说很小,为便于统计,故本章节未做计算。

9.4 洪湖湿地生态价值经济损益分析

洪湖原为通江的浅水吞吐湖,湖水随长江水位的涨消而起落,汛期江水倒灌、东荆河横流入湖。20 世纪 50 年代中期开始的大规模水利建设使洪湖的面貌发生了重大变化,建闸围堤,洪湖基本上变成了一个被人类控制的半封闭型的水体。再加上人类活动的干扰,使得洪湖湿地生态环境破坏，其生态服务价值实际上比通江时围垦前有所减少。虽然建坝围垦后，围网养殖使得洪湖水产品产量大幅度增加，经济收益是增加的，但作为生物资源潜在价值，不围湖也依然存在，故不能计算为价值增加量，故生物资源价值视为不变。同时，科考旅游、涵养水源、调蓄洪水、调节气候、生物栖息地等产生的经济价值都因洪湖湿地面积减小，湖泊面积缩小，生物量减少而损失[16]。

1950 年洪湖还是一个通江敞水湖，从 1951 年到 1982 年，通过水利建设、江湖隔断和围湖造田，其面积减少近一半，水深和蓄水量也相应减少。洪湖围垦前面积 661.9 km^2，围垦后面积 344.4 km^2。由生成的 TIN 模型在 Excel 软件中建立回归模型，模拟蓄水容积与湖泊面积之间的关系，得出其关系式为：$y=-0.0732x^3+1.16x^2-1.5846x+1.6754$。其中 y 表示蓄水容积，x 表示湖泊面积，其决定系数 $R^2=0.9926$，表明模拟良好。由此推断出洪湖围垦前通江时的最大蓄水容积约为 2.0385×10^9 m^3，其调蓄洪水价值损失 3.28 亿元。

几十年来，洪湖湿地水生植被生物量发生了显著的变化，20 世纪 60 年代初、80 年代初、2000 年全湖总生物量分别为 1.92×10^9 kg、1.31×10^9 kg、5.0×10^8 kg，40 年来下降了 73.95%。由此计算出调节气候价值损失 0.64 亿元。

根据历史资料及对洪湖湿地遥感影像采用 ERDAS IMAGINE8.6 软件处理分析得出 1953 年洪湖湿地面积为 712.42 km^2，滨湖滩地 108.18 km^2，2001 年滨湖滩地面积减少为 36.54 km^2，2005 年洪湖湿地面积为 414.12 km^2。由此计算出土地资源价值损失 1.79 亿元，科考旅游价值损失 0.96 亿元，涵养水源价值损失 0.998 亿元，生物栖息地价值损失 0.635 亿元。

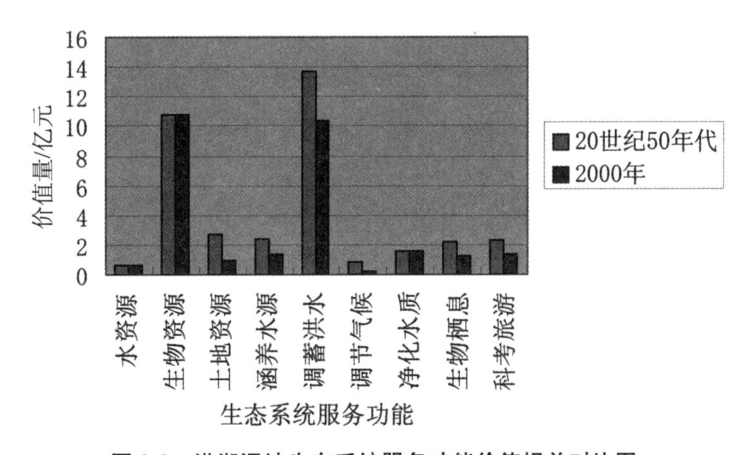

图 9-3 洪湖湿地生态系统服务功能价值损益对比图

综上，洪湖湿地水资源价值、生物资源价值、净化水质价值变化不大，假设保持不变，如图 9-3 所示，洪湖湿地生态系统服务功能价值 2000 年后比 20 世纪五六十年代共损失约 8.303 亿元，约损失总经济价值的 23%。由于江湖阻隔、围湖造田、过度围网养殖等因素影响，洪湖湿地的生态环境遭到破坏，造成其经济价值损失。这些引起了政府的高度重视，2004 年洪湖湿地生态恢复示范工程开始实施，实施后取得了良好的效果，洪湖湿地生态环境明显改善，可以推断其经济价值也会相应增加，故洪湖湿地保护与生态恢复工程应继续进行，以充分发挥其生态系统服务功能，获得更大的经济效益。

参考文献

[1] He J, Moffette F, Fournier R, et al. Meta-analysis for the transfer of economic benefits of ecosystem services provided by wetlands within two watersheds in Quebec [J]. Canada. Wetlands Ecology & Management, 2015:1-19.

[2] 江波,欧阳志云,苗鸿,等. 海河流域湿地生态系统服务功能价值评价[J]. 生态学报, 2011, 31:2236-2244.

[3] Ghermandi A., van den Bergh J. C. J. M., Brander L. M., De Groot HLF, et al. The Economic Value of Wetland Conservation and Creation: A Meta-Analysis[J]. Social Science Electronic Publishing, 2008:46.

[4] 程子腾, 黄朝禧. 武汉市南湖湿地生态系统服务功能价值评估研究[J]. 国土资源科技管理, 2011, 28:12-15.

[5] 莫明浩, 任宪友, 王学雷,等. 洪湖湿地生态系统服务功能价值及经济损益评估[J]. 武汉大学学报(理学版), 2008, 54:725-731.

[6] 庄大昌. 洞庭湖湿地生态系统服务功能价值评估[J]. 经济地理,2004,24(5):391-394.

[7] 王茜, 吴胜军, 肖飞, 等. 洪湖湿地生态系统稳定性评价研究[J]. 中国生态农业学报, 2005, 13:178-180.

[8] 王建华, 吕宪国. 湿地服务价值评估的复杂性及研究进展[J]. 生态环境学报, 2007, 16:1058-1062.

[9] 吴后建, 王学雷, 宁龙梅,等. 变化环境下洪湖湿地生态恢复初步研究[J]. 华中师范大学学报(自然科学版), 2006, 40:124-127.

[10] 李辉. 洪湖湿地自然保护区综合效益评估及可持续发展研究[J]. 中国科学院大学; 2013.

[11] 王学雷, 杜耘. 洪湖湿地价值评价与生物多样性保护[J]. 中国科学院院刊, 2002, 17:177-180.

[12] 肖飞. 洪湖湿地结构与生态功能评价及系统稳定性研究[D]. 武汉:中国科学院测量与地球物理研究所,2003.

[13] Costanza R, D'Arge R, Groot R D, et al. The value of the world's ecosystem services and natural capital[J]. Nature, 1997, 387(1):3-15.

[14] 王学雷, 蔡述明. 洪湖湿地自然保护区综合评价[J]. 华中师范大学学报(自然科学版), 2006, 40:279-281.

[15] 孙昌平, 刘贤德, 孟好军, 等. 黑河流域中游湿地生态系统服务功能价值评估[J]. 湖北农业科学, 2010, 49:1519-1523.